HUNGOVER:

*THE MORNING AFTER
AND ONE MAN'S QUEST
FOR THE CURE*

BY
SHAUGHNESSY
BISHOP-STALL

**关于醉酒后第二天
和寻求宿醉解药的故事**

天津出版传媒集团

天津人民出版社

［加］肖内西·毕晓普-斯托尔——著

张若依——译

图书在版编目（CIP）数据

宿醉 : 关于醉酒后第二天和寻求宿醉解药的故事 /
(加) 肖内西·毕晓普-斯托尔著 ; 张若依译. -- 天津 :
天津人民出版社, 2022.7
　书名原文 : HUNGOVER: THE MORNING AFTER AND ONE
MAN'S QUEST FOR THE CURE
　ISBN 978-7-201-18444-9

Ⅰ . ①宿… Ⅱ . ①肖… ②张… Ⅲ . ①酒文化—世界
—通俗读物 Ⅳ . ①TS971.22-49

中国版本图书馆CIP数据核字(2022)第083515号

HUNGOVER: THE MORNING AFTER AND ONE MAN'S QUEST FOR THE CURE
by Shaughnessy Bishop-Stall
Copyright © 2018 by Shaughnessy Bishop-Stall
Simplified Chinese translation copyright © 2022
by United Sky (Beijing) New Media Co., Ltd.
Published by arrangement with Transatlantic Literary Agency Inc., through The Grayhawk Agency Ltd.
All rights reserved.

著作权合同登记号：图字 02-2021-250 号

宿醉：关于醉酒后第二天和寻求宿醉解药的故事
SUZUI: GUANYU ZUIJIU HOU DI-ER TIAN HE XUNQIU SUZUI JIEYAO DE GUSHI

出　　版	天津人民出版社
出 版 人	刘　庆
地　　址	天津市和平区西康路 35 号康岳大厦
邮政编码	300051
邮购电话	022-23332469
电子信箱	reader@tjrmcbs.com
选题策划	联合天际·文艺生活工作室
责任编辑	伍绍东
特约编辑	徐立子　杨子兮
封面设计	@broussaille 私制
美术编辑	程　阁
制版印刷	大厂回族自治县德诚印务有限公司
经　　销	新华书店
发　　行	未读（天津）文化传媒有限公司
开　　本	880 毫米 ×1230 毫米　1/32
印　　张	13
字　　数	290 千字
版次印次	2022 年 7 月第 1 版　2022 年 7 月第 1 次印刷
定　　价	75.00 元

关注未读好书

未读 CLUB
会员服务平台

献给热爱生活的
布兰迪·鲍勃·斯托尔，
他飞速度过垂死的日子，
虽然至今不曾宿醉，
却绝不乏频频尝试。

来自作者的剧透、免责声明和信息公开

这本书花了近十年时间才写成。不过在写这条说明时，我还活着。这就是剧透。

免责声明：本书的创作过程证明，这个话题确实比我最初想象的要丰富得多。我原本打算为它开展一次全球冒险，但最终大部分故事还是发生在西方。我希望等我好好休养一番后，能更深入地探索亚洲、非洲等地，以及更南边的南美洲。

至于信息公开：过去许多年里，我到许多国家的许多城市旅行，和许多人一起喝醉过，比如酒吧老板、商人、啤酒酿酒师、葡萄酒酿酒师、喝了酒就发牢骚的人、蒸馏酒商、医生、德鲁伊教徒，当然还包括一些可能不该一起喝酒的人。我试验过各种酊剂、汤力水、药粉、安慰剂、植物根茎、叶片、树皮，以及可合法试验的化学和医学方法，也试过其他一些方法。尽管我写的都真实发生过，我也尽了最大努力核实事实，但仍有一些事件并非按照时间顺序出现。无论我怎么努力，宿醉总会无可避免地出现在醉酒后的第二天清晨。

目录

序言　有关一些词的一些话　　　　　　　　001

迎接你的宿醉吧　　　　　　　　　　　　005

第一幕　在拉斯维加斯发生了什么　　　　009

　　第一幕间　上战场前一杯酒　　　　　034

第二幕　拉斯维加斯上空发生了什么　　　039

　　第二幕间　大量厌恶疗法：普林尼的版本　063

第三幕　至关重要的解宿醉酒　　　　　　067

　　第三幕间　她就这样升起　　　　　　109

第四幕　"中土世界"的疯帽子　　　　　　115

　　第四幕间　伦敦狼人　　　　　　　　140

第五幕　十二家酒吧里的十二杯酒　　　　145

　　第五幕间　长指甲奖：新闻发布　　　176

第六幕　宿醉游戏　　　　　　　　　　　179

　　第六幕间　综合疗法的渊源　　　　　206

第七幕　未来可期　211

　　第七幕间　"杀人派对"　235

第八幕　屋顶上的老虎　239

　　第八幕间　今早醒来　257

第九幕　超越火山　261

　　第九幕间　阿司匹林或悲伤　290

第十幕　当蜥蜴从你的眼睛里喝水　293

　　第十幕间　宿醉的作家　316

第十一幕　大洪水之后　321

　　出于对宿醉的爱：有些结尾之意　352

　　致谢　367

　　来源注解　373

　　许可　391

　　参考文献　393

序言　有关一些词的一些话

　　任何有名字的故事都是从命名开始的。本书的命名就引起过一番
争论，至少我的编辑和我的父亲就意见不一。编辑强烈要求加上一个
连字符（Hung-over），而我父亲则坚决认为应该写作两个单词（Hung
Over）。不过在我看来，他们俩一个酒喝得太多，另一个喝得太少。
总之，这是我的书，所以我决定就用 Hungover 来命名，就像"糟糕
的""还可以""该死的"①一样。

　　hungover（宿醉）是个形容词，源于名词 hangover，与"醉酒"不
同。二者的区别在理查德·林克莱特于 2003 年导演的影片《摇滚校园》
中有个很好的解释：

　　杜威·费恩（杰克·布莱克饰）：好吧，情况是这样的。我正宿醉
着呢。谁知道这是什么意思？

　　学生：难道不是说你喝醉了吗？

　　杜威·费恩：不，意思是我昨天喝醉了。

　　或者像西格蒙德·弗洛伊德的孙子克莱门特·弗洛伊德所写：
"'醉酒'是指你喝了太多酒的时候。'宿醉'则是指一部分的你已经清

---

① 　此处原文为 helluva, alright and goddamn，常被一些人认为是不正确的拼写方式。作者
在此是强调他有决定自己书名的权利。——编者注（本书脚注如无说明，均为编者注）

醒，并认识到其余部分的你醉得多严重。"

其实在某种程度上，你可能已经懂了，尽管你可能还不理解hangover这个词源学上的后来者是什么意思。20世纪初，这个词还不存在。"昨天喝醉了"的状态，是用"烂醉如泥"或"神经过敏"，又或者只是"感觉特别糟"来形容的。"宿醉"是英语词典中最年轻的词之一，但在诞生后的区区一百年里，它已经被广泛用于描述这种比语言本身还要古老的状况。

人类的醉酒历史源远流长。从青铜时代到铁器时代再到爵士时代，多少帝国陨落，多少战争打响，多少文明被征服，都是因为宿醉。但阅读关于宿醉的文字时，你才会发现自己读到的大多是"与宿醉相关的文章是多么匮乏"。不论是充斥着饮酒狂欢的《贝奥武夫》，还是酩酊大醉的《伊利亚特》，正如芭芭拉·霍兰德（Barbara Holland）在《畅饮之乐》(*The Joy of Drinking*)中描绘的那样："没有人在谈论这些大力士的昔日狂饮时提及宿醉，毕竟我们的祖先当时连'宿醉'一词都还没创造出来。"

拉尔夫·舍恩斯坦（Ralph Schoenstein）在他那本体量巨大、书名贴切的《酒之书》(*The Booze Book*，汇编了与酒有关的文字)中，仅仅以两行简短的文字介绍了金斯利·艾米斯的文章《论宿醉》："关于宿醉的著作很少。其实这就是我能找到的所有资料了。"

就好像在确切的形容词出现前宿醉根本不存在一样。又或许宿醉太过普遍而似乎没有必要书写，否则就会像每当一个角色说一个词，作者都提示一次此人还活着一样多余。但由于各种原因，在历史发展中忽略了宿醉的，不仅有诗人和历史学家，还有那些穿白大褂的职业人士。

尽管宿醉是人类已知的最常见也最复杂的疾病之一，但从来没有什么国家资助的机构把这当成一种真正的疾病——理由是这种病怪不得别人，只能怪自己。虽然这样说也有一定道理——这完全是自讨"病"吃，但在过去几千年里，怎么也该有一些医学专家打着酒嗝从他们的道德高地上摔下来过吧，就没人试着研究一下这病？时至今日，寻找治疗宿醉方法的企业家远比医生多。他们提取葡萄籽，剥开番石榴，给梨果仙人掌覆膜，然后将其全部装瓶，摆在便利店的货架上，像满怀希望的小士兵一样环绕着收银台。谁也说不准什么时候能找到宿醉解药，就和我们的寻求之路差不多。

由此便有了本书的副标题。虽然"寻求解药"的人指的是我自己，但不管怎样，这个寻求之路本身还有待探索。为了理解宿醉解药的原理，我将展开一些真实且基本的研究，比如与非常聪明的人交谈，聚精会神地阅览科学研究，汇集并整理现有数据，学习化学知识等。不过更重要的是，这项工作需要应用研究的支持，这毫无疑问会成为难点所在。

从拉斯维加斯、阿姆斯特丹的低地到苏格兰、落基山脉的高原，从加拿大的"北极熊冬泳"①到阿尔卑斯山某养生会所的温泉池，从世界第一家宿醉研究所到慕尼黑啤酒节宿醉旅馆，从新奥尔良的伏都教堂到一位声称制造出合成酒精的医生在伦敦的办公室，从那些试图研究出疗法的人到那些说自己已经找到疗法的人——在找到正当的解药前，不论是探索之路还是这本书都不会完结。

我桌上放着一大摞小书，旁边那瓶名为（此处植入赞助品牌）的酒几乎空了。这些书大部分都是过去十年内出版的，而且奇怪的是，大部分还都是正方形开本。其中有《宿醉解药》《宿醉的解药》《完全宿醉解药》《宿醉的解决之道》《解决宿醉》《如何解决宿醉！》《如何止

---

① 加拿大的新年传统节庆活动。

住头痛和解决宿醉》《宿醉解决办法》《宿醉解决办法之神奇果汁》《解决宿醉的天然方法》《真正的宿醉解药》《给宿醉者的宿醉解药》《十招快速解决宿醉》《宿醉手册：自然疗法十五则》《解决宿醉的四十种方法》《五十种宿醉解药》《治宿醉的五十种方法》《宿醉解药（五十二则）》《宿醉手册：一百零一种治疗人类最古老病症的方法》《世界上最好的宿醉解药》《宿醉解药小书》。然而在我看来，它们都没有为宿醉研究带来新发现，更不用说真正的解药了。

治疗方式，或许有吧。清凉油、舒缓剂、兴奋剂、解醉酒、忠告……但真实存在、货真价实的解药在哪？真有的话，我现在早就开了第二瓶酒，准备写一本完全不同的书了。

我想说的是，每当提到宿醉，书籍和人们都容易轻率地使用"解药"一词。所以我会尽量把下面这个老生常谈的道理熟记于心。在各种重要的出版物中，人们常常认为这句话是最伟大的宿醉作家金斯利·艾米斯爵士说的。不过迄今为止，不论是他的官方传记作者，还是他赫赫有名的小说家儿子，都无法确认这句话是艾米斯说的：

寻找万无一失、即刻见效的宿醉解药的历程，就如同寻找上帝（当然，二者还有其他共同之处），永远不会实现。

因此，不论他是否说过这句话，我们注定要面临艰难的挑战。但该死的，让我们试试看吧。

实际上，不如点双份酒吧①。

---

① 原文为"better make it double"，此处的"double shots"与上文"试试看"（give a shot）中的"shot"一语双关。——译者注

迎接你的宿醉吧

你从沙漠和恶魔的梦中惊醒，现在仍是半梦半醒的状态。你的嘴里全是沙子。远方有个声音在呼唤你，似乎又带你回到那片模模糊糊的大漠。它在向你讨水喝。你想动，但动不了。

这时呼唤声越来越响，就像是在刺痛你的头。头痛……不，不对，这感觉好像更糟糕，而且越来越严重。你的大脑好像逐渐膨胀，压迫着头骨，眼睛都要被挤出眼眶了。你用颤颤巍巍的双手抱住头，防止头骨裂开……

但实际上，你的大脑根本没有变大，而是在大幅缩小。当你还在睡觉时，你处于缺水状态的身体会吸收一切能够吸收的液体，这就包括那块让你意识混乱部分的液体。因此现在你的大脑急剧地收缩、变小，拉扯与头骨相连的脑膜，也就引发了所有该死的疼痛，拉扯你每一根神经。

酒精是利尿剂。昨晚你喝了很多酒，酒精阻止了你的身体吸收水分。排尿时，随着水分排出的还包括那些使细胞（或者说你）正常工作的物质，如电解质、钾元素、镁元素。因此从你那脱水的大脑里反复发出的呼唤是有实际作用的：你最好去喝点水！

你费了好大的劲才抬起头来。整个房间都在转。昨晚待的酒吧也在转，不过这可不像迪斯科球灯转起来那样有趣，更像是被困在地狱的旋转木马上。闭上眼，这糟糕的感觉只增不减，仿佛骑着魔鬼般的旋转小木马，上上下下且越转越快。

造成眩晕的原因（除了你喝的酒）其实来自一条鱼。3.65亿年前，它爬上陆地，成了包括人类在内的所有动物的祖先。它的鱼鳍变为禽爪、兽足和手指，鳞片变为羽毛、皮毛和皮肤，下颌骨变成内耳，而这里面有一种古老的神秘胶状物。内耳中微小的毛发状细胞会检测胶状物的运动，向你的大脑发送声音、头部倾斜度和加速度的信息。这就是整个世界天旋地转的原因。本质上来说，这是一种内陆晕船症。

酒就像海盗。它喜欢冒险——随波逐流一阵，然后突然获得掌控权，并且开始搞事情，尤其当它触及你的内耳时。酒精比那种控制你平衡的奇怪的古老胶状物要轻得多。酒精难以调和也难以妥协，它一轮又一轮地循环，直到你的大脑以为自己已经晕头转向、失去控制。在这样的情形下，你的身体会试图找到一个可固定的点，假想视野中的一点。昨夜，你闭上眼睛希望旋转停止时，你的瞳孔不断向右方瞥去，追踪一个根本不存在的点。

现在是第二天，你体内的大部分酒精已经排出，剩下的那部分也已代谢完毕，逃到你的血管里。所以现在你内耳里的循环呈反向，整个世界都反向转动起来，这次你的眼睛向左边抽搐。这也是为什么警察在路边做安全检查时会用灯照你的眼睛。通过观察瞳孔的方向，他们能判断你是醉酒还是宿醉，或者最好二者皆非。

但你现在哪顾得上这个。眩晕令你天旋地转，你只希望它快点停止。是，你昨晚确实喝多了，但现在的情况不全是你的错。如果那条又蠢又老的鱼体内存在的是另一种胶质，或者待在它该待的水里，这一切根本不会发生。好吧，你现在越来越烦躁了，甚至有点丧失理智。这主要与疲惫和刺激物的反弹有关。你可能会昏睡过去，但睡得一点也不香。一旦镇静作用消散，即便你迫切需要休息也无法进入深度睡眠。宿醉使人有多缺水，也就使人有多疲劳。

所以现在，就算需要补水的请求就像稳定的雷声，你还是躺下了，想着也许，仅仅也许，你可以睡一觉，进入梦乡，且不再梦见在沙漠中喝水。然而这次，你刚闭上眼，眩晕感就向下转移。你的五脏六腑开始有感觉了。

昨晚某刻，酒精冲破了你的胃黏膜，灼烧细胞，还产生了过量的盐酸，也就是用来剥落油漆和打磨石头的东西。所以除了脱水和疲劳外，你的内脏里充满了"工业清洁剂"。当然，胃里的细胞不是唯一在灼烧的东西。你的其余器官也都在发热、膨胀，使你的肾脏、胰腺、肝脏等组织紧紧收缩，阻碍它们排毒或者吸收水和养分，这时你喝水也无济于事。说句公道话，让你第二天早上这么难受的，不仅是酒精。这是你的身体在与其抗争的结果。

肝脏是消灭体内毒素的总指挥官。为了处理你摄入的酒精，肝脏会派出名叫自由基的"敢死队"。任务完成，它们也被中和了。然而如果你一直喝酒，自由基就会一直处于动员状态。所以也许你本已赢得了"战争"，但这些不受管束的"杀手"现在在你身体里到处漫游，寻找一切可以搏斗的对象……

为了拼命控制自由基，重新获得控制权，你的肝脏有点惊慌失措，这就导致了乙醛的聚集。这和最冷酷无情的药物起作用的原理如出一辙。戒酒硫是为了治疗严重酒精中毒而开发的。它和酒精饮料混合时，会引起头痛和呕吐，由于效果过猛，即使一些最顽固的酒鬼都不敢再多喝一口。几十年来，唯一治疗酒精中毒的药就是这种立竿见影的处方，它可以大力减轻宿醉。你现在已经尝到了其中的一点滋味，它会使你痛苦和反胃到不想要水，只想跪地求饶。

不过这些都是生理反应，最糟糕的还在后头。你试图像胎儿那样蜷曲着躺好，但一翻身，就好像滚到了什么东西上。感觉像是一条鱼，但其实是你的灵魂。你那软塌塌的灵魂在呻吟和大笑，仿佛你自己对自己下了如此毒手。当然，这些事确实就是你干的。

除了喝多了，人们很少会故意让自己迅速变难受。这就是当生理影响变化时，精神创伤也会蔓延的部分原因。就像你喝的酒的质量和数量会决定你宿醉时的生理状态一样，你喝酒时的心情通常会影响精神状况。这就是为什么"我赢得了奥斯卡奖！我赢得了超级碗！我中了彩票！"引起的宿醉，和"我丢了工作，我和女朋友分手了，我玩二十一点扑克输了一千美元"引起的宿醉感受如此不同。你现在属于后者。最终，疼痛和恶心会使你从盘旋在脑海里的想法中解脱出来，这些思绪就像古老的胶状物和该死的荒漠恶魔，它们在说：

你浪费了你的潜力。

你又浪费了一天生命。

你再也找不到女朋友。

也许你还得了肝癌。

终将孤独死去。

但是该死的现在，你最需要的是呕吐一场。

迎接你的宿醉吧。

第一幕

在拉斯维加斯发生了什么

在这一幕中，我们的主人公将大喝一场，用短管AK-47 霰弹枪射击，并前往"宿醉天堂"。客串：诺亚、狄俄尼索斯、一个八磅重的汉堡。

上帝啊！人们居然会把一个仇敌放进自己的嘴里，
让它偷去他们的头脑！
——威廉·莎士比亚

玻璃杯硕大而扭曲。大颗的橄榄里塞满了便宜但味道浓烈的斯蒂尔顿奶酪，奶酪汁沿着塑料签直往下流，酒面形成一层漂浮的泡沫。但比这杯酒更令人困惑的是，我究竟在这里做什么：试图在恰好的时间喝醉，在恰好的时间清醒，然后做一些宿醉时绝对不想做的事。我喝下一大口酒。

单身派对、免费酒水、电影《宿醉》三部曲，这都是些显而易见的因素，但使拉斯维加斯成为毫无争议的世界宿醉之都的原因，远不止这些。地理、生物、水文气象、心理学、流行文化哲学和酒类法规等诸多更复杂的混合因素都起着非常重要的作用。

从空乘在飞机着陆时小心翼翼讲的那些蹩脚的着陆笑话，到那句随处可见的口号"在此地发生的，就留在此地"（What happens here, stays here），再到对黑帮诞生神话的赞颂，你一到这里就会像脖子被挂上一圈夏威夷花环一样，得到一句轻盈明亮的台词："一般的规矩在此不适用！"因此，那些平时不苟言笑的参会人员会在早上10点15分赶去办理入住手续的路上，随手抓起一大杯用荧光试管装的酒。接下来的一天中，他们要穿梭于无数充满闪光灯、人造氧气和香烟烟雾的房间，拿到一杯接一杯的免费酒。毕竟这里是拉斯维加斯，一般规矩不适用……尽管没有人提前和你的肝脏打声招呼。

我已经无数次经历"拉斯维加斯效应"，但现在却有点忧心忡忡：

现在真正想要宿醉的时候，却做不到。于是我来到这家酒吧，品着这杯口感复杂的马提尼。我又喝了一口，试图集中精神。

我打算把两项任务结合起来。自由撰稿人经常这么干。当然，这也取决于两件事是否合得来：比如在为《消化文摘》[①]写一篇关于餐后酒的文章的同时，为法国航空的舱内杂志写一篇葡萄酒之旅的内容。不过这次我要做的是将重力挑战与宿醉结合在一起。

我来拉斯维加斯，不仅是出于创作这本书的缘故，也是为了完成一本男性杂志的邀稿。为了写这本书，我要去调查一个叫"宿醉天堂"的地方。而这就需要我一次又一次地喝到足够醉，来验证那个"世界上最杰出的治宿醉名医"是否名副其实。为了完成男性杂志的任务，我将驾驶一架战斗机在六千英尺[②]高空模拟空战、从一千英尺高的建筑上一跃而下、乘高空索道滑下山、使用机关枪射击以及驾驶赛车。以上项目全都包括在"拉斯维加斯极限挑战"的免费项目中。能出什么事儿啊？

实际上，我仅有十二小时来喝醉和宿醉，然后就要准备再次以一百五十英里[③]的时速通过一个有十处转弯的赛道。我的数学水平还不足以判断这是否真的可行，不过我觉得三盎司[④]伏特加配上两颗塞满奶酪的橄榄是个不错的开始。面前的马提尼越喝越少，我研究了一番，想弄清楚它是摇晃还是搅动制成的。一项发表在《英国医学期刊》上的研究总结道："摇晃马提尼能够更有效地激活其中的抗氧化物质，并

---

① 作者杜撰的杂志名称。

② 英尺为英制长度单位，1英尺约为0.3米。

③ 英里为英制长度单位，1英里约为1.6千米。

④ 盎司为英美制重量单位，1盎司约为28.3495克。

使过氧化氢失活，这是搅动不能比的，据称这能有效降低特工们患白内障、心血管疾病和宿醉的概率。"

我身后传来"叮叮当当"的声音，是铃铛和口哨声，接着是一声大叫，好像有人中了头奖。"再来一杯？"服务员问我。

"好。"我说，但是让她别加奶酪。

老实说，我已经有点宿醉了。由于从多伦多搭早班飞机，我没能用睡眠消除昨晚几杯酒的影响，而且自从飞过内布拉斯加州，我的肠胃就不太舒服。半小时后，我得和其他记者以及我们在拉斯维加斯的接待人一起吃晚餐。但我不清楚这顿饭我们会喝多少酒，我还有点犹豫要不要告诉他们我别有用心的动机。不过在某些情况下，我可能必须得把这件事说出来。我们的安排里全是危险的高难度活动，如果没有他们的配合，我不知道要怎样在该醉酒的时候喝醉，在该清醒的时候清醒。我已精疲力竭，就好像半个胃都回加拿大了。一切都押在下一杯马提尼上了。

一位戴着药盒帽的女孩走过来，脖子上挂着一个盛满好东西的托盘。我买了一包骆驼牌香烟、一卷罗雷兹软嚼胃药糖和一只打火机。我嚼着糖，点烟的时候，马提尼也到了。我喝了一口。

这杯酒绝佳：有点烟熏味，有点浑浊，没有其他装饰，冰冰凉凉。一瞬间，我的肠胃感觉不那么糟糕了。赌场里不断有氧气灌入，让人们不断地赌博、喝酒，再赌博。这时氧气也终于进到我的肺里。我重新振作，喝完这杯又点了一杯，只为万无一失。

状态回来的感觉真好。

原来"拉斯维加斯极限运动"指的不仅是驾车、飞行、跳伞，还有吃吃喝喝。大扇贝加生牛肉的前菜，配上一组试喝装的单一麦芽苏格兰威士忌。这真是一顿大餐。

主菜包括五种野味。我点了一杯醇厚的红酒，服务员却给我拿来了一整瓶。我一边喝一边向晚餐的同伴们解释这一切是多么省事儿——我终于醉了！我讲起了自己的书……但突然间，一位来自纽约的记者兼旅行作家偏要谈论意外事故保险，以及明天早上我们是不是要同时在同一条路上开车。

我敢保证他说这话的时候在看我，他也承认了这一点。接待人建议我们点些甜点。现在几近半夜，我们明天上午九点得到赛道。我看了一眼手表，试着算了下时间，然后点了杯柑曼怡酒。

也许我应该提一下，我在写作"生涯"中接触最多的事就是喝酒，不过在特定的圈子里、特定的时间下，它也确实是个棘手的问题。这并不是说我是个麻烦的酒鬼。只不过因为这是值得一提的事……尤其是当我们离开餐厅走向扑克桌的时候，那里的酒可都是免费的。

因为事情是这样的：当你写一本关于宿醉的书还要为自己的研究买单的时候，你发现可以免费喝酒（前提是你得边赌边喝），那么，不去赌博岂不是对金钱和专业度的不负责任？哪怕是小赌一把？为了解答这个反问句，我做了个简短的成本效益分析，还用了一个大家都能理解的概率例子相互参照对比。

我的发现是：在扑克桌输钱的概率是高双位数，而在扑克桌上喝得更醉（这对我专业的努力有着直接贡献，因此也有利于我最终的营收）的概率铁定是百分之百。很明显，我除了坐下别无选择。

这是无限注的得州扑克，盲注10/10。一位服务员走过来，我点了一杯威士忌加一杯啤酒。她告诉我一次只能上一杯酒。于是我点了一杯威士忌，之后又点了一杯啤酒，并且提前给了她十美元的筹码作小费。荷官开始发底牌。

我下了盲注，然后坐着等发牌，并估摸着自己有多醉。我实在没法确定，因为一部分的我清醒得有点过分。除此之外，一切顺利。服务员转回来，牌落在毛毡桌面上……

黎明之后的早晨

早在人类诞生前就有宿醉了。这个说法至少和进化论一样靠谱，或者跟伊甸园一样靠谱——如果你更喜欢这种说法的话。把一颗苹果放在合适的地方足够久，看看鸟儿和蜜蜂会有什么反应吧，更不用说蛇和猿猴会怎么样了。只要动植物存在，发酵就会自然发生。

按照进化论的说法，我们的远古祖先肯定早在能直立行走前就曾在酒后摇摇晃晃地走路了。这种放纵行为可能罕见，可能出现在节日庆祝时，也可能是一个可怕的意外，但我们可以假设，世界上第一场宿醉就发生在第一次醉酒后不久。然而酒精在文字出现几千年前早已存在，任何记录都被归入了古代故事的范畴。并且在大部分起源类神话中，首先承担发酵之后果的是众神而不是野兽，并因此改变了人类历史的开端。

在非洲约鲁巴神话中，奥巴塔拉（Obatala）某日觉得百无聊赖，便开始用泥土造人。后来他口渴，就喝了些棕榈酒。他喝醉后把事情弄得一团糟，一批新造的人都有些畸形。第二天早晨，他不出所料宿醉了，发誓永远戒酒（对神来说这确实是很长一段时间）。

苏美尔神话中的水神恩基（Enki）就是关于酒精的毁誉参半的评价中，"毁"的最佳例子。他长得像鱼，是个水陆两栖的矛盾体——是智慧和知识之神，却也是个粗心、酗酒的好色之徒。例如，他试图灌醉性和生育之神伊南娜（Inanna），借机占便宜。不料伊南娜反倒把恩基喝倒了，还骗他交出他用来控制生灵的法规"密"①。第二天早上，恩基意识到自己酒后的愚蠢，便追寻伊南娜到河边，还一不小心吐在了自己脚上。但为时已晚，人类获得了自由意志，恩基这场神级的宿醉以永远的懊悔告终。

早期以色列的传统，以及之后的基督教和犹太教，都相信知识之树实际上是一棵神圣的葡萄藤，而禁果是一串甜美的葡萄。亚当吃禁果时开悟了，并感到充满力量。正是这种神一般的快感导致他失去了神圣的地位，坠落到卑微而容易犯错的凡世，成为凡人中宿醉的第一人。

在希伯来传统中，亚当被驱逐出天堂时，迅速割下了一截使他坠落凡尘的葡萄藤。后来诺亚在地球上种下的正是这一截藤蔓。这是一件神圣的礼物，即使授予人和接收人当时并没有意识到。

大多数科学家和神创论者都同意，大约一万年前，地球上曾发生过一场大洪水。而在那之后不久，人们便开始种植葡萄，并发明了葡萄酒酿造技术。几篇史料记载显示，大洪水结束的时间，正好对应俗世间醉酒的开始。不论是史前西伯利亚的凯泽（Kezer）、希腊神话中的丢卡利翁（Deucalion，直译为"甜葡萄酒"）、吉尔伽美什史诗中的乌特纳比西丁（Utnapishtim），还是《圣经·旧约》中的诺亚，这些幸

---

① Me，代表神圣与文明的力量，恩基的工作之一就是守护这种宝物。

存者在方舟终于停泊靠岸后做的第一件事，就是学习如何酿酒。

于是，事情变得复杂起来。据《圣经》记载，诺亚喝了第一批酒后酩酊大醉，赤身裸体地晕了过去，四肢摊开躺在地上。他醒来的时候，发觉他的儿子含看到自己喝醉的样子，勃然大怒并惩罚他，确切地说是惩罚了含的四个儿子中最小的迦南，使迦南和其子孙后代永远为其兄弟的奴隶。

当然，故事还不止如此。研究《圣经》的学者们一直热衷于多管闲事，想探明诺亚喝醉当晚以及第二天发生了什么，还有为什么诺亚喝醉了做出这些事，上帝却没有降怒于他。有人为诺亚辩护：作为第一个喝醉的人类，他没有被批评的正当理由。毕竟如果你都不知道放荡行为是否存在，又如何去避免呢？你应该把自己想象成世界上第一个喝醉和宿醉的人，再做判断。

伟大的金斯利·艾米斯在他最重要的宿醉守则中写道："告诉自己，你只是宿醉未醒。你没有生病，你的大脑丝毫未损，你的情况没有那么糟糕，你的家人和朋友也没有对你的糟糕情况串通一气勉强保持沉默，你还没到人生终点看破红尘的时候。"

可是如果你不知道呢？如果你对此一无所知呢？你可能会觉得自己病入膏肓，失去理智，等着见魔鬼了。即使不像诺亚那样压力过大，你也可能会有些失控。而且，谁说上帝没有像他对亚当一样降罪于诺亚呢？或许最初《圣经》里的醉汉的确遭到了惩罚，而且还是《旧约》里惯有的那种方式：不仅惩罚他们遭受第一次宿醉，还要惩罚全人类都得遭受宿醉——直到永远……

在拉斯维加斯发生了什么（第二天早上）

在闹钟"嗡嗡"的响铃声和"嘟嘟"的振动声中，我喘着气惊醒。我抓起手机，拍了拍床边的收音机，又躺倒在床上，蜷缩着身子，四肢懒散。

我慢慢回想起来：*飞来拉斯维加斯，喝了马提尼，吃了晚餐，打了牌，还去了……接下来的事记不清了。* 我抬起疲惫的眼皮环视四周：这有点不对劲……我的思维接着往后跳跃：*开跑车，见治宿醉的医生，穿衣服*——稍等，顺序应该反过来。

我努力注视一切，但还是有点……总感觉房间有点奇怪：这房间好像变大了，东西也都不在原来的位置上。我下了床，一瘸一拐地走了几步，找到了遮光帘的按钮。窗帘升起来，我摇摇晃晃地往后撤，然后向下看，这可比我以为的高多了——这房间比一架不知从哪儿冒出来的巨型过山车还要高，下面就是环形轨道。

这……不是……我的……房间。

我赶紧转身，房间里就我一个人。而且我的东西好像都在这儿（不过不在我原先放的位置）。所以这应该就是我的房间，不过它是我记忆中的两倍大，楼层也高多了，而且是在酒店的另一侧……我感觉口干舌燥。

我从无比宽敞的浴室里接了一杯水，一饮而尽，然后又接了一杯，慢慢喝下……这时记忆都闪现回来。词语、图像和人就像叙事的联觉一样连在一起：永远——灯、电话——愤怒、粉色领结——浑蛋、赤脚——保安、清洁工——罗莎琳达……

当然，喝到断片可能是过量饮酒或神经系统出问题的征兆，对有些人来说还是个恐怖的事实：宿醉后会陷入一大片空洞未知。不过，我基本还记得所有事情，虽然这花费了些时间。目前我没时间。

闹钟的延迟铃声响起来，我找到了自己的裤子。穿裤子时，我感觉右脚一阵剧痛，但没时间管它，也顾不得莫名其妙升级的酒店房间。从我口袋里的东西（一把折叠开瓶器、一只小门把手、一沓乱写乱涂的便笺、几张自动取款机的凭条，没有现金）判断，这估计不是为了庆祝赌局连胜。

我一瘸一拐地走出酒店，上了一辆待载客的出租车。"去哪儿？"司机问。

"薄荷堂。"

他轻声笑了："继续派对吗？"

薄荷堂位于城镇的边缘，是拉斯维加斯最臭名昭著的脱衣舞俱乐部之一。这里24小时营业，全年365天开放，不论哪天都可以从整瓶服务①或者一支简单的大腿舞开始。街对面就是"宿醉天堂"。

宿醉天堂开业还不足一年，对外宣传为"世界上唯一致力于研究、预防和治疗宿醉的医疗机构"。

他们的网站上挂满了鉴定书，以证明把宿醉当作一种正当病症治疗的重要性。点击商品页面，你可以购买球帽、小酒杯和印着"我感觉我就像复活节早晨的耶稣"字样的T恤。

我面前是那种单层平顶的商业或工业园区，这种地方一般是赏金猎人和成功学大师们的办公场所，至少在电视上是这样。我开始把治

---

① 高档酒吧或夜总会的一种特色服务，允许顾客购买整瓶的酒为其个人消费使用，通常还会配有顾客挑选的特定调酒师。

疗宿醉的生意想象成这两者的融合体。我找到门，推门进去。

"你今天感觉怎么样？"一个女孩微笑着问，她斜靠在一张贸易展会风格的柜台或者说办公桌上。

"还好。"说完，我立刻想起自己此行的目的。我不想让她觉得我不重视这件事，"我是说，考虑到，你懂的……"我抬起手，用手比了个六，这是个表示喝酒的手势。尽管我记忆模糊，也觉得自己醉了，但我还是不太确定自己喝得够不够多，是否足以真正检验这个地方。

"我叫桑迪。"她拿起一个写字夹板，"你就是那个写东西的人？"

"是的，女士。"我说。试图在宿醉时表现得足够专业让我开始头痛，不过我觉得这是个好迹象。

"好，你不用担心，"站在沙漠中的桑迪①说道，"我们会让你好起来的。"

"宿醉天堂"是杰森·伯克医生引以为豪的心血。他把自己术后麻醉师的经历应用到解决派对后的种种问题中，因此他称自己"比世界上任何医生治疗的宿醉都多"。我和他打过电话。他的北卡罗来纳州口音和他照片中的形象很搭，此时我发现自己正眯着眼看着他照片上的一口大白牙，想象它们隐约闪光的样子。不过我得过段时间才能和他见面。今天他来上班的时候，我应该已经在赛道上疾驰了。

替伯克医生治疗我的人碰巧是同一赛道上的兼职急诊医疗救护员。"我就在那儿坐着，等他们撞车，"他说，"噢，我并不是说你。别担心，他们从不撞车。"这一切都感觉很不靠谱，让我感觉不太好。

"你感觉怎么样？"急诊救护员保罗一边问我，一边调节我坐的乐

---

① 原文为Sandy，也有"沙地的""多沙的"含义。

至宝巨大皮沙发。这间房墙壁雪白，里面有六个这样的沙发。

"不太好。"

"按一到十级来分的话，你总体感觉有多不好？"

"七点五。"我说。我担心我说得有点高了，因为我宿醉得还不够严重，这让我有点内疚。

"你认为重力会对你的宿醉有什么影响？"保罗在挂输液袋时问我。

"我也不太清楚，"我说，"但我马上就会好了对吧？"

"没错，"他说着拍打我胳膊内侧，"请握拳。"

"宿醉天堂"内部数据显示，他们的成功率有98%。输液袋里装的是"梅尔氏鸡尾酒"①。它含有电解质、镁、钙、磷酸盐、维生素C、维生素B群，有助于促进水合与酒精吸收。保罗在里面加了止吐药盐酸昂丹司琼，一种叫痛力克的消炎药，还有一种叫地塞米松的类固醇。接下来，他又在我肩膀上打了一针"超级维生素B群"。他说这一针能预防之后几天的宿醉。他还给了我两瓶药，一种午餐时吃，另一种晚餐时吃。

保罗的同事格雷格是一名注册护士，保罗和我解释这些时，他正在准备氧气罐。两位医护人员都是大块头，也非常亲切。他们跟桑迪一样，就算去夜店上班也能轻松应对。当然，这就是拉斯维加斯的常态：热情的态度、随和的微笑和大量的氧气。

格雷格给我戴上吸氧面罩："这需要半小时。"

"看个电影怎么样？"保罗问。

---

① 巴尔的摩医生约翰·迈尔斯发明的一种静脉注射营养混合物的通称。

"不用了。"我说起话来就像戴着面罩的宇航员。听到我的回答，他们有点失落，因为保罗已经在往大屏幕走了，手里还拿着一盘影碟。我明白了情况，这是体验中设计好的一个有趣部分——观看《宿醉》，同时治疗宿醉。我不想扫兴，于是做了个改变主意的手势。

无独有偶，我第一次看《宿醉》也是来拉斯维加斯旅行的时候，并且同样是在治疗宿醉。但是那次是*真的宿醉*，严重到差点死掉，蜥蜴都能在我的双眼里喝水，我的医生女友不得不给我洗冷水浴来降温。这是那种我会留出一个章节来讲的最糟糕的宿醉经历。

"这盘放不了！"保罗说，一边在消毒服上擦了擦DVD，然后又试了一次。

"咱们不是还有另一盘吗？"格雷格说。

"那盘碎了。"

"该死。"

我跟他们说没关系，这部电影确实不错，不过我已经看过了。于是他们放了《泰迪熊》。电视机旁的墙壁上挂着一幅巨大的海报，上面有一辆"宿醉天堂"的公交车飘浮着穿越云海。上面写着"祈愿成真！"他们把灯关了，留我在这里治疗……

大约一个小时后，我和其他记者在"拉斯维加斯梦幻赛车"的接待室碰面了。在这里，只要有足够的钱，就能驾驶世界上最快的汽车之一。尽管早上接受了治疗，但我现在还是有点发抖。

"你之前开过赛车吗？"一位来自爱荷华的作家问我。他是那种老派又有长辈范的记者，自费出版了一本制作精良的幽默励志书，你可以在他的网站上以想付多少就付多少的方式买到。这本《使用所有蜡笔！》(*Use All the Crayons*！）的销量比其他所有在场作者的作品销量加起来还要多。他为人谦逊，故事励志，而那位纽约的旅行作家则正相反。

"没开过，"我说，"但我一直想试试。"我告诉他，我之前在意大利的一个小镇住过，每辆法拉利都是在那儿生产的，"我每天都能听到它们在试车跑道上赛车的声音，如雷鸣似的咆哮，是轰隆隆的'多普勒效应'。真的很棒。"

"酷！"他说，"我有点崩溃，不过是好的那种。"

我们往赛车模拟器走的时候，我突然想到，我差点就把这次机会给毁了。当然，能影响宿醉强度的因素数不胜数。我被海拔、时区、气候、加奶酪的酒水、威士忌试喝拼盘、五种野味、扑克牌、香烟，以及严重睡眠不足搞得一团糟。就连我都意识到了，把这一切都寄托在一个兼卖小酒杯的医生身上，实在是过度有信心了。

模拟器有点难用，而且我的脚像扎了刺一样疼。我一驶出跑道，座椅就会震动。车撞到一堵墙，整个车身就会发出"砰"的声音。指导员一直跟我们保证，驾驶真车更简单。但是驾驶真车也面临着一个现实：一辆"陆地火箭"配一个方向盘加仅有的一个刹车踏板，稍有闪失就会……

签完所有《免责声明》并穿上赛车手连体服，我开始觉得有点恶心。我去了洗手间，望着镜子里自己的眼睛，然后往脸上泼了些冷水。我的太阳穴"突突"直跳，但不知为何又感觉它离我很遥远。我回想从前宿醉时做过的所有事。我告诉自己，*这不算什么。明天的任务是开战斗机，之后还要从平流层上跳下去。无论如何，你已经接受了治疗，也拿了药，记得吗？*

我点点头，抓起头盔，去找我的赛车。

为了挤进驾驶座的狭窄空间，我整个人身体扭曲，仿佛生平第一次坐在方向盘后面。虽然我很担心撞车，但我更担心的是没有胆量①开得尽可能快。我模糊地意识到这既是字面意义上的，也是隐喻性的。但两种都不太好。但我启动引擎时，这些顾虑都消散了，所有宿醉症状也都消散了。它们会在我稍晚时候坐豪华轿车回拉斯维加斯时十倍奉还。而现在我能感受到的只有发动机。轰鸣声低沉而有力，我只能勉强控制住它，就像驾着一头巨龙，但是是坐在它体内驾驶。

我向前驶出，转了一个弯，然后又转了一个弯，我的大脑试图跟上我的身体，而我的身体正试图跟上这辆赛车，只有一部分的我听从着副驾驶座上的指导员。我知道我应该做什么：不踩刹车，降挡驶入弯道，接着踩油门、升挡、再升挡……不过我仍在努力找感觉。接着我们进入了第一个直道。

我不断加速，车身猛冲得厉害。现在到了第二圈，同样先有个转弯。我的不适感消失了，我突然明白了：这确实比模拟器要简单。事实上，这也比普通汽车简单。你转动方向盘，它就会完全照做，不用补偿，不用担心摆尾，不用提前刹车或者事后修正。你只要相信它，然后像使用原力一样驾驶，但要睁大眼睛。

把稳方向盘并保持快速，这就是我转下一个弯的方式。我踩下油门，那雷鸣般的咆哮响起。它填满了我的五感，就像一股肾上腺素的激流，直接将我贯穿。

---

① guts的字面意思为"内脏"，也有"胆量"的意思。

我的车速达到了160英里每小时。这种重力感像被幽灵拥抱着一样，又及时又不合时宜。这是几个月来我感觉最好的时刻。

"一个拥抱的幽灵？"回拉斯维加斯吃午饭时，那位年轻的加利福尼亚自由职业者问道，"这可有点奇怪。"赛车早已结束，我们正坐在一辆巨大的豪华派对轿车里，音箱里传出一阵似乎是墨西哥街头乐队风格的音乐，而我坐在一个面朝后方的座位上。

"一个非常强壮的幽灵。"我澄清道。但其实我已经开始觉得不对劲了。然后，随着内脏一阵翻江倒海，我意识到这可能是对我来说最糟糕的位置——反向坐在一辆行驶中的巨大豪华派对轿车里。不过一切都太晚了。车窗的贴膜玻璃在向内挤压，我的内脏想要冲出身体。我双臂环抱，闭上眼睛，拼命地随着那些令人晕头转向的重型打击乐摆动，而不是反抗。

车终于停在了酒店前面，我从车里冲了出来。爱荷华州的"蜡笔先生"喊着我们要去吃午饭的酒吧的名字，我努力向他招手表示"一切都好"。然而一切都不好，一切都糟透了。如果这时我还能思考，我会认为也许重力抵消了宿醉治疗，或者不论你往静脉里注射了什么，向肺里注入了多少氧气，在醉酒后八小时内最好不要开赛车。但我已经不能思考了。相反，我有的只是像受伤的獾那样的本能，在酷热的天气里一瘸一拐地走着，心里只想着找到一个可以钻进去然后死掉的门廊。

我找到卫生间，打开标着"日用"的药瓶，标签上的"宿醉天堂"巴士正穿过天使般的光束。瓶子里装着锡箔纸包装的嚼服药块，还有一些不知道装了些什么的胶囊。然后我看到了标签：牛磺酸1000毫克，水飞蓟330毫克，白藜芦醇500毫克，巴西莓，乙酰半胱氨酸600毫克。但这对我来说毫无意义。

我强咽下药，"咕噜咕噜"喝了几口水池里的水，然后选了一个隔间坐了一会儿，等待眩晕停止。假如我马上要吐了，那可真是选了个最蠢的时间——就在吞下所有的孤注一掷、充满希望的药片之后。

半闭着眼，腿也不稳，我找到了午餐的酒吧，和其他人一起坐到桌边。"纽约旅行"先生责备地瞥了我几眼。突然间，我有种奇怪的感觉，就好像自己缩小了一半。我闭上眼，然后又睁开，但是桌上正对着我的东西还在：一个有脑袋两倍大的汉堡。

"极限汉堡挑战！"接待我们的主人说。

"八磅①重，"加利福尼亚的年轻人说道，"如果你能在一小时内吃完，就算免单！"

我想说，本来所有东西就都是免费的——我们是一群参与"想方设法杀死自己"的免费旅游项目的"白痴记者"。但这听起来有点不知感恩。而且比起这些话，我更担心我可能会吐。

服务员小姐开始介绍那些吃过这款汉堡并打破纪录的人用了哪些策略：先吃腌菜，舔掉芥末酱，用面包蘸啤酒，咀嚼肉饼，然后用勺子……滔滔不绝之下我只能逃跑。我穿过酒吧，冲出推拉门，瘫倒在一座金色的海盗雕像上。从现在这个角度看，那似乎是摩根船长。他其实不是海盗，而是一艘武装民船的船长，1688年死于醉酒。我真希望我在他脚下昏过去时，注意到的不是这么不吉利的事。

---

① 英制质量单位，1磅合0.4536千克。

酒神与双门

另一个最早的人类宿醉事迹可以追溯到希腊众神的早期，当时酒神狄俄尼索斯才刚开始在人类世界自由驰骋。是的，狄俄尼索斯是酒神。但首先，也许更重要的是，他是半人半神的存在。他是宙斯与一位勇敢美丽的人间女子的儿子，既有神的力量，又有凡人的不羁，还有二者都有的那份骄傲与欲望。因此他成了世上绝无仅有的存在，他富有创造力且魅力非凡，难以捉摸且极具冒险精神，危险而具有双重力量。这使他成为酒神。他喝酒就像凡人呼吸空气一样自然。

某天，他从一个发光的无底袋中倒酒喝，一边沿着潘狄翁（Pandion）统治下的一条土路走，一边哼唱着自编的歌，歌里唱的是天上的海洋、会飞的美人鱼和独处的乐趣。他厌倦了在奥林匹斯山上和众神一起喝酒。他边走边喝，还不时变换形态——从半神变成梵天牛，变成一道闪电，再变成蜥蜴王。当他走近一户人家，身上闪烁的光照到农田上时，则变成一个身形矫健、面带微笑的人类。

这是伊卡里俄斯（Icarius）和他女儿厄里戈涅（Erigone）的家。狄俄尼索斯很快喜欢上了他们。他面带迷人微笑，并献上一些他的酒，二人则邀请他一同进餐。

出于对凡人主人的尊敬，也知道只有神能喝不掺水的酒，所以他在他们的杯子里掺了些水。然后他们一起度过了愉快的时光。狄俄尼索斯太尽兴了，再次上路前，他给父女二人留下了一些烈酒，还告诉他们如何酿酒。后来，伊卡里俄斯、厄里戈涅和爱犬马尔拉向左邻右舍分享了这美妙的新事物。就在这时，事情有了变数。

这个故事和其他神话故事一样有多个版本和不同解读方式，但其大意基本是这样的：伊卡里俄斯的邻居们喝了不掺水的酒，晕了过去，醒来后备感不适，以为被下毒了，于是邻居们一起用木棍打死了伊卡里俄斯，然后将他切成肉块丢进井里。他家的狗心急如焚，随主人跳下井去。厄里戈涅看到这一切后，也在树上自缢而亡。接着，狄俄尼索斯现身了。

激怒任何一位宙斯的后代当然都不是明智之举，对这位来说更是如此。人类第一次醉酒引起的误会变成了次日的大灾难。周围地区的所有人类都被粉身碎骨、被折磨或被流放到一个地狱般的岛上。至于杀害伊卡里俄斯的这群人，狄俄尼索斯为他们准备了一项非比寻常的折磨方式：他彻底地引诱他们，却不给他们想要的东西，使他们精神错乱，永远欲火焚身，却得不到满足。

狄俄尼索斯则为逝去的酒友献上了更美好的永生。他将父女二人幻化成天上的星辰，连小狗马尔拉也变成了明亮又孤独的天狼星。

不久后，雅典的国王下令称只有神能喝不掺水的酒，所有尝试的凡人都会发疯致死或直接死亡。随着对饮酒的喜爱在早期文明中传播开来，酒中掺水也成为区分文明社会与野蛮集体、智慧与粗心、健康与放荡的原则。

年轻的希腊人从"会饮"（symposium）中学会如何负责地饮酒。"会饮"这个词与"体育馆"（gymnasium）很像，这表明，想成为一位出色的饮酒者，就像训练有素的运动员一样，需要巩固、练习和训导。想要一边抿着碗中用水冲兑的酒，一边思索逻辑之美与美之逻辑，需要酒会主持的悉心教导，而柏拉图就是很好的酒会主持。据汤姆·斯丹迪奇那本很有意思的《上帝之饮：六个瓶子里的历史》，当时的学者们发现"那些和柏拉图共同进餐的人，第二天都感到神清气爽"。

由于早期人类文明获得了酒神的馈赠，并克服了饮酒的副作用，狄俄尼索斯的影响力日益强大。他有着各种天赋与馈赠，还有许多矛盾围绕其身，上百个名号都无法代表他。人们称其为"狂热者""双面神""舞蹈者""放松者""带来光的人""纵酒狂欢者""狂喜者""使女人发狂者""勇士""解放者""赐恩典之神""圣者""最远的人""终结""双重门"……和后来的基督一样，狄俄尼索斯的强大魅力源自这样一种说法，那就是其信徒可以通过圣餐仪式这种行为，在来世获得救赎。

信徒们认为，酒是狄俄尼索斯的血液，饮酒就能获得救赎。喝的量刚好，就能感受到救赎的先兆。但如果喝得太多，就可能发生相反的情况：人们会陷入混乱与俗世的堕落。因此这扇双门同时指向相反的两个方向，通往天堂也通往地狱，这就是醉酒与宿醉的神圣二重性。

在拉斯维加斯发生了什么（枪声打响）

到达枪械商店时，我头痛到了极点。我感觉自己快要死了，而这可不在我的人生目标清单里。我们了解了基础操作方法，拿到了耳塞和护目镜，然后得知了一个"极大的"惊喜：除了标准的军火武器，我们还可以使用锯短的AK-47。这种枪的爆炸范围非常广，射击时枪口会喷火。

同行的记者们选了一组内行人才懂的射击靶：一个一身正装的木

乃伊，一个时髦版的G-man①，一个像兰博②的猛男小丑。《纽约时报》旅行作家选的靶子是一个身后有僵尸逼近的美女（事实证明，他可是位"神射手"，僵尸果不其然毫发无损）。我选了不带角色属性的通用射击靶：这是一个拼接的、毫无特色的"巴巴爸爸"③形状的靶子。即便如此，我也提不起兴趣射击。

每发子弹、每颗弹药筒、每次射击都像子弹反弹，贯穿我的头骨。天啊，带着宿醉上战场是什么滋味……疼痛、恐惧和眩晕感在你体内交战，而死亡如雨点般降临在你周围。想到几千年来士兵们都是这样做的，我的脑袋更疼了。我接着射击，直到再次感到反胃而无法试着瞄准。

从靶场离开后，我们去一家墨西哥餐厅喝超大杯玛格丽塔酒，吃变态辣的墨西哥塔可。我的这份"你绝对不想在宿醉时做的事"的清单，在一天内基本完成。而明天要尝试驾驶战斗机做特技，还要从一千英尺高的建筑上跳下来。这也是我头一次对一组免费试喝的龙舌兰心生厌恶。接着，墨西哥街头乐队出场了。

终于摇晃着走回酒店大堂，我突然想起我甚至不知道自己那间神奇的新房间在哪层。我还没开口，礼宾人员就发出一阵热情的笑声："啊！毕晓普先生！请问新房间您还满意吗？我为昨晚的事向您道歉！"

我不懂他在说什么，不过还是让他知道我已经原谅了他，而且新

---

① 科幻第一人称射击游戏"半条命"系列的重要角色之一。
② 美国动作电影《第一滴血》的男主人公。
③ 联邦德国于1975年制作的动画片。

的房间非常满足需求。"不过我可以再问一遍我的房间号是多少吗？"

"当然，"他敲了几下键盘搜索房间，"您今天过得怎么样？"

"挺好的。"我说完便摇晃着往3号贵宾楼走去。

这一天的事多到吐血，我甚至还没来得及回忆昨晚发生了什么。我一边思索一边打开笔记本电脑，费力地给我的编辑发一条语气轻快的信息。屏幕中间有一个叫"好吧！我喝醉了！"的新文件，我点开它，开始阅读：

好吧！我喝醉了！但现在台灯关不上了，我甚至拔不掉它的插头。电线直接连在墙上这个桌子一样的傻玩意里。我得睡了，明天还要开赛车，我却关不上灯！

好的，我本想拧下灯泡却烫到了手然后又打碎了灯泡，现在床上都是玻璃。该死，我简直不敢相信！我给前台打了半个小时电话也没人接，我觉得他们可能根本不知道电话是从酒店里面打来的。电话是从酒店里面打来的！

现在电话也坏了！

我的天！楼下前台那个打粉色领带的蠢蛋说我只打了8分钟电话，还因为我没穿鞋就说我喝醉了！真是个傻帽！我不得不和两个保安一起坐电梯上来，他们也觉得前台是个傻帽。大家都在笑我没穿鞋，但后来我进了房间就忘了这事，现在我的脚踩到了玻璃，保安说他们会派人来修电话，可我都等了半个小时了！！

我刚刚遇到了世界上最好的女人——罗萨琳达。我想她应该是保洁主管。她在走廊外。因为要把发生的一切从头到尾讲给她听，所以现在已经很晚了。她看得出我根本没醉。她说她会马上把这些都处理好，再给我弄个新房间。我说，挑一间好的，最好是可以在里面吸烟的房间。所以现在我又在等了。今天真是史上最漫长的一天。真不敢相信我得……

电话铃声响起。我放下自己酒后的胡言乱语，接起电话。

"您今天过得怎么样？"我一开始以为又是前台的人，然后听出了伯克医生自信的腔调。

"实际上，非常难受。"我说。

一阵短暂的沉默。我感觉自己就像个告诉餐厅老板他们做的鱼难以下咽的餐厅评论家。

"听你这么说我很遗憾，"伯克医生说，"不然你从头到尾和我说一下吧，也许我们能查出哪里出错了。"

"没问题。"我说道，然后从那杯蓝纹奶酪马提尼开始讲起……

"现在你感觉如何？"听过我讲述的一切后，伯克医生问。

"我觉得还好。"

"好吧，你知道，我们的成功率超过90%——"

"网站上写的是98%。"

"没错。所以我有一些理论，可以解释发生了什么。"

"请讲。"我在电脑上新建了一个文档，用来记笔记。

"好吧。其一，正如我所说，我们的成功率并非100%。对有些人来说，疗法就是不起作用。我也不知道为什么。但你的情况应该不属于这类。"

"大约2%的可能性。"

"是的。所以事情是这样的：我在查看你说你喝了多少酒，你什么时候停止喝酒，又是什么时候来我们诊所治疗的。如你所知，我们的系统是为了治疗宿醉而开发的……"

"嗯哼……"

"……而引起宿醉的部分原因是酒精戒断，我有点怀疑这不是你之前的状况。"

"你的意思是？"

"嗯，"伯克医生说，"合理推测，我们治疗你的时候，你应该是处于醉酒状态而不是戒断状态。一段时间之后……"

我终于明白了：他的意思是，我以160英里的时速驾驶一辆价值50万美元的赛车时，状况和宿醉截然相反。我那时正烂醉如泥。所有努力都是为了恰好喝醉，而我却因为努力过头而搞砸了。所以现在整个实验都功亏一篑。更重要的是，我还醉酒驾驶了。

"该死的。"

"我们只能再试一次了。"伯克医生说。

不过我想起明天上午的战斗机项目——滚筒飞旋、锤落冲击、急转俯冲……我合上电脑。

"我今晚还是放松一下吧。明天再重回正轨。"

"好的，"伯克医生说，"之后见。"

我灌下一杯威士忌，然后脱掉衣服准备睡觉。这次灯很容易就关上了。闭上眼睛，我感觉房间很拥挤，仿佛一位非常强壮且仁慈的幽灵环抱着我。

第一幕间

上战场前一杯酒

柏拉图从他的老师苏格拉底那里学会了谨慎平衡地思考与饮酒，并把这些教导传授给了他的学生亚里士多德。后来，亚里士多德最著名的学生——马其顿国王亚历山大大帝同样信奉古希腊的智慧，不过饮酒方面就另当别论了。

亚历山大大帝和他父亲一样，是一位狂热且嗜酒的战士国王；也和他母亲一样，是狄俄尼索斯的热忱信徒，狂热到将自己的征战之路看作酒神旅行的再现。他和他的战士们每晚都喝得昏天黑地，骑马上阵，一边忍着头痛，一边冲锋陷阵，且屡战屡胜。他四处征伐新领土，酗酒贪杯——试图以狂欢作乐让世界变得文明。

亚历山大最终占领的领土比任何先人都更广阔。他烧毁了几座城市，有时只是因为狂欢的庆典失去了控制①。不论他是否给世界带来了文明，他确实成功地使宿醉在整个领土内传播开来，即便不是所有人都认可这方面的"成就"。正如德摩斯梯尼谈及亚历山大大帝饮酒时说："他是块做海绵的材料，不适合当国王。"也许他所言确有道理。亚历山大大帝战无不胜，最终却因贪杯而倒下，虽然对于他具体是怎么倒下的还存在一些争议——到底是因为饮酒过度耗尽体力，还是因

---

① 指亚历山大大帝烧毁波斯帝国首都波斯波利斯一事。

为突然不再喝酒而休克，就像他一贯的行事方式：果断且迅猛。

当然，亚历山大和他的军队不是唯一因饮酒征战被载入史册的团体。荷马所写的《伊利亚特》和《奥德赛》里也不乏勇士与酒精，历史学家已从中认识到，酒精对制造、延续流血战争有重要影响。北欧神话在很大程度上也依赖于狂暴战士在战场上的胜利：受众神之酒的诱惑，醉酒的勇士陷入狂暴且无畏的状态。而且，不只人类会醉酒上战场。马可·波罗曾在世界各地喝酒，他注意到，在桑给巴尔岛，战士们甚至会给大象喂一桶桶米酒来"燃起它们的斗志"。

美国内战时，尤利西斯·S. 格兰特（Ulysses S. Grant）因饮酒过量而遭受谴责，而总统亚伯拉罕·林肯却许诺要为其他"还未打过胜仗"的将军提供更多酒。

当然，并非所有醉酒的战士都精于战斗。在《贝奥武夫》中，那些前去攻打神秘巨兽格伦德尔（Grendel）的人，因醉酒后在宴会厅中昏睡而惨遭杀害。芭芭拉·霍兰德将这次伏击战跟黑森佣兵宿醉后陷入埋伏而被乔治·华盛顿击败的事，以及撒克逊人在黑斯廷斯战役前一天熬夜饮酒而将英格兰输给了更守纪的诺曼底人的事比较。用她的话来说，诺曼底人"很清醒，或者至少没那么醉"。

第一次世界大战期间，本职是军人的弗兰克·珀西·克罗泽（Frank Percy Crozier）其实更像一名记者。他详细描述了战场的恐怖，还写了些几乎有些缺乏想象力的离题话："我看到一位上校坐在交通壕的出口，私自给他的士兵们发放小杯朗姆酒，而士兵们排着队领酒。那是一个晴朗如春的午后，下午三时，士兵们第一次上前线……他严重依赖白兰地，认为每个人都和他一样沮丧又凄凉。灰心丧气，时时难熬……酗酒者被移送到英国，在那里堕落并最终死亡。守卫防线的安全重于一切。限制饮酒是当务之急。"

　　尽管当时"宿醉"一词还几乎不存在，但人们肯定不会随便用"难熬"这样的词。不过多亏工业革命的开展，在生产力和安全方面，人们的醉酒观念开始有了变化，随之改变的还有其在英国军队中一度神圣不容侵犯的地位。正如首相大卫·劳合·乔治宣称的那样，帝国正在与"德军、奥军和饮酒作战——在我看来，最难对付的敌人就是饮酒"。

　　与此同时，俄罗斯人似乎在酩酊大醉的状态下也能取胜。在两次世界大战中，德军选取的进攻时机曾数次被因宿醉而发生各种意外状况的苏联军队打乱。尽管取得了意外的胜利，苏联政府终于开始重视内部的饮酒问题。克格勃甚至开始研发一种防止特工喝得太醉的药片。虽然药片在这方面不起作用，但似乎对缓解宿醉有帮助……至少这是"安体普解酒片"（RU-21）讲述的研发故事。它是冷战后第一款大规模销售的宿醉产品，可以说是在美国销售最成功的产品之一。

　　罗素·曼恩（Russell Mann）在他那篇扣人心弦的回忆录《疯狂的绿色贝雷帽》（*Green Berets Gone Wild*）中，讲述了自己在越南战争中当军医的事迹。他的一项重要工作就是照顾他的中士："他喜欢有军医陪同，以防受伤。但更重要的是，他需要军医为他治疗宿醉……战场之外，他是酒鬼，也是好色之徒——你绝不会希望身边有这种人，不过他在战场上表现得很出色。"

　　征兵办公室里也不乏宿醉之人，其中包括两个迥然不同的人，他们分别是汤米·弗兰克斯和布鲁斯·斯普林斯汀。根据弗兰克斯将军的自传，他从大学退学，抑郁发作，整日酗酒狂欢，于是他在1965年决定参军，以此"唤醒"自己。弗兰克斯后来成为美国获得嘉奖勋章最多的军人之一，他最终领导了对阿富汗塔利班的攻击，以及2003年时对伊拉克的军事行动。

与此同时，布鲁斯·斯普林斯汀的故事则截然相反。多年来，他一直把这个故事当作《河流》这首歌的引子讲给台下的观众听。当年他被征召参加越南战争，感到害怕，却因前一夜与朋友喝酒而未通过体检。回到家，他父亲表示宽慰，但他宁愿听到父亲的失望。在这首歌的现场录音中，你会听到生平听过的最悲伤的口琴回响。那曲调就像草丛上空的笛声，一小部分渴望救赎，余下的则被酒精和鲜血浸透。

第二幕

拉斯维加斯上空发生了什么

在这一幕中，我们的主人公将在高空驾驶战斗机，从高楼上一跃而下，并继续喝酒。客串：查克·耶格尔、哈达克船长，以及杰森·伯克医生。

半成宿醉不过是毁了前一夜和第二天早晨。

——克莱门特·弗洛伊德

现在，我正坐在内华达沙漠的某个飞机库里，在双翼机、台球桌和摆满酒的吧台中汗流浃背。点唱机放着肯尼·罗根斯和埃弗里兄弟的歌。这些都是"王牌空战之精英飞行体验"的内容。

飞行员理查德·"特克斯"·科尔正为我们讲解接下来要做的事。他解释着什么是锤落冲击和机动规避，以及躲避对手的最好方法："世界上最快的过山车能对你施加3.5的重力加速度，但接下来你要驾驶的这个宝贝——她的重力加速度可是10！"

我没心情听这些：不想听虚张声势的介绍和关于显得有男子气概的胡扯，不想听混战实况或演练，不想听空中特技，不想听重力加速度或在干枯河床上方六千英尺高空做桶滚特技，尤其不想听什么锤落冲击。我甚至不喜欢过山车。

我们要做的团建活动之一是从墙上的板子里选一个名牌，给对方取一个名号，比如"冰人"或者"鹅"。加利福尼亚的自由职业作家抓起写着"毒药"的牌子，兴高采烈地递给我。

今早醒来感觉比昨天更糟。但据金斯利·艾米斯看来，这是个非常好的迹象。其实这是他处理"生理宿醉"的十一步之首："一醒来，就告诉自己何其幸运能够感觉如此糟糕。这证明了一个事实：经历了一夜狂欢，如果你没觉得非常难受，那你其实还没醒酒。所以在宿醉来临前，你必须清醒过来。"

所以，我显然很幸运。但如果我昨天就能想到这一点，那就更幸运了——赶在静脉注射和赛车之前，在豪华轿车和午餐之前，在几杯玛格丽塔酒和机枪项目之前。现在我正处于宿醉之中。这就像你在试图恢复身材的时候犯了个错：去健身房的那天早晨也许感觉还好，然而接下来的那天，你连下床都觉得浑身酸痛，更不用说驾驶战斗机了。

今早在网站上查看活动细节时，我恰好注意到这行字："王牌空战中最常见的晕机原因是宿醉。我们都知道拉斯维加斯是个疯狂的地方，不过参加王牌空战的前一天最好早点睡觉！"

倒不是非得给"早点睡觉"加一个叹号，但这的确是个好主意，我就是这么做的。我听从他们的建议早早睡下，然后听从金斯利大师的指示，醒来，然后感到非常难受。不过现在这个沙漠中的飞机库热得像地狱，口干舌燥的我怀疑自己是否在治疗生理宿醉上少做了一个步骤。

在十一条指令之后，艾米斯提出了两种他从没尝试过的所谓宿醉疗法，因为它们一般很难经历到。第一种是下矿井，这听起来不是个好主意。第二种解药是"坐敞式飞机飞行半小时（当然由一位未宿醉的人驾驶）"。

"王牌空战"的手册上显示，他们恰好提供这样的服务：乘坐经典敞式双翼飞机飞渡胡佛大坝，全程45分钟，由专业人员在座椅后方驾驶。这倒是个不错的计划，也是检验金斯利·艾米斯未尝试过的宿醉疗法的绝佳机会。

只可惜特克斯说："不行。做不到。"据说今天风太大了，不适合开展胡佛大坝的体验项目。我们就应该坚持做空中特技项目，同时试着在该死的天上把对方打飞，大概风力正适合做这个。

穿飞行服前，我去了一趟礼品店，那里正好在卖茶苯海明（乘晕宁）。我知道它会让人犯困，但是在空战中，比起呕吐，我宁可选择打哈欠。我走到停机坪上，胳膊夹着头盔，飞行眼镜在阳光下闪闪发亮。此时"纽约旅行"刚下飞机，我问他感觉如何。他对我比了个大拇指，却避开了我的视线。想起昨天晚饭后看太阳马戏团的表演时，他请坐在我们前排的小男孩保持安静。那不过是一个在看马戏团表演的小男孩罢了。真希望我空战的对手是他，而不是那位友好的自由职业的年轻人。

我爬进驾驶舱。指导员"好莱坞"就坐在我身后，我的头戴耳机里传来他的声音。人如其名，他向我讲得更多的是如何在屏幕上看起来好看的小窍门，而不是如何驾驶。看来驾驶舱里有个摄像头，会捕捉我每一次叫喊和面部扭曲的表情。自由职业者伯班克（他来自加利福尼亚，而不是伯班克）现在正驾驶飞机在我们面前的跑道上滑行。

"最好把你的墨镜摘掉，""好莱坞"说，"这样我们能看到你的眼白。"我怀疑它们现在不是很白了。茶苯海明无疑开始起作用，但我完全没觉得变好，还感觉更糟糕了。我流了更多汗、抖得更厉害、精神越发紧张。这时螺旋桨转动起来……

直到几个月后，已经远离了战斗机、躺在医院里的我才发觉一个重要事实：我对茶苯海明过敏，它会导致许多严重的宿醉症状——恶心、流汗、焦虑、肌肉疼痛，以及易怒、心悸，还会产生幻觉。

"准备好起飞了吗？"头戴耳机里的声音说道，"完毕。"

我竖起大拇指，就像"独行侠"那样[①]。

在《虚荣的篝火》中，汤姆·沃尔夫描述一位记者头部的"膜

[①] 1986年上映的美国电影《壮志凌云》中，主角彼得·"独行侠"·米契尔（汤姆·克鲁斯饰）的标志性动作。

囊"，里面储存着他大脑的"卵黄、汞和大量有毒物质"。一旦他起身，"膜囊"就会"移动、翻滚，然后破裂"。这是现代文学中关于宿醉最值得称颂的描述之一。

但是在《真材实料》这部沃尔夫写的关于美国战斗机飞行员（最终成为宇航员）的纪事中，飞行员们的血液酒精含量同样很高。沃尔夫描述了人们心目中的飞行勇士在一个寻常早晨的安排："早上5∶30起床，喝几杯咖啡，抽几支烟，然后拖着可怜的、颤颤巍巍的肝脏到场地开始新一天的飞行。"

显然，伟大的查克·叶格①首次突破音障时的感受应该和我的感受非常相似。沃尔夫写道："查克·叶格几天前因醉酒从马背上摔落，因此在那场历史性的飞行中，他摔断的肋骨其实还没好，而且他还在宿醉中。他别无选择，只好用一把锯掉的扫帚将驾驶舱门拉上。剩下的事则载入了音爆②的史册。"

终于升上高空，"好莱坞"让我操控飞行。我现在感觉好一点了。毕竟，飞行是真正的解放，而且高空中也没有什么可以碰撞的物体。我也能当飞行员。没错，我是个飞行员啦，一名该死的飞行员，天空是如此蔚蓝而晴朗。接着我想到，天空不应该这么晴朗。我又想起特克斯在培训室说的话："要是丢失对手的行踪，那你的战斗也失败了。"

该死的伯班克在哪儿？

"在你后面。""好莱坞"就像是用了读心术似的回答。接着他又说："完毕。"这让我有点恼火。我应该躲闪着移动，但是我在这一刻

---

① 史上初次达成超音速水平飞行的美国陆军航空团飞行员。

② 飞行器在超声速飞行时产生的冲击波传到地面形成的爆炸声。

莫名地决定摘下墨镜,这样摄像机就能拍到我的眼白。我试图把墨镜挂到我的飞行服上,而这时伯班克正向我靠近。

"你在搞什么?完毕。"

我试着挺直身体,曲折飞行。现在,我终于开始做他们教我的动作了:旋转和翻滚,下潜和下落。空战开始了,不过这部分不太有趣。锤落冲击、桶滚特技、翻筋斗,这一系列动作下来,我最关心的就是不要呕吐。

你可能觉得空战在"宿醉时不该做的事"的清单上居于榜首,你是对的。只不过这也是为数不多的能真正治疗宿醉的项目之一。就像汤姆·沃尔夫解释的那样:"有些飞行员到的时候不只在宿醉,而且还在醉酒。他们来这儿,非要戴上锥形氧气面罩,想挥发掉身体里的酒精,接着就飞上天空。他们事后评论:'你懂的,我并不推荐这么做,但它确实有用。'(言下之意:假如你有'真材实料'的话就能这么干,你这个可怜的绣花枕头。)"

但我没有什么"真材实料":没有氧气罐,徒有虚弱的肠道和似乎要卷土重来的宿醉。很难说现在打败我的是什么:是重力加速度、未消化的酒精,还是(回想中)那该死的茶苯海明?这就像是在倒着流汗——汗水不是从头骨往外冒,而是回流到大脑。这影响了我的视觉。我在地面上空迷失在自己的头脑之中,不清楚哪个方向是下方。我是一个扁平的人形振荡器,纺织机中的轴承,一个可悲的绣花枕头飞行员。我又找不着伯班克了。我失去了地球的位置,迷失了方向。也许地狱在头顶而非脚下。我想我快要疯了……

我的太阳镜掉在地上,镜片在驾驶舱里弹来弹去。

"那是什么鬼东西?完毕。""好莱坞"问道,但我没法回答他。我的意识已经不受控制，完全陷入一场反胃的旋涡中。比起被击落，我更不想吐出来，尤其是在摄像头面前。我闭上眼，只能看到这样的片段：由呕吐物、咒骂和摔碎的倒霉飞行眼镜组成的万花筒。与此同时，伯班克正在"射杀"我。他已经击中我两次，现在又飞到了我的机尾处。有那么短暂的一瞬间，眩晕中，我竟然考虑了一下是否要戒酒。但英雄是永远不会放弃的。

我睁开眼，忍住恶心感。我驾驶着飞机不断攀升，远离地球，直入云霄。一番翻转、扭转和下降之后，我现在在他后方了，那个瘦削的自由职业者。我正在对着他射击。

"到时间了，""好莱坞"说，"完毕。"

"去你的，"我嘟囔着说，但是在驾驶舱里嘟囔和说话一样，"完毕。"我补充道。接着我再次瞄准伯班克。

再来一击定胜负。不过我真的不在意输赢——这对我来说很罕见。我只想赶紧着陆。我想跪下。我要忏悔。我正想着，伯班克又击中了我。

"'毒药'被击倒。""好莱坞"说。在公开频道中，他的声音听起来快活极了。我驾驶着飞机，宛如离弦之箭穿过天空，接着降下机翼，使头脑和五脏六腑恢复水平状态。拉斯维加斯在视野中闪烁着。在天空中，在"好莱坞"重新掌控飞机前，我还看见了秃鹫和燃烧的仙人掌。

饮酒不止

当你描述古罗马时，你会发现有些地方像极了拉斯维加斯：一个粗俗而纵欲的地方，放眼望去尽是衣着暴露的女人、臃肿的浑蛋和大杯酒水。借古罗马历史学家科鲁迈拉的话形容便是："我们彻夜狂欢酗酒，白日赌博或睡眠，还视自己为幸运之人，因为我们不曾目睹日升日落。"

在古罗马成为最早的"罪恶之城"前，两百年间，它曾是禁令颇多的干旱之城，是辽阔无情的沙漠，而非纵欲放荡的绿洲。那时有成千上万的酒神信徒遭到众人猜疑，接着被制裁，后来被追捕和屠杀。从许多方面来看，这就是人类文明对广泛禁酒的初探，最终饮酒带来的影响与今日无异：腐败、寻欢作乐、疯狂和全新体验的宿醉。

古罗马从干旱到湿润再到沉浸在酒精之中的这番转变，源于其早期的繁盛。随着帝国发展，其军队也不断壮大。尽管古罗马人早期崇尚节俭，但他们深知酒精在战争中的重要作用。想要取得更多胜利，就要打更多仗，就意味着需要更多的酒，一段时间后（毫无疑问是在一些酿酒者的游说之下实现的），酒水在上层社会流行起来。就像一个青少年终于搞到了一箱啤酒，贪婪的帝国很快将柏拉图关于会饮的"适度、平衡、理性"等烦琐理念忘得一干二净。纵饮狂欢的时代来临了。

老普林尼曾描绘庞贝的酿酒人在公共浴池中，一边泡着极热的水一边大口饮酒的样子："他们赤身裸体，气喘吁吁，抓着一个巨大的罐子……仿佛在向人们证明他们巨大的酒量，一口气倒下罐中所有的酒……他们突然又吐了出来，然后再喝另一罐酒。整个过程会重复两三次，就好像他们生来就是为了浪费酒，又像是只有经过人体作媒介，这些酒才能被倒掉。"

就生理宿醉而言，人们有几种不同看法。有些人相信在按摩池或桑拿室中流汗有助于排出人体内的毒素，而在清理身体系统上，肠胃的逆蠕动比任何方法都有效。但话说回来，身体过热会加剧脱水，且如果你已经呕吐过，此时补水只会让身体内的酒精毒素被充分吸收。

不论这些饮酒方法是加重还是减轻了生理层面的宿醉，它们确实都在精神方面制造了一场大灾难。关于宿醉，正如普林尼所写："第二天，呼吸里弥漫着葡萄酒桶的臭味，其他事全然忘记，记忆已被封死。这就是他们所说的'及时行乐吧！'当别人每天失去昨日的时候，这些人却也失去了明天。"

说来奇怪，呕吐在古罗马风靡一时，甚至滴酒不沾的人也是如此。古罗马帝国元首奥古斯都在需要喝超过一品脱葡萄酒时就会通过催吐来避免醉酒。但到了第三任君主（卡利古拉）的统治时期，王座已经变成了疯狂醉酒的高位。

竞争古罗马的统治权时，马克·安东尼成了一个纯粹的、狂欢纵饮的热切符咒。夜晚他和克利奥帕特拉同床共枕，早晨吐在自己的凉鞋上，抖掉呕吐物，然后率军上战场。在他的最后一场战斗中，他还装扮成狄俄尼索斯的样子。

施虐成性的卡利古拉在醉酒后荒淫无度，还公开任命他的马为主执政官。而下一位古罗马帝国君主的故事过于丰富，精神病学家直到今天仍在试图研究他。在一份2006年的案例研究中，弗朗西斯·R.弗兰肯堡（Frances R. Frankenburg）博士写道："我，克劳狄一世，有妄想症、轻度躁狂症，嗜酒成性，腹痛成疾。我的家庭关系紊乱，我的妻子想杀死我。我是怎么了？"

在弗兰肯堡医生看来，克劳狄一世的问题是酗酒和铅中毒引起（或者至少是加剧）的精神和生理疾病。她建议患者补充锂盐，配合精神治疗和"健康饮食教育，并针对酗酒后的高危行为进行咨询"。

但其实，由于罗马统治阶级偏爱被仆人和奴隶时时斟满的精致铅酒杯，克劳狄一世的情况在整个帝国里也非常常见。到了尼禄执政时期，他打扮成女祭司和新娘，嫁给了他的一位骑士，那时罗马的空气就像是疯狂、亵渎神明的言行和酒精这些易燃物的混合体。

当烈焰燃起，尼禄操办了历史上最著名的狂欢之一，醉酒的他置身于火海之中却全然不在意，直到第二天早晨太阳从废墟的余烬间升起。这就像用大量酒精构建一个王国，然后再用一些酒来摧毁它。

拉斯维加斯上空发生了什么（当你从高楼纵身跳下）

此刻我站在美国最高的露台上，俯瞰拉斯维加斯夜晚的灯光，我准备从这里跳下去，此时我能听到的只有猛烈的风声。如果一定要说我在想些什么的话，我在思考恐惧。

从云霄塔（Stratosphere Tower）跳下被称为"可控的自由落体"，这个矛盾修辞非常精准，直到最后一寸，恐惧仍然奏效。你会系着安全带和缆绳从平台上跳下。接着下降，不断下降，直到某个位置，下降的速度减缓。理论上你可以双脚着陆。它是世界上此类蹦极高度之最。

刚刚来的路上，我们五个人一起搭电梯，包括现在的《花花公子》年度"玩伴女郎"。她的公关团队认为和几位记者一起从高楼跳下对她来说是一项很好的宣传。如果你觉得电梯里就够尴尬了，那不妨想象，电梯上升的终点是我们所有人都不想去的地方。

同行人正要聊些轻松愉快的话题，而我还在为今早的空战眩晕，我的大脑过于饱和，满脑子都是喝酒、开车、飞行；写作、阅读、采访；我那想结婚的女朋友、我那恐高的爸爸、我那认为自己能飞的宝贝儿子。但最主要还是在想莱维·沃尔顿·普莱斯利（Levi Walton Presley）。

2002年，莱维·普莱斯利16岁，他爬上了云霄塔109层的两堵围墙，然后跳楼身亡。他于18：01：43跳下，落地时间是18：01：52。我读过太多类似的报道，主要是因为我花六年时间写了一部小说，讲的是一个代写自杀遗书的人的故事。直到乘了这么久电梯，我才突然想起来：我将和莱维从同一个地方跳下去。于是我想起自己那些微不足道的遗憾，想到自己几乎从未体验过的生活，还有那些梦想完成的事，比如驾驶赛车和战斗机，从来都是忙于应付而没有完全投入。

到了大概60层时，我试图判断自身的存在，我是否"置身于此"，但失败了。可能是昨天和今天的重力加速度、100%的纯氧、咀嚼片之类的东西、给孩子的电话打不通、枪支以及脱水感的缘故。或者，谁知道呢，可能还因为喝酒？

接着发生了一件事。到85层左右时，同伴们绝望中的打趣戛然而止。寒暄的话说尽了。现场一度沉默。接着大英雄们开始嘟囔。"我第一个跳。""爱荷华蜡笔"和加利福尼亚的小伙子异口同声地说。"怎么没人说'女士优先'了呢？"《花花公子》的"玩伴女郎"说。

之后再没有人吱声。电梯停下了。门已打开。地球就在我们的脚下。我们看着一对陌生的新婚夫妇一前一后跳下去，那位丈夫跳之前回头看了一眼，直勾勾地盯着我们。此时我们都发觉：谁先跳并不重要。无论如何，我们都要超越自己的本能纵身一跃。但对于最后一个跳的人来说，看着别人跳下，恐惧感越来越强，真正跳的时候只剩下自己了——会产生不必要的垫底恐慌，我想只有这样才能让我真正有所感受。

"我最后跳吧。"我说。

于是现在我在露台上独自面对恐惧。它就像这罕见的沙漠之风一样吹打着我。有个人身着背带，头戴耳麦，手里还拿着一个带钩的竿子。他正在试图抓住那根在黑沉沉的天空中甩动的铁丝。在他完成之前，我身上什么见鬼的东西都没系。其他人应该都已经回到地面了。他们到底是兴高采烈还是精神不振，是受了伤还是在咯咯笑，抑或死了，我都不知道。下方巨大的赌场与我的距离在二百五十米以上，看起来就跟"大富翁"游戏里的酒店一样大。我用大拇指就能把它完全遮住。

此刻大风呼啸，刚才那个人正冲着耳麦咆哮，对马上要从密西西比河西侧最高的塔上跳下去的你来说，这绝对不是你想听到的："最后一跳！后面没人了！这个人就是我们的最后一位！"

在空中和大风斗争的过程度秒如年，现在我的思绪又飘走了：我在想我儿子以及莱维·普莱斯利，在想"摇滚乐之王"和金斯利·艾米斯，在想婚姻与死亡，在想再也不喝醉和再也不清醒，在想作为最后一个跳的人和会不会成为这里最后一个跳的人，在想许下承诺和是否许下承诺。我站在离地面855英尺的地方，现在只想保持呼吸。

终于，手里拿着钩子的人抓住了缆绳。他转向我的时候有些重心不稳，我走向他，手里没抓任何东西。他给我绑好防护装置就撤回去了，留我一个人站在世界的边缘，迎风瑟瑟发抖，浑身上下每一根神经都在阻拦我往下跳。但这当然只是出于本能，是单纯的恐高和（或）畏惧死亡罢了。这种经过精准设计的蹦极可能比开车去杂货店更安全。我慢慢地弯曲小腿，脚趾蜷缩，体会这番恐惧以及体内残存的胆汁，眺望着拉斯维加斯。我的头脑变得迟钝，只剩下三个毫不相干的想法：

1. 保佑你这个不幸的人，莱维。

2. 你觉得这怎么样，金斯利？

3. 人生值得一搏。

然后我纵身一跃。

如果你撑开双腿跳下并迎风伸展四肢，你在开始下落前会瞬间上升。就在那一刻，一切开始了。惊恐中，你的大脑拼命想让你伸手抓住点什么，翻跟头穿过虚无，穿过一切，然后又回到你身体里，你的身体吓坏了，试着调整姿势……

此时你在空中。你从未停留在空中如此之久。你一边飞行一边下落，融入拉斯维加斯的灯光中。

你看到了这些东西：你的一生从眼前一幕幕闪过，一幢大楼的侧面贴着一张十层楼高的《花花公子》模特的海报，像一个在往上飘的巨大鬼魂，《宿醉3》的广告牌在她身后，整个世界急速上升。你尖叫又大笑，一切都会平安无事。你不可能及时停下，然而身体和大脑已经超越了一切。你实现了辉煌的一跃。

也许这就是金斯利提起矿井和敞式驾驶舱这些内容时想表述的理论。恰到好处的惊吓（与打嗝一样）会把宿醉从你身体中震慑出去。也许这是有可取之处的。肾上腺素激增能使人体超越生理极限，这在应对压力时尤为明显。为了让你的身体在肾上腺素完成使命后不会立刻崩溃，你还需要其他的辅助。你需要某种足够震慑你的肉体和精神，让身体系统重启的东西。

我脚先落地，从地面弹起，边叫边笑，还不断大吼。

就这样，我被重启了。我能这么肯定，因为现在我只想吃晚餐，喝酒。

这就引出了至关重要的一点：你如何得知宿醉何时停止？人们容易在深奥的措辞中找寻答案，就像我们说到恋爱时会说：感觉来了你就懂了，你不再问这个问题时你就真的懂了。但是我开始相信，理解宿醉应该更简单，它与心碎的感觉差不多：你准备开启新一轮宿醉的时候，你的宿醉就已经停止，真正结束了。

这么说来，从云霄塔上跳下这件事将我体内迟迟不去的残存的宿醉感一扫而空。现在我们再一次上到拉斯维加斯的一家屋顶餐厅，我感到情绪高涨、饥肠辘辘、所向披靡。我点了菜单上近一半的餐点，接着翻开酒水单。灯光下，酒水单有点反光，而我在寻找心仪的那款酒。

醉酒七害

自古以来，尽管原因不明，无数的演说家都列出过形容人们属于何种醉酒的名单。伊丽莎白时期的诗人托马斯·纳什（Thomas Nashe）在《贫穷的皮尔斯，他对魔鬼的恳求》的即兴重复中，根据人类和野兽之间古老的关联，列举了八种类型：醉如猿猴，形容那些享受酒后美好时光的人；醉如雄狮，形容那些颇具攻击性的人；醉如猪猡，形容那些邋遢凌乱的人；醉如绵羊，形容那些自大的“万事通”；醉后多愁，这一种不指动物，专指酒后多愁善感的人；醉如燕子，指的是因喝太多酒而变得清醒的人①；醉如山羊，这种人是彻头彻尾的好色之徒；醉如狐狸，这种人万万不可相信。

根据二十多年的个人经验以及现在由此演变出的调查，我很确信宿醉同样有着多种类型。这是让写宿醉与治宿醉一样棘手的众多原因之一。所以，考虑到上述情况，虽然在调研的过程中我的头脑也有些混乱，我仍尝试着归整宿醉，把它纳入有意义的不同类型中。我给它们取名为"醉酒七害"，尽管有三类并没那么糟糕。

就像一个恶心反胃的骑牛士走出出场通道，或是贪婪的作家陶醉于隐喻之中，大多数现实生活中的宿醉很可能同时"骑着"好几种类型，然后被其他类型绊倒，最后摔在锯末里。但事实就是这样，这种不平衡就是矫正性化学要素、目的明确的清单以及任何牛仔竞技表演的本质。接下来，我就不卖关子了，下面就是"醉酒七害"和一些可能有效的治疗方法。

1. 爬行者

即使你从未喝过酒，也应该能认出它在第一章出现过。当你醒来不可思议地感到还好时，爬行者正在房间的角落里暗中观察着你。它整个上午都跟着你，只为等候一个绝佳的时机（比如反向坐在一辆豪华轿车里的时候），接着它伺机而动，跳上你的后背，咬穿你的肾脏，它那长长的尾巴缠绕在你的脖子上，蜿蜒而下。这时你不住地呕吐和摇晃，试图摆脱束缚，而它却不断收紧。说真的，你必须屈服。你要挣扎前行，理清思绪和肠胃，喝点椰子水，然后爬回床。一旦你再次

---

① 此处原文为martin，有多种解释，有一说指马丁·马普莱雷特（Martin Marprelate），另一说指猿猴，还有一说指狂欢的圣马丁节。

入睡，它就会爬去别的地方。

2.该死的臭贝壳

本条是向酗酒的阿道克船长（那位古怪的、滴酒不沾的20世纪中叶的记者丁丁[①]的好友）献上的半信半疑的致敬。该死的臭贝壳会施加持续的紧张感。从你一醒来开始，它会纠缠你一整天，即使睡着也根本不得休息。糜烂感使你精疲力竭也烦躁易怒。因此，尽管阿道克勇敢又洒脱，他还是有些坏脾气，尤其是在醉酒后的第二天清晨。"该死的成千上万的臭贝壳！"他会因为踢到脚趾或是一不小心喝了一口水而咆哮，然后吐掉水，用朗姆酒把水的味道都冲掉。不妨用一盘腌鲱鱼来削弱该死的臭贝壳的味道，然后开始新的冒险。

3.士兵

这种类型因饮酒者和重大问题而得名，这就是当你应对颇具挑战性的宿醉时会有的结果。这也许就像推进一天的工作一样，或简单或艰巨，你的努力会催生出一系列新症状。或许像《虎胆龙威》中的约翰·麦克莱恩那样，你正酣畅痛饮，却被一位德国口音的炸弹狂人给打断[②]，四周持续爆破，而你连一片阿司匹林都找不到。又或许你是人称"呕吐者"的大卫·威尔斯，打出了"职业棒球大联盟"历史上第15场"完全比赛"[③]。士兵需要具备一种使命感，以及一种面临不可能完

---

① 比利时著名漫画《丁丁历险记》中的主人公。

② 《虎胆龙威3》中的情节。

③ 棒球比赛的术语之一，即一场至少9局的球赛里，进攻方所有打者皆不能安全上垒的情况。

成的任务的感受。这可能也需要安非他命的帮助。

4. 掘穴动物

掘穴动物糟透了，而且它会乘虚而入。该死的臭贝壳只停留于表面，使你心烦意乱，掘穴动物则会直接进入你的身体。它在你体内待得越久，也就潜得越深。它会入侵你的脑袋、心脏、肠胃，甚至灵魂。这样一种化学性质的精神寄生虫会榨干你的一切，一寸一寸地挖空你。在这种情况下不要喝太多解宿醉的酒。掘穴动物会借着你第二天喝的酒变强，不仅能反击，还会消耗这些酒。它不断攫取力量，而你会越来越虚弱。实际上，一旦遇上这种情况，你几乎无力回天，从平流层跳下也许还有些作用。掘穴动物喜欢高处的程度和它喜欢肾上腺素一样。惊吓它的宿主，可能就能将虫子抖掉了。

5. 强尼·翡弗狂热

这种令人印象深刻而无休止的宿醉是以现代历史上最持久的宿醉角色命名的。在共88集的电视剧《辛辛那提的WKRP》里，DJ强尼·翡弗（Johnny Fever）博士因两件事而闻名：从不播放热门歌曲和总是宿醉不醒。就其本质而言，只有诚心醉酒的人才能达到"强尼·翡弗狂热"状态（不能与那种顾影自怜的酒鬼混为一谈）。它既是荣誉的徽章，也是永恒的诅咒。想要达成这种宿醉，你需要在永远不会完全清醒的情况下完成特定的使命。这种狂热的保持者有温斯顿·丘吉尔、查尔斯·布考斯基和基思·理查兹。"强尼·翡弗狂热"需要解宿醉酒——不为治愈，而为持续。

6. 灵光一现

醒来的那一刻，你感觉有些容光焕发，轻微的迟钝感反而使你敞开心扉迎接这个世界的诸多奇想。通常只有艺术家、哲学家和发明家才有这种不寻常的天赋。它有点像是醉酒者的缪斯，很难被随时唤起，且当它出现时也往往会被忽视。其诀窍就在于喝足够的酒，但又不过量，当你迎接无所事事的早晨时，它就会到来。没人知晓它是怎么奏效的，但是当它出现时，在曚昽的日光下，你会像一根醉醺醺的占卜棒（divining rod），周围飘浮着星星点点的灵感。那些学会辨识甚至重复这种感觉的人经常热衷于在夜晚精准地醉酒，盼望他们醒来时能获得艺术上的启发。这就是一些豪饮的作家，从海明威到希钦斯，从多萝西·帕克到我父亲，早晨写作时效率总是出奇得高的原因。我认为这类宿醉不必治。

7. 彻底崩溃

这种类型的宿醉很严重，它是自然界中唯一已知的自我造成的、半蓄意的伤害。"彻底崩溃"时你会觉得自己快死了，即便事实并非如此。此时你祈求死亡，即便你想活下去。这绝非"崩溃"。（你也许已经经历过这几种类型，但有些情况并不需要分类。因为它们本质上都是"一场非常糟糕的宿醉"。）"彻底崩溃"结合了最糟糕的生理和精神宿醉，以及极端的不可靠、内心的崩溃和纯粹无边的混乱。"崩溃"伴随着排尿和呕吐，而"彻底崩溃"则带来血液、粪便和晕眩的灵魂，常常导致以下后果：进医院、进监狱、军队出动、有组织地犯罪、宗教崇拜、家庭干预，甚至被送去戒酒康复治疗。"彻底崩溃"可能会改变你的人生走向。如果你已经忘记了自己遭受的"彻底崩溃"，我祝你好运——也许还能再来一回"强尼·翡弗狂热"。

拉斯维加斯上空发生了什么（医生已到达）

一头撞进我那升级套房的巨型紫色沙发里，我眺望着世界上最令人作呕的过山车，等宿醉医生来。我之前看过他的照片，读他写的文章，采访过他在"宿醉天堂"的同事，甚至和他通过电话，但我还是不知道会发生什么。

"因为昨晚酒保多给我们提供了几杯酒，我们就得浪费一整天的假期吗？"伯克医生在他的网站上提了这样一个问题，"我不这么认为。依照我的治疗方案，我保证你能从神志不清、抱着马桶吐、仿佛被车撞到的宿醉状态，变为准备好挑战世界的感觉，用时不超45分钟。我认为这是医药界的重大进步，我们能够为喜欢派对和玩乐的人们解决重要问题……尤其是在拉斯维加斯这片土地上。"

随文附上的那些照片看起来就像一名医生的电视宣传照。更具体地说，就像一位冠军冲浪手转行做演员，为一部肥皂剧中"伯克医生"角色试镜所拍的头部特写。他那金色长发和他写的介绍一样，很难说到底是为了表达刻意的讽刺还是极度的诚恳。如果你问他手下的员工如何描述他，他们会说他是位"天才""某种天才"和"有点像天才"。如果哪天发现他属于"科学教派"，我都不会意外。

正如伯克医生在自己的刊物上所写："他是美国第一位正式致力于veisalgia研究的医生，'veisalgia'是宿醉的医学术语……医疗界在解决宿醉问题上做得很差，现在是时候根治这一'祸害'了。"

"veisalgia"是近年出现的医学词汇，来源于挪威语"kveis"一词，意思是"大吃大喝之后的不适"。但是闭着眼躺在紫色沙发上的我，印象最深刻的是"祸害"这个词。它几乎就是个拟声词。忘掉"宿醉"吧，我们应该叫它"祸害"！*你今早感觉如何？噢，有点祸害……*

随后，敲门声响起。

伯克医生长得完全符合我的期待，甚至比我期待的更标准。他身上那件一尘不染的消毒服和我的沙发是一个颜色，一头金发闪烁着希曼①的光辉。他拥有古典文学研究的学士学位。他为人真诚且随和，既不爱挖苦人也不爱开玩笑，仅有那么一点点喜欢劝诫别人。

"你上次的注射量很大。"他一边说一边支起点滴架。他的声音就像玻璃杯里融化的弗吉尼亚冰，那张英俊的脸庞对称得令人走神，"如果你等了足够长的时间来宿醉，现在已经没再醉酒的话，你可能还是需要注射两袋药，一袋不行。但考虑到你的行程安排，我们只有输一袋的时间了。"

"抱歉。"我说。我真的感到抱歉。为我没刮胡子的脸、充血的双眼、搭错的袜子、身为作家的体格、糟糕的赚钱潜力、缺乏自律、各种坏习惯，尤其是我这张可怜的不对称的蠢脸。

"你现在感觉怎么样？"伯克医生说道。

"宿醉。"这个词说出来就像一面投降的白旗迎风招展。也许这就

---

① 动画《宇宙的巨人希曼》的主角。——译者注

是他的魔力所在：通过他强烈的存在感——穿着非常整洁，身材非常匀称，非常健康，存在感非常非常强烈——让你觉得，与他相反，你已深深堕落。因此你无路可走，只能振作。

"你昨晚喝了多少酒？"

"大约是上次的一半。"我说，虽然我真的不太确定。

他从拉杆箱里拉出两个袋子，开始挂上第一个。这和我上次输的是同一种东西：梅尔氏鸡尾酒。"我们来试试同时输两袋。"他说着，将针头扎进我的胳膊。他调节好药液袋开始输液，然后开始准备氧气。

他没有对我评头论足的意思，但我觉得应该为自己辩护一下。"我肯定不是第一个人，"我说，"还有别人来的时候不是宿醉，而是醉酒吧？"

"你应该不是第一个。"伯克医生边说边给我戴上了氧气罩。然后他用不慌不忙的缓慢语调讲起了故事。有个人打来电话，他很慌张，说话口齿不清。他的哥们儿进了拘留所，他们醉得不轻，而他觉得很不舒服，没办法去接他们。

"就这样，我突然想起来了，"伯克医生说，"有时候事情就是这样。然后我问他，'先生，你现在在开车吗？'"

是的，他是在开车。于是医生指引他进了停车场，轻声哄他入睡。"等你醒来给我打电话。"他说。这个人醒来时照做了。他们把他带回医院，把他治好了。

"我们让他完全恢复健康了，"伯克医生说，"而且没人受伤。"

尽管有一些酒后驾驶的相关内容，但这个故事可能根本不是针对我的。面罩贴紧了，氧气开始流淌，我只是想做好我的工作。不过现在有必要问一句，这工作究竟是什么？一个自由职业酒徒或一名宿醉作家，至少是一种靠不住的职业，并且还障碍重重。比如：

宿醉本身。无论目的是什么，或者发生了什么，宿醉的时候你很难有一定精力和必要的财力去报道、挖掘或者挑战已有的观点，并使它们尽可能有意义。

氧气面罩。宿醉时采访他人一直是个艰巨任务。表明关切是场磨炼，试图集中就像是在吞虫子一样痛苦。在脸上罩一个塑料圆锥也不会让过程变轻松。

世界唯一的宿醉医生。他是个奇迹：对自己匀称的皮肤感到自信而自在，他的皮肤如此洁净而有光泽，不禁令人怀疑：他有没有宿醉过？我拉下面罩问他。

"我既爱红酒，也恨红酒。"伯克医生说道，仿佛造了个俳句，"我曾是拉斯维加斯'波尔多协会'的会长，每天早晨带着头痛醒来……那时我意识到：我一定要做些什么。"

自从波尔多一事启发了伯克医生创业，宿醉产业就像是充血的眼球里的血管一样迅速扩张。医生将这归功于人们对经济的担忧、对健康的痴迷，以及好莱坞。在此情形下，两项研究和一部电影的出现，适时刮起了一阵旋风。其中一项研究表明，宿醉每年给美国经济造成1500亿美元的损失。另一项研究指出，草药和一些萃取物，尤其是梨果仙人掌，也许可以缓解一些宿醉的症状。接着，《宿醉》成了史上最卖座的一部限制级喜剧电影。一年内，北美的每家便利店都摆满了小瓶的宿醉解药。

"《宿醉》电影系列对拉斯维加斯有益，对宿醉产业也有极大好处，"伯克医生说着挂上了第二袋药液，"他们说第三部就是最后一部了，真可惜。但是我确信，永远会有人宿醉。"

我点头表示同意。伯克医生让药液滴落，然后讲起另一个故事。他们治疗了刚刚说的那个人的宿醉，但他不断抱怨感觉恶心想吐。他有严重的胃酸倒流病史，所以伯克为了确保万无一失，把他送进了急救室。他们给他做了个食道、胃、十二指肠镜检查（这是他们的常规做法），发现一块牛排卡在了他的食道里。这还不算全部。据说，这位病人住在远方的某地，大约一年前他因为相同情况去看过医生。那位医生看到他喉咙里被一块肋眼牛排填满，将他误诊为癌症晚期，并告知他只剩下三个月生命。从此他开始酗酒。

"正如你所见。"伯克医生一边说着，一边摇了摇他完美的脑袋。

"确实如此。"我说，感觉完全同意。也许我应该再提一些问题，但我更想放任思绪随着这氧气、维生素、电解质和柔和的舒适灯光飘浮一会儿。我知道很快我将顶着内华达州的酷热爬上山，乘索道下来，然后驾驶直升机，晚些还要再次喝醉。在"罪恶之城"待了三天，我筋疲力尽，睡眠不足。但总之此刻我感觉还不错。我会告诉医生的。

我躺倒在紫色沙发上，闭上眼，呼吸。

第二幕间

大量厌恶疗法：普林尼的版本

我父亲是一个喜欢走极端的人，常辗转于疯狂的享乐主义与斯巴达式的自我惩罚两端，几乎从不在中间停留。他是个酒桶，也曾每天抽两盒烟。这么多年来，他最长一次不抽烟的时间是四个半小时，那是他第一次参加马拉松。但值得表扬的是，在我童年的大部分时间里，他都在试图戒烟。

他用过尼古丁贴片和口香糖，向印度教的大师和僧人求教，最终有人说服他用"罐子"。"罐子"装得半满，里面是褐色的泥水和烟蒂，他走到哪里都带着它。我甚至记得他把它用细线挂在脖子上，仿佛一个来回晃动的巨大护身符。每当他想抽烟，就会打开"罐子"，把它举到脸旁，吸一口香烟汤的味道。只有这样做之后，他才可以点烟、抽烟，然后把新烟蒂丢进去。

"厌恶疗法！"他会欢快地说，晃动着"罐子"让里面的液体更浓厚。我和我的姐妹们看着他，又想吐又害怕。尽管他发誓他从来没宿醉过，只有前一天晚上喝得比平时多的时候，"罐子"才会使他困扰。这种程度的治疗，就连我爸这么热爱香烟的人都几乎难以招架。

最后他确实戒烟成功了，不过我不记得他是否曾试图戒酒。不论我父亲是否真的经历过宿醉，在他那个年代，宿醉在大多数情况下都被认为是一个必要的障碍。它也可以被视为一种大自然施加给人的伟大的厌恶疗法。

在《美国医学会杂志》中，迈克尔·M. 米勒医生将催眠描述为一种治疗酒瘾的方法："在大多数情况下，我只是通过让病人们实际重温他们最严重的某次宿醉，来把宿醉状态中的恶心、厌恶和不悦感放大。"

但是，厌恶疗法和宿醉治疗当然有着天壤之别。后者帮助病人摆脱宿醉状态，而前者用宿醉来对付患者，放大症状以解决一个假定的潜在病理。但这区别似乎在薄薄的现代宿醉史中被偶然或病态地混淆了。这里我指的是克莱门特·弗洛伊德的《宿醉》（1980年）、基思·弗洛伊德（Keith Floyd）的《弗洛伊德论宿醉》（*Floyd on Hangovers*，1990年）以及安迪·托佩尔（Andy Toper）的《愤怒的葡萄：或宿醉伴侣》（*The Wrath of Grapes: or the Hangover Companion*，1996年）。

这些篇幅短小，稍有些信息量而又有趣的书籍都指出，老普林尼是宿醉疗法的最早，也是最完全版的编者。不过，普林尼其实是最早，也是最全面的关于所有事物的编者。一般认为，他的《自然史》是关于人类知识的最早的百科全书，书中记录了从行星的运动到昆虫的交配习性，乃至当时已有的各种烈酒等方方面面的事物。

很明显，这就是他能做到的原因——在一种痴迷的驱动下寻找和记录已知宇宙中的各个侧面——宿醉才会短暂地进入人们的视野。普林尼本人并不嗜酒，他将酒精的副作用毫不留情地进行编目，就像他处理其他事物一样："烈酒使你脸色苍白，面颊下垂，双眼酸涩，双手颤抖以至于泼洒出盛满的器皿中的东西，同时也会获得应得的惩罚，如睡不安稳和失眠。"

直到今天，尤其是涉及可能的治疗方法时，很难找出哪个相关历史研究不提及普林尼的。在其书关于古老疗法的一章中，克莱门特·弗洛伊德列出了这样一个清单：

- 在葡萄酒中加猫头鹰蛋（普林尼）
- 在葡萄酒中加一条死鲻鱼（普林尼）
- 两条鳝鱼，闷死在葡萄酒中（普林尼）

十年之后，基思·弗洛伊德钻研出更深刻的解释："（普林尼）认为预防胜于治疗，身披紫袍并用镶嵌紫水晶的高脚杯可以抵消葡萄酒产生的有害气体……普林尼建议，如果某人一醒来就感到痛苦，早餐可以吃一些稍煮过的猫头鹰蛋。但如果宿醉仍然存在，他建议吃一盘炖鳗鱼。"

接着，托佩尔不明出处却精确地总结道："（普林尼）在他其中一本著作中写道，在一场痛饮之后，可以在就寝时戴一条用香芹做的项链来避免宿醉，或是在第二天早晨借着葡萄酒吞下两枚生的猫头鹰蛋来治疗宿醉。"

但是想在普林尼的"其中一本著作"中找到这些内容绝非易事，因为粗略估计，普林尼的研究成果总共约有160卷。而且事实证明，这些声称来自他的治疗建议没有一条真实存在。实际上，他的建议恰好相反。

关于紫袍和紫水晶，普林尼是这样写的："东方三智者错误地声称紫水晶能预防醉酒。"而那些放在酒里的死掉的海洋生物，与其说是宿醉解药，不如说是作为厌恶疗法的药方开具的——类似我父亲的暗黑

"罐子"的古老版本，只是它治疗的是酒瘾而非烟瘾，"在葡萄酒里加死红鲻鱼或鱼子，或者两条鳗鱼，再加上用酒泡烂的海葡萄，会令醉酒的人对酒产生反感"。猫头鹰蛋也是如此，"连续三天给酗酒者吃猫头鹰蛋，会使他们厌恶酒"。

但是在新闻不通畅的年代，仅有的这几个宿醉史学家似乎都没核对这部分内容，结果普林尼的"解药"成了众所周知的方法。就连学识渊博的芭芭拉·霍兰德也说："罗马的贤者老普林尼推荐在宿醉第二天早上直接服下两颗生猫头鹰蛋。"然而根本没有证据能证明这个说法。

只有克莱门特·弗洛伊德似乎说对了一部分，他以一种站在酒鬼反面的角度解释了普林尼的"疗法"："这些东西需要和酒一起服用。更准确地形容的话，它们是明显调过味的解宿醉酒。"

第三幕

至关重要的解宿醉酒

在这一幕中，我们的主人公生病在家，又变成异形怪物，新年伊始就和一百头宿醉的"北极熊"一起跳入冰冷的水中。客串：希波克拉底，几位家庭医生和"三智者"。

生命中最好的事莫过于饮酒……我比大多数写作的人写得少，但是我比大多数喝酒的人喝得多。

——居伊·德波

我的家庭医生在笑话我。这是我头一次听到他笑：加拿大人那种干巴巴的低声轻笑，而且他这发自内心的愉快笑声还带着点讽刺的高音。我们正在讨论我无意中染上了一种酒精过敏症的可能性。

"再和我说明一下吧。"他说，身体前倾的样子更像在故作幽默，而不是关心病情。我仿佛是这里唯一忧心忡忡的人。

"先是在喝橙汁香槟酒时发生的，"我说，"吃早餐的时候……"

我和女朋友劳拉那时正在度假。这并不奢侈，只是开车去一个小镇住了几天。我们打了高尔夫，吃吃喝喝，不过我属于大吃大喝。我们住在一家小旅馆里，准备离开的那天，旅馆有一场丰盛的自助早午餐，其中就有橙汁香槟酒。我很少喝橙汁，但是和香槟、宿醉一起，这令人难以拒绝。接着，在早午餐吃到一半的时候，事情发生了。

"你还好吗？"劳拉问。

我想回答，但是我的嘴肿了，脑袋也是。而且我的头感觉特别热，我开始流汗。我又呷了一口橙汁香槟酒，房间开始旋转。我转而喝了些水。这时我们意识到事情不太对劲。

我喝了大概一升水，一小时后症状消散得差不多了，我试着开车回城。在沿湖公路上开了一半，劳拉让我在一个小镇上停车，她好去买泰诺和温度计，然后再买一升水。虽然我感觉自己好像烧起来了，但我并没有发烧。后视镜里我的脸一片通红。等我们回到城里，我的胳膊上已经出现了红色肿块。

当天我没再喝酒。我冷静下来，觉得好了些，但是第二天晚上我们去参加晚宴，仅仅喝了杯啤酒后，那症状再次出现。我坚持喝了几杯葡萄酒，脸一直又烫又红。第二天同样的情况又发生了。于是我彻底不喝了，并给医生打电话。

"那这是多久之前的事了？"他一边问，一边研究着我胳膊上的印记。

"三天前，"我回答，"喝酒是我的工作。我现在写的书也全靠它。"但我以前就和他说过。说的不是这本书，而是其他书和其他工作——在没有这些症状和斑驳胳膊的时候。"我怎么可能对酒精过敏！"

医生往后一靠："我认为应该不完全是这样的。人们并不是真的对酒精过敏，对某种特定饮品倒有可能，因为里面添加了其他成分……但听起来好像所有饮品都会让你产生这种症状。"

"是的！我就是这个意思。"

"每次都有着同样的副作用……"

"正是如此！所以，我该怎么办？"

"你觉得你该怎么办？"

我感觉我被他绕进去了。

"嗯……我能约个'过悯'（allergenist）专科医生吗？"

"过敏（Allergist）专科医生（每个新单词，我都会拼错——作为作家和酒徒。从房间走出去之后，我还能保留其中任何一个身份吗？）。我还以为你不希望是过敏呢。"

"但也有可能是对别的东西过敏吧？"

"在那之前呢？"他说着，伸手去够便笺本。

"你想说什么？"我完全明白他在说什么。我至少要一个月后才能约到过敏专科医生。一般都要等至少一个月。

"你不能再喝酒了，"他说，"至少在我们弄清原因前都别喝了。不如喝点水，好吗？"

"好的。"我低头看着自己的脚说。走出他的办公室，我能看到的身体部分只剩下脚了。

以狗解醉

古往今来，人们为了治疗宿醉，做过各种各样和动物有关的奇怪尝试。据说蒙古国那些豪饮的酒徒会腌制绵羊的眼球，美国西部荒野的牧马人会用兔子屎沏茶，我的威尔士祖先们会烤制猪肺——都是非常字面的意思。但是最常见的恢复方法总是带有象征意味：从咬你的狗身上拔下一根毛①。

这句朗朗上口的比喻至少可以追溯到公元前400年，那时安提法奈斯写下了这些话（或许是用古希腊语）。这个即兴重复段描绘了更久远的事情：

取根狗毛，这已有记录，

从那只咬你的狗身上，

---

① "从咬你的狗身上拔下一根毛"有以毒攻毒之意。——译者注

如此便能消除醉意，

一个接着一个皆如此。

多亏了安提法奈斯的同代人希波克拉底，他是希波克拉底誓言和顺势疗法的鼻祖。顺势疗法是各种医学疗法中的流行概念：以毒攻毒，却不伤人。这组合有点棘手，但人们一直在尝试。当然，酒精不仅可以用来治宿醉。希波克拉底设计了一套详尽的酒疗系统，为不同病症开具对应的疗法，并将其纳入针对所有慢性或急性病的养生法则中。

古希腊医学家盖伦曾在古罗马皇帝马可·奥勒留的宫中任职，他将希波克拉底的研究方法带到古罗马帝国。他和普林尼一样多产，一生发表的文章足有250万字，其中大部分与酒疗法相关。和上百个其他的酒疗法一起，他用它为角斗士医治伤口，而且显然无人因感染身亡——他们可能死于斩首、剖腹或饥肠辘辘的狮子，但没人因感染而死。

直到11世纪，这些中世纪的治疗师仍效仿希波克拉底、盖伦以及其他古医师，这些先辈的学说经修道士们翻译成拉丁文，并被编入医学巨著《健康养生准则》（*Regimen Sanitatis Salernitanum*）。这部医药知识汇编将葡萄酒和其他酒精饮料作为处方，用于治疗从消化不良到精神失常等各类病症。它还指明如果"服用超过推荐剂量的酒精"应该如何解决："如果你因夜晚饮酒而宿醉，请于次日早晨再次饮酒。酒精会是最好的解药。"

酒也是各种治愈良药中最不容置疑的成分。16世纪中叶的医疗词典《药房药物大全》（*Dispensatorium Pharmacorum*）中就有用葡萄酒混合蝎子骨灰、犬类排泄物和狼的肝脏的处方。1667年的《伦敦酿酒师》

（*The London Distiller*）中有一篇文章讲述如何以人的头骨粉末酿造一款知名的滋补酒："随心取用药用人头骨，将其捣碎成小块……接着用线逐渐引燃，直到不再有烟雾冒出。这时你将获得淡黄色的精华、红色的酊，以及碳酸铵。"制成的液体有利于治疗"癫痫、痛风、水肿、胃虚；还能切实增强虚弱部位，疏通所有阻塞，颇有万灵药之效"。

然而如果你的宿醉还伴随些许懊悔，你最好不要喝人头骨粉末喝到醉。不过话说回来，在安迪·托佩尔的古代宿醉解药清单中，醉酒的第二天早晨总是如此："在古代欧洲，用头骨培植青苔的做法十分普遍，晾干它，磨成粉，然后吸入……"这次不是从咬你的狗身上取狗毛了，而是从咬你的头骨上取点碎骨。

还有一种可能是，在历史上的某些时期和地点，整个村镇、城市，甚至文明，都从未有过宿醉的机会。他们全天保持微醺状态，日复一日，显然毫不愧疚。

如今，宿醉令你感到愧疚的程度可能决定了你应该选择哪种酒来解宿醉：也许是一杯温热的陈年啤酒，一杯辛辣的血腥凯撒，或是无数种为此特制的鸡尾酒之一。这种调制品可大体分为两类：一种是甜美、舒缓的软饮，有一些牛奶味或果味，有助于放松和调理，能让你重回起点（这类酒的名字有"牵牛花""人情味"以及"妈妈的小帮手"[1]）；另一种是辛辣刺激的烈酒，通过苦味、强烈的灼烧感以及（或者）呕吐反射，扭曲你的身体系统直至清醒（如"可汗的诅咒""受罪的浑蛋""盖伊·福克斯[2]的爆炸"……）。

纵观历史，这第二类酒可以包含世间万物，从鳀鱼到氨水，从大

---

[1] 指安定药，出自滚石乐队的同名歌曲 *Mother's Little Helper*。

[2] 企图炸毁英国国会大厦并杀害英王詹姆士一世的"火药阴谋"的策划者。

蒜到火药。正如克莱门特·弗洛伊德所说（和他那分析过度的爷爷如出一辙），这种药剂也会"升华每一丝愧疚感"，令一个懊悔不已的浑蛋屈服，使其在特定的时间段内饱受折磨："这类以酒精为解药的方法，"在他看来，"其疗效很大程度上归功于一种流行的观念：苦口的东西一定利于病"。

但抛开懊悔感不谈，以酒来解宿醉是否具有实际意义？当然有，而且一直都有。就连美国国家卫生研究院也承认："据观察，再次摄入酒精能够缓解戒酒和宿醉的不适感，这表明两种体验有着相同的解决方法。"

但是就"再次摄入"而言，下列研究机构也告诫你千万不要这样做，以免你变成一个真正的酒鬼。2009年，荷兰研究者约里斯·范斯特（Joris Verster）博士发表的一篇论文正是针对这个问题。文章名为《以酒精治疗宿醉：是一种有效的宿醉疗法，还是一种对未来酗酒问题的预示？》，基于对荷兰本科生的调查写成。文章揭示，用酒精缓解宿醉的人，其饮酒量大约是其他人的三倍，其终身酒精依赖的诊断率明显更高。但这其中也存在"先有鸡还是先有蛋"的问题。而且范斯特的文章并没有解决问题的第一部分："这是不是一种有效的宿醉解药？"

解宿醉的酒可发挥的作用，实际上远超我们的想象。《酒的科学》（*Proof: The Science of Booze*）是亚当·罗杰斯的全新著作，讲述关于酒精的科学。书中写道："乙醇之所以可能缓解宿醉，是因为它能阻止人体分解甲醇。"正如罗杰斯所述，乙醇是酒精中的神奇要素，而甲醇则是一种可恶的分子，在含量较低的情况下，它潜藏在大多数酒精饮料中，如果含量过高，它甚至能致死。分解后，它能转化成名为甲醛的毒物。意识到一些研究对解宿醉的酒的影响置之不理，罗杰斯总结称：

"有一则暗示的依据：解宿醉酒的相应功效就是——喝更多酒。"

至关重要的解宿醉酒（写下本书的人）

一个多月过去了——漫长而滴酒不沾的一个月——我正坐在另一间诊室里，给另一名医生看我胳膊上的痕迹。我已经有数周没有醉酒，但是左前臂仍然有疙瘩，总的来说，我感觉就像从风干的人头骨里吸过青苔一样。

我的右胳膊上的标记是这位过敏专科医生用一打针扎出来的痕迹：三排四列，用黑色毡笔标号并画线。胳膊上有些是小红疹子，有些则如同火山喷发。它们被一圈圈蓝色墨水包围，但并未肿到充满此圈。

"豚草。"医生说。我猜他经常和别人这样讲。"花粉、尘螨、毛屑。"我正等着他说"橙汁"，或者至少是某种柑橘类水果，或是冰块、塑料小剑、迷药——任何能够解释原因的东西都行。但是现在他给这些"火山"命名完了，然后……一无所获。

"你有没有检查一下是不是橙子过敏？"

他指着一个没有颜色的小点。

"所以这表明了什么——假设我没有吸豚草和烟尘？"

"假设？"他说着，脸绷得像根插满皮屑的针，"好吧，这没表明什么，真的——至少你没有过敏。但是你知道什么是酒精潮红反应吗？"

"当然，"我说，"我知道的。但这不是只发生在亚洲人身上吗？"

"是的，它也被称为'亚洲潮红症'，"医生说——他自己倒像是有亚洲血统，"大约一半的亚洲人有这种症状，一种特定的基因变异使他们的身体更难分解一种名为乙醛的物质……"

我其实有点明白他在说什么。毕竟我最近没少想关于乙醛的事——它不仅是身体代谢酒精时产生的化学物质，还通常被认为是宿醉的主要原因。他描述的这一状况，本质上是一种单喝一杯酒就能立即引起严重症状的情况。

"它可能会变得相当严重……不仅仅是红斑和疹子这类症状，甚至会引起心率加快、气短、恶心、偏头痛、精神错乱、视力模糊……"他说着，仿佛将房间里的空气都抽走了，吸进他的肺里，而留给我喘息的只有那么一小口。我的头砰砰作响，嘴干燥不已。

"你想喝水吗？"他问道，这似乎是注定的一问。

"不！"我说，"我的意思是……我想喝。我是说……这到底是因何而起？"

此刻，整个情形像一集《明星大整蛊》（*Punk'd*）或者《偷拍》（*Candid Camera*）[1]走音的模糊开场：亚洲医生告诉一个高加索地区的宿醉研究者，他似乎得了亚洲潮红症，一种基因状况导致的即刻宿醉症状。这一集应该叫《成为日本人》或《哥醉拉》[2]。

他递来一个装着水的锥形纸杯。我从这个倒着的小小高帽杯中抿了一口水，试着让自己镇定。

"我不明白，"我再次尝试发问，"我喝了一辈子酒，这怎么可能和基因有关呢？"

---

① 两部知名的美国整蛊综艺节目。

② 指哥斯拉，日本东宝株式会社制作的世界影史上公认最经典的怪兽角色之一。

医生耸耸肩："有时身体就是会突然变化。它们可能根植于大脑或神经系统。我们并不总是知道是怎么回事，但身体和大脑有各种各样保护你的方法——"

"那，我该怎么办？"

"好吧，"医生说，"这伴随饮酒发生……"

我讨厌医生只说半句话来暗示我明知该怎么办。

"除了戒酒，还有什么办法？"我说。

"哦，烟酸会加重泛红，"他说，"如果是我的话，也会避免接触它。"

我才不想承认我不知道烟酸是什么呢，这会让他得意。反正我并不太关心是什么使它恶化。我只关心是什么导致了这个症状。

当然了，我不想听到"酒精"。

在我饮酒生涯的大部分时间中，我对于自己对酒精顽强的适应能力表现得既骄傲又惭愧。"问题，"我一边说着，一边晃动手里的玻璃杯，"就在于问题永远不够大。"

人们会喝断片。他们要么进医院，要么进监狱，要么错过截止时间，要么被炒鱿鱼，要么撞车，或者可能病得很重，严重宿醉，虚度时光，再也喝不下去了。但我并不是这样，绝对不是。我什么都能应付。所以怎么能停下来呢？继续，不断继续。这才是问题所在。我曾想过它会以何种方式结束……什么？胃溃疡？痛风？硬化症？

但是现在这症状？谁听说过这个？这足够把人拉进网络聊天室的黑暗深处——我曾在那儿发现一个医学论坛，里头全是对我这样的变种人的讨论。"高加索人患亚洲潮红症？"里面都是些困惑的白人饮酒者，偶尔喝酒后皮肤泛红。

"为什么我的脸会溃疡"[1]发布：

不是每次喝酒都会这样，所以才让我想不通，而且喝葡萄酒、啤酒、白酒时都会发生……我的脸会变红，出现瘙痒的红斑，而且感觉很热——在公共场合既难看又令人难堪。

对此，"罗克斯伯雷2006"回应：

我还以为只有我有这种症状！！！我33岁，是白人……每当我喝得特别多或是连喝两天的时候，就会出现这种情况……我周五去酒吧，灌下8—10品脱拉格啤酒，再来一些野格炸弹，几瓶杰克·丹尼威士忌，无事发生。等到第二天，我还能喝4品脱，结果这症状就出现了……我已经看过好几个医生，做过内镜检查、血液化验、CT扫描，没查出任何问题。找不到任何说法。无论如何，我一定要找到原因，一旦知道更多信息，我会发在这里。

自2013年4月以来，"罗克斯伯雷2006"没再发任何消息。但是我开始发现一种模式，这种情形似乎通常发生于饮酒接连一天以上。例如，"莉兹珍99"写道：

我喝酒后有三分之一的概率会产生这种症状。这和酒的种类无关。

---

[1]　引号标出的名字均为论坛网友的网名，下文同。

伏特加、龙舌兰、朗姆酒、苹果酒，以及葡萄酒（我不喝啤酒），均是如此……连喝三天酒（前两天都安然无恙）或者好几天不碰酒后再喝酒，都会引发这症状。就像我所说的，仅有三分之一的概率。

"节奏男22"，尽管他第一次喝酒就有潮红症，他却坚信这完全取决于意志力：

有人……告诉我这完全是精神层面的问题，不久我就证实了这是对的……一旦我坚信这纯粹是精神问题，就无事发生。这发生有一段时间了，但是断断续续的。尤其当（我）百分之百预料到皮肤会泛红时，它就会成真。影响因素其实有很多，包括你吃过的东西，以及你的精神状态。

"布茨与卡特"描述了很多细节。某天，她和朋友们在酒店房间喝草莓玛格丽塔时，发生了意外：

我的心脏疼得厉害，我以为我要死了。它足足持续了半小时才停止。（喝水，以及处于20层的气温救了我。）

现在她坚信自己除了"只有55卡路里度数非常低的啤酒"以外，什么酒都不能喝。

"丽塔娜2"和论坛里包括我的大多数人一样，极其困惑，也有些健忘：

为什么某天我喝着葡萄酒，感觉正常，结果继续喝同样的酒（从同一瓶里倒出）就有反应了？这也太奇怪了。我会和医生提这件事的，实际上我一直打算告诉她，但每次都会忘记。当你有了孩子或者到40岁时也会变得健忘的！；)①我已经记下来了，下个月去看医生时我会记得问一下的。

我觉得我已经知道她的医生会怎样说了。

职员办公室的复印机旁，肯在整理学生写的短篇小说，而我在打印关于酒精科学的论文。我们都在多伦多大学教写作，我当他是朋友。

"嘿，我刚想到，"他说，"等你的书上市了，你就是'*那个家伙*'了。你有意识到吗？"

我选择不理他。自从被诊断出罕见的潮红症，我变得更安静了，脾气还有点坏——至少在喝今天的第一杯酒之前是这样，现在已经是深夜了。不管怎样，肯（他在教一门他创立的课程，名叫"源于生活的故事"）从来不需要任何刺激。

"酒吧或者别的地方的家伙会说：'*那个家伙*——他写了一本关于宿醉的书。'这会成为现实。毫不夸张，朋友！你真的意识到了吗？"

肯，上天保佑他那颗强劲的心脏，他是我认识的少数几个同时也是竞技运动员的作家之一。他有着划船手的体格、作家的忧虑，并且"对已完成书籍拥有既得利益"！

所以是的，我能理解。但即使在最好的时代，以写作为生也是项棘手的工作。请想象一下，出于某些蠢原因，你在这棘手的生活里把

---

① ；)为眨眼表情。

赌注押在了最有风险的事情上——贫民窟、酒罐子、赌场——所以一直狂喝不止也很正常。因此你总是喝到醉倒，直到某天发现自己基因突变，而且还经营一家夜店。

"嘿，"肯说，"你还在经营那家夜店吗？"

"是啊，"我说，"一下课我就要去那儿。"

"朋友，你可真够狠的。"肯说。

我对这家夜店的最初设想有三个方面：还一些债务，做一些研究，以及……好吧，拥有我自己的夜店。但是身兼作家、教师、夜店经理和三岁孩子的单亲爸爸令人身心俱疲。一周中半数时间我是早上六点上床的，剩下则是早上六点起床。所以不论如何划分，我都会有一个晚上没得睡。劳拉开始越来越不耐烦，而孩子的亲生母亲几乎不和我说话。

我一般在深夜写关于宿醉的文章，通常在夜店的后屋，白天我会读一读这些文章，因为这时我已经醉得无法再写了。

今天，我刚刚在查阅宿醉研究论文。它们数量极少，而且基本都会以一份解释论文数量是多么稀少的免责声明作为开头。例如这篇题为"宿醉症状量表的发展与初步确认"的报告所写：

尽管宿醉具有普遍性，它在酒精研究中却很少得到系统的关注。这在某种程度上可能是由于缺乏一种衡量宿醉的标准，厘清人们在饮酒第二天产生的生理影响和主观影响。在本研究中，我们开发并评估了一个新型量表，"宿醉症状量表"（HSS），意在填补这一空白。

在量表研发过程中，科研人员通过研究1230名饮酒的学生，盘点他们为期一年的宿醉体验及症状中有价值的部分。通过调研，研究者提出"一套合理有效的形容词，用于描述常见的宿醉影响"。我认为他们其实指的是名词，鉴于清单上包含"口渴、疲乏、头痛、难以集中精神、恶心、虚弱、对光与声音敏感、流汗、难以入睡、呕吐、焦虑、战栗、低迷"。参与者的报告显示，过去十二个月里，他们在上述十三种症状中平均经历过五种。"脸红和红色肿块"甚至不在清单上。

宿醉症状量表可用于回顾性地协助研究宿醉发生的情况，而"酒精宿醉严重程度量表"则是在宿醉的影响不断持续时，用于衡量其效力。在本例中，衡量标准包括十二个症状：疲乏、行动迟缓、晕眩、冷漠、流汗、颤抖、思维混乱、胃痛、恶心、难以集中精神、心跳加速、口渴。

尽管今天我才知道这个量表，但它测起来挺简单的。你只需要评估自己每种症状的严重程度，从1到10打个分，总分就是你的最终得分。举例来说，现在在复印机旁和肯聊天的我，在"酒精宿醉严重程度"中能得到46分（满分120分）。但同样，量表没有考虑到，如果我现在要喝一杯酒，我的脑袋会发烫，冒出红斑的胳膊会又刺又痒。

我能想象，肯的假想酒吧里的家伙们会说："那边*那个家伙*——他写了一本关于宿醉的书。"他们指的不是那种皮肤黝黑、胸肌发达的爱尔兰维京犹太人，尽管我一直认为我是这样的。相反，他们指的是那个满脸通红，在角落里发抖地喝淡啤酒的人。是*那个家伙*。

"够狠的，朋友。"肯调整着订书机，又叹了口气。

有些事必须得改变了。

"让适度主宰一切！"

诗人贺拉斯置身于古罗马狂欢作乐的社会中，首次发出了这句不合时宜的口号——语气有意讽刺，但目的极其诚恳。当时，醉鬼们耳背，对其置之不理。而现在，适度的美德似乎成了仅有的被所有人认可的事情。

新世界的禁忌不在于你是否去做某事，而在于把握其间的平衡。最重要的是适度，它是健康的新典范，其逻辑显然不容置疑。人人爱好不一，只要适度就好！

我们也奇怪地意识到，那些可能杀死我们的东西，某天终将对我们有益，反之亦然。最近确有研究表明，适量食用跳跳糖能降低患阿尔茨海默病、耳鸣和抑郁症的概率。当然，这整个荒唐的反转始于酒精，它是如此自然且神秘的二元对立，还具有预见性。

几千年来，酒精曾是世界上最常用的药物和医疗成分，1920年，它从美国药典中被删除，这源于一项极端而危险的实验，被人们称为"禁酒令"。接着，几乎是顷刻间，大量研究开始向人们展示酒精的奇妙好处。

建议定期、适度饮用葡萄酒的疾病名单一天比一天长。如今，举例来说，就包括心血管疾病、伤风、白内障、视网膜黄斑变性、类风湿性关节炎、阿尔茨海默病、糖尿病、脂肪肝、缺血性中风，以及一些老生常谈的病症，如消化不良、失眠和衰老。从各种科学网站的信息来看，适度饮用龙舌兰有助于抵抗骨质疏松症、2型糖尿病、痴呆症和肥胖，同时能促进益生菌生长并强化益生元。近期研究也表明，啤酒对肾脏、胆固醇水平和骨密度有益，喝啤酒也是一种获取各类人体所需维生素的绝佳方式。

尽管从前的医学家们也曾告诫过，不论酒精多么有益，都应"适度"饮用，但这肯定与当今极为谨慎的各地卫生局所建议的低频少量饮用方式完全不同。也曾有一些人为此辩解过酩酊大醉的好处，甚至是宿醉有益健康的一面。

维拉诺瓦的阿诺德（Arnold of Villanova）在14世纪说，他要为完全陷入醉酒的状态正名："因为通常最后肯定能排出身体中的有害液体。"

至少对实现我们的目的而言，奥斯卡·王尔德的一句名言或许更贴切："凡事皆要适度！适度亦如此。"

至关重要的解宿醉酒（发啦啦啦啦，啦啦啦啦^①）

正值假日，我在温哥华探望家人，我一直在尽最大努力保证自己不喝太多酒，即便喝醉后通红的脸和节日的气氛很配。不过我还得继续写这本书，所以我仔细挑选了喝酒的时段，以便每次都能获得更多的研究机会。

比如说圣诞节。我把这全都弄明白了——至少在主题上。在维多利亚时期的伦敦，清扫烟囱的人向节日狂欢者售卖煤炭以赚取外快，这些人会在喝酒前吞下它们。我找到的这份配方需要将两勺壁炉炭灰溶于一杯热牛奶中。

---

① 出自著名的圣诞颂歌《装饰大厅》（*Deck the hall*）。

我那19岁的外甥大卫主动提出参与这一研究（在不列颠哥伦比亚省，法定饮酒年龄为19岁，所以虽然我们可能在做一件蠢事，但并不违法）。而且我不断看到文献中有人提到一种在喝酒前先喝一小勺橄榄油的预防方法，所以我会尝试一下这个方法，然后在热的蛋奶酒中搅拌一些炭灰。而大卫会用普通的不喝油的方法，然后把炭灰加到一杯脂肪含量2%的低脂牛奶里溶解。

在其他亲戚来之前，我先把头扎进壁炉，铲了一碗炭灰。它可以吸收毒素和毒物，这就是为什么木炭片可以缓解服药过量。可是从壁炉里取出的东西并不像希望的那样易于溶解，它把牛奶染成了可疑的紫色。

我喝了一泵橄榄油，极其油腻。接着我端来装有蛋奶酒和炭灰的马克杯，它有些难以下咽，但其实味道还不错。大卫的牙齿都染黑了，他说我的牙也都黑了，所以我们用一杯香槟漱口，直到牙齿再次光洁起来。

我一边喝光了一瓶香槟，一边给自己做了一份自创的抗氧化圣诞沙拉。沙拉里有羽衣甘蓝、菠菜、甜菜、石榴子、核桃、牛油果、橘子、新鲜无花果。我把它们摆成圣诞花环的样子，再浇上无花果黑醋作沙拉汁，然后正式开喝，还要时时关注大卫的饮酒量。

为了防止我们的预防措施在某些方面有所欠缺，我一直在研究一个治疗方法：黄金、乳香和没药疗法。乳香是一种天然的消炎药，它取自乳香并装在胶囊中。没药的精油很容易得到，它能增加白细胞数量，并协助肝脏分泌胆汁。然后就剩黄金了。据乔治·毕晓普[1]称：

---

[1]　19世纪著名的英国天文学家，早年曾经营一个葡萄酒酿造企业。

"17世纪的炼金术师认为，将稀有的黄金与被火蒸馏的葡萄酒结合在一起，是一种格外有效的治疗药剂。"也许这些人比我们所知的更睿智。

这都还只是我的想法，不过我已经获得了一些帮助。我从布朗温那里得到了乳香和没药，还有一些关于它们的知识。她是一家名叫"盖娅花园"的小店的草药师。她很聪明，也很有耐心，完全不健忘。当我问："嗨，黄金的事情怎么样啦？"她很快就给了我一位当地炼金术师的邮箱账号。

然而这位炼金术师、草药师、阿育吠陀疗法医师陶德·凯尔德克特（Todd Caldecott），对人可有点不耐烦。对于我的咨询邮件，他回复道："好吧，但是为什么选择金子、乳香和没药？你要写的是一本关于宿醉的基督教书籍吗？"他接着写道："黄金在医学上是一种缓解性质的药，用于封锁免疫系统……它有数种严重的副作用，因此不推荐用于治疗宿醉。需要的话找迈达斯国王①要吧。"

但是接下来，咨询人凯尔德克特的态度却发生了奇怪的转变，他似乎表示，金子也许就是我要找的东西："在阿育吠陀中，一种制备金子的方式被称为swarna bhasma，可用于减少炎症、增强活性。从这方面来看，也许可以证实它的药用价值，但由于这一制备过程还需要加入其他金属，在当代西方医疗思想下这是被禁止使用的。"

当然，没人会向阿育吠陀的炼金术师咨询当代西方医疗思想，咨询一些告诫并以《指环王》的故事来做参考还差不多，就像凯尔德克特最后提出的那样："的确，阿育吠陀和传统的医药系统对我们的自负不留一分情面，比如认为我们可以习以为常地酗酒直至宿醉。尽管我

---

① 希腊神话中的弗里吉亚国王，传说他可以点石成金。

们的肝脏细胞都是可以再生的巫师，在真正杀死甘道夫之前，你能尝试的次数也只有这么多。"

无论如何，也许不出所料的是，我在临近圣诞节之际并未能得到任何阿育吠陀疗法中提到的金子。至少今年，我只要带来橄榄油、炭灰、抗氧化沙拉、乳香、没药就够了。

但有些人可能不记得了，圣诞节既是一个基督教的节日，也是一个维京人的节日，它是将耶鲁节宴会与基督诞生日相结合的日子。历史上，两者均是纵酒狂欢的宴会。在维京人庆祝基督诞生的庆典上，我已然把新领悟到的"适度"搁到一边，决意再次拾起酒杯。

大卫想要跟上节奏，但他还是个孩子。到了午夜，我已经灌下六大杯葡萄酒、五支香槟、三杯朗姆酒和蛋奶酒、两杯威士忌、两块白兰地酒心巧克力，也许还有几杯斑鸠黑啤。

第二天一早醒来，我就像一只卡在梨树上的斑鸠。我能做的只有保持不动，想出一些关于节礼日（每年的12月26日）的蠢话。

人们称今天为节礼日是因为你一醒来就感觉好像和拳王泰森打了十三个回合。

人们称今天是节礼日是因为昨天喝到酒瓶都没了，剩下的只有送来时的包装箱。

人们称今天是节礼日①是因为这就是你应该待的地方：地下六英尺该死的松木盒里。

这次可是一场大宿醉，在酒精宿醉严重等级量表的120分里至少能

---

① 此三句的节礼日（Boxing Day）可分别直译为"拳击日""箱子日"和"包厢日"。——译者注

拿到100分。当我终于能动弹的时候，我用了三位智者给耶稣的献礼，但是奇迹并未降临。我浑身颤抖而且隐隐想吐，沉浸在自己节礼日的悲惨之中。那么乳香、没药、无花果、石榴、炭灰和橄榄油是怎么回事呢？好吧，通常，尤其是在宿醉研究这样狡猾的领域，你甚至无从得知你就是自己最大的敌人。实际上，直到几天后我翻阅笔记本时，才看到使徒金斯利·艾米斯写的这段话：

很多民间传说中有言，赴宴前应服用一些橄榄油或牛奶。这确实能延缓酒精吸收，但是像往常一样，最后这些酒精依旧会被你吸收……我的一位熟人，在定量思维的引导下误入歧途，一天晚上他先服下一大杯橄榄油，接着喝了十来杯威士忌。橄榄油在他的胃上形成了一层黏膜，经过几小时的蚕食，所有的酒精终于冲破屏障，他酩酊大醉倒在了地上……我对这种方法持谨慎态度。

节礼日的太阳落山了，我也终于起床了。我感觉自己非常谨慎——颤抖、焦虑、恶心，就像艾米斯的那位可怜的熟人。我小心翼翼地开着车，去唯一开着的店铺，孤注一掷地寻找解药。

我在"伦敦药房"前停车。推拉车门滑了回去，我向荧光屏蹒跚走去，穿过一排排过道，来到这座巨大药房的后方。矫形鞋垫和紧急避孕药的中间，就是一瓶瓶兹瓦克（Zwack）药酒。

兹瓦克药酒是一种由多达40种的药草和40%的酒精组成的神秘乳剂，度数在药酒中介于野格圣鹿利口酒和德宝力娇酒之间。老艾米斯形容其为："服下之后几秒内感觉就像是将曲棍球扔进空浴缸中，由此产生的轻微抽搐和惊吓的哭泣是其奏效的见证。但此后会出现令人欣慰的曙光，往往标志着情况好转。"

兹瓦克药酒就像是德宝力娇酒略显迷人的匈牙利堂妹：将相似的苦味药草和酒精融合，但更添一分柔和的焦糖风味。它对于舒缓灼热的肠胃极为有效，用更亲和的方式使你面色红润。而且从我的经历来看，它是消除肠胃溃疡、恢复食欲，并使这害人的酒精排出体内的最有效的良药。但是我有说过在药店可以买到吗？

考虑到我家乡古板的酒精观念和法规，我不知道为什么可以轻易买到它，也不太想问。也许是因为标签，它的标签和红十字会的红十字基本一样，但却有闪烁的金属光泽。再加上它鲜绿色的瓶子，更令人回忆起一大棵装饰圣诞树——整体看起来圣诞范儿十足。

此外，红十字上还有一个词，不知何故听起来既粗鲁又更有药用价值："乌尼古"（Unicum）。它不是很顺口，但我拿药时说的还是这个词。这让它听起来更像药品、更具药效，就好像我根本没想*灌醉*自己一样。但一出药房，我就又用回那完美的拟声词"兹瓦克"，感受这令人满意的效力。

我小心翼翼地喝下一大口，感受到烈酒在身体内的炽热。毕竟，还有比脸有点红更糟糕的事呢。

今日的第一杯酒

韦恩州立大学的弗兰克·M. 保尔森（Frank M. Paulsen）编目的解宿醉酒，有可能——实际上，非常可能——比历史上任何人都多。1960年，保尔森开始寻找难以找到的宿醉解药，或者至少是相关的传说。他的研究很详尽，但杂乱无章。他去过底特律、克利夫兰、蒙彼利埃、布法罗、尤蒂卡、奥马哈、洛杉矶、魁北克、蒙特利尔、多伦多的廉价酒吧、路边旅馆和夜总会。他向当地人寻求建议。

许多调查对象都是匿名的，因为据他所说："我无法（或者说我认为在这种情况下这样做并不明智）从一大半提供信息的人那儿获取名字和个人信息。宿醉解药的主题与受访地点证明这种高度匿名的处理方式是合理的。"

这项研究，《传统中流行的解宿醉酒及其他宿醉解药》于次年在《美国民俗学刊》上发表，此后就未在其他期刊再发表过。这篇18页的研究文献充满诗意的光辉，就如同查理·布考斯基和汤姆·威兹坐下来一起创作一篇故事或是一同谱曲，然后话题就偏离了轨道十万八千里。

保尔森擅长和人打交道。你可以看到人们对他开怀大笑，透过他们的呼吸可以闻到松子酒的味道。他似乎已经找到了历史上顶尖的治宿醉酒。这里仅仅列出他这解宿醉之旅中发现的261种解药的其中5种，还有对受访者的描述。半世纪过去了，由于保尔森的文字诗意又精准，这些描述仍和受访者所说的一样生动：

如果你能弄到一个西瓜，就切一大块，用叉子在上面戳几个洞。在西瓜上倒半品脱松子酒，然后吃下它。小心西瓜子，那会杀死你。

——梅施纳先生，霍金斯酒吧，底特律。退休；白人，男性，70岁左右；在底特律出生并长大，在福特汽车公司工作约50年；现在大部分时间都在底特律西北部的酒吧之间游荡，就他这个年纪的男性来说，算是相当有活力。

像吃苹果那样吃下一个白色百慕大洋葱。静候半小时之后喝酒。

——乔治·古斯特，58号俱乐部，克利夫兰。餐厅和酒吧老板，白人，男性，28岁左右；有希腊血统。

一杯烈酒和一杯啤酒——如果有的话用陈啤酒。打两个鸡蛋在啤酒里。不要吃下鸡蛋。让"宿醉"自己解决吧。如果喝完两个剂量的酒之后，你觉得饿了，那就把鸡蛋吃掉。

——匿名，韦伯伍德小旅店。职业未知；白人，男性，65岁左右；明显是个酒鬼。

取高汤冻，与伍斯特辣酱、芹菜盐、大蒜粉和大概四盎司伏特加混合，服用。你的秘书会嫌弃你，但这样你就能撑到午饭时间。

——匿名，58号俱乐部，底特律。通用汽车的主管；白人，男性，45岁左右。

在葡萄酒中混合肉桂喝下。任何甜味葡萄酒都可以。

——乔治·冯特，58号俱乐部，布法罗。酒保；白人，男性，45岁左右；在威斯康星出生并长大；从事酒吧工作20年，主要是在高档私人俱乐部；他是最配合且提供最多信息的受访者。（冯特还建议服用：牛奶；柠檬果汁冰糕；捣碎的草莓和撒上糖霜的蛋白、松子酒和荨麻酒；柠檬威士忌酒；咸味鸡尾酒；一杯橙花；一小杯伏特加和等量的番茄汁与蛤蜊汁混合；雪利酒和蛋黄混合，常温饮用；一小杯法国绿茴香酒与一个蛋白和四滴比特酒混合；温苏打水混合比特酒。）

值得注意的是，冯特先生确实了解宿醉之事——他甚至为重现血腥凯撒设立专款，因为如今一般只能在加拿大找到这款酒了。但是最后这款绝对是我的最爱（就连解宿醉酒也要位居其后）。你懂的，当人们问起："历史上的人物中，你最想和谁共进晚餐？"这个人就是我的选择——要么是他，要么是劳伦·白考尔[1]：

你问对人了。我答疑解惑，我手握解药。当你这样醒来时，先去商店。我是说去商店。打开冰箱门，和生菜打个招呼，然后把牛奶瓶弄混了。这可不妙。买一个牛油果，别太硬，也别太软。要挑一个正好的——摸起来软，但又不容易捏坏。回到家中，剥下果皮，动作要轻柔，这样能留下更多绿色的果肉。如果你的手够稳的话，把它切成薄片。撒一点盐，只要一点点。最好用右手，如果你是个右撇子而且刚刚没切到自己的话。就这样吃掉它。不要冷藏。最难得的就是以原本的方式品尝它。不，我没在开玩笑，吃下牛油果。之后躺一会儿，如果可以的话，小睡一下。绝不能再继续。等你再次落地，我是说真正地放松下来，起身去冲个凉。水温要正好——别太热，也别太凉，要正好。有时间的话花上半小时。走出淋浴房，走到镜子前。刮胡子。然后涂抹气味诱人的身体乳。你走出来时会感到焕然一新。你也准备好喝下今天的第一杯酒了。

——约翰·利昂，圣保罗酒店，洛杉矶，加利福尼亚（通过信件）。酒吧经理；白人，男性，35岁左右；在洛杉矶出生并长大，有墨西哥血统；在酒吧工作13年。

---

[1] 美国电影及舞台演员、模特、作家，曾获美国演员工会奖最佳电影女配角、金球奖最佳电影女配角和奥斯卡荣誉奖。

至关重要的解宿醉酒（一年中的最后一天）

我一直不太喜欢新年前夜。它就像是圣帕特里克节，但比那更糟，它使这些喝醉的外行人陷入一种既期待又反省的极度伤感的状态。因此当新年钟声响起时，我和我一生的好伙伴，我那美丽又优雅的女友待在童年的家中似乎是正确的选择，尽管我的家人们都出城到我姐姐家过夜了。如果不是因为明天的"北极熊冬泳"活动，我和劳拉也会和他们一起去。

这是世界上最古老、最大型的活动之一。我们想参加的话，一定要和瓦斯科一块儿，我们从八岁起就认识。他的名字其实是迈克，但这不重要。他就是瓦斯科。尽管他金发碧眼、口齿伶俐，但人们总是觉得我俩是兄弟。这是我们第986次一起喝酒……或是做和喝酒差不多的事。

迈克的亲兄弟尼克，住在市中心一栋公寓楼中。那是城里最古老的楼之一，也是离"北极熊冬泳"活动地点最近的地方。下水之前和之后到他的住处喝点解宿醉酒，是我们温哥华新年的一个传统。对于劳拉来说，这都是全新的体验，我想着，既然我们三个将一起经受新年第一场宿醉，我应该先介绍他们俩认识。但问题就在于：没有人会喝醉。

对劳拉来说，这十分平常。她会一直喝着一杯灰皮诺酒直到放弃。而瓦斯科，我才意识到，自从他当了父亲就开始控制喝酒了，到了四十岁找了一份小游艇船长的工作（他坚称这是带着宿醉做起来最糟糕的活儿）。现在他似乎只喝啤酒，喝得也比过去慢了很多。所以只有我开了香槟，尽管它对我没有什么影响——都是用喝水治宿醉这件蠢事的功劳。

有一种相当老套的说法是这样的：如果你想负责任地喝酒，避免宿醉，那么每喝一杯酒就喝一杯水。这是我经常说"好的，好的"，然后只是假装去做的事之一。而且明显有很好的理由：像喝真酒那样喝水真是太傻了。但我发誓今晚一定要这样做——为了我的健康、神志和书籍研究。

当然，喝水有益是相对现代的概念。在伊恩·盖特利（Iain Gately）不可或缺、无所不包的酒精社会史《饮酒》中，他记录了古代的情形："饮水之人在人们看来不仅缺乏热情，还散发出一种令人讨厌的气味。特尔斐的海格桑德尔指出，当两位声名狼藉的饮水者安启莫里欧司和莫斯霍斯去公共浴池的时候，其他人都走了。"

而"其他人"这样做确实有道理。数千年以来，没有什么比水更能传播疾病、瘟疫和死亡的了。它能毒害你，使你变丑，甚至淹死你。现在，饮水当然能再次杀死你，网络上突然铺天盖地都是警告，提醒你喝太多水会使肾脏衰竭。

但是对于我当下的处境，"弗洛伊德的孙子"医生的见解更到位，他睿智地劝告："试图用合时宜的饮酒来防止宿醉，可能导致严重抑郁……除了'我早就告诉过你……'之外，那条'同时多喝点水'的建议……比任何词都更容易激怒别人。"

"喀。"我咳了一口痰，又喝了一杯水。但是瓦斯科和劳拉正在讨论政治，似乎对我这愚蠢实验的持续影响毫不在意。我无法集中精力听他们在说什么。我有点晕，又有点清醒，昏昏沉沉，还想小便。这个一杯水一杯酒的比例也许对人有好处，但是这违背了喝酒的目的，那就是要开心，或者至少感觉比原先更愉快。我感到坐立不安，有些浮肿，毫无目的却又心事重重。我去小解了一下，然后瓦斯科点了一根烟。

瓦斯科和劳拉聊天的话题从政治转向艺术，而我甚至不知道自己是坐着还是站着。我感觉自己像是在盘旋，先是在房间一角，然后在我亲爱的伙伴们中间，他们的话语从我的脑袋上弹开。我试着说点什么，却不知道到底有没有说出口。我甚至不知道这是怎么回事。我想问他们"我刚刚说了什么？"却连自己有没有说这句话都不知道。我无法看懂他们说话的口型和他们脸上的表情。我盯着看，但是他们丝毫不受干扰。由此我判断出我还坐着，貌似很专注，而且一言未发。我的心脏怦怦直跳。我满头大汗，手也在颤抖。我虽然清醒却又感到迷醉，兴奋紧张且精神恍惚。接着新年倒数开始了，电视突然开了并发出巨响："十……九……八……"

此时，坦白说，我在回想过去的一年。这一年大概是这个样子：喝酒，讲关于喝酒的故事；写作，宿醉，讲关于宿醉的故事；到夜店里，试图不喝酒，写关于试图不喝酒的故事；接着又宿醉……

"七……六……五……"

现在我预见到接下来一年是什么样了：一连串"清醒不足，神志恍惚"的日子。这让我精神紧绷，起红斑又肿胀不堪，而我正在和自己，和我的医生、编辑们讨价还价……

我打了自己一巴掌。"啪"一声，这时迪斯科舞厅球正好落了下来——"一！！"——就这样，瓦斯科和劳拉根本没注意到我的举动。他俩高举双臂时，我冲去开了另一瓶香槟。这是我任何状态下都能做到的事。我褪下箔纸时，意识到：这样的身体状况下，自我批准喝酒，和这愚蠢过时的边喝酒边喝水的主意，在本年度最后一天，我甚至还没喝醉就把自己搞宿醉了。这和我在拉斯维加斯做的事正好相反，而且差不多一样蠢。我是史上最糟糕的宿醉研究者。

香槟爆开，泡沫流了出来。劳拉笑了。去他的喝水！我想着，大口灌下冒着气泡的酒。我给了劳拉一个吻，然后把瓦斯科拉过来拥抱他。

"对不起。"我脱口而出。

"对不起什么？"他说。

"因为我想认真负责地喝酒。以后不会再发生这种事了。"

"这，"劳拉说，"就是你的新年目标？"

特定情况下的合理表现

如果说我从今年的研究中学会了一件事（可能真的只有一件事），那就是即便谋划一次最普通的宿醉也很难。从醉酒的本质来看，受控实验很快就会失去控制。你可以把一切都预备好——然后，它就在你一杯接一杯之后，往往以戏剧化的方式开始分崩离析。这也就是为什么西班牙语中用"fiasco"①表示酒瓶（flask）。而这就是即便最细心的酒精研究者也尚未掌握的事情：纠正混乱。

实际上，直到近十年，那些真正的科学家还在犯很多和我一样的

———————

① 在英语中意为"惨败"。

错误。在极少数的宿醉实验研究中，几乎没有一例能确保他们的实验对象的血液酒精含量（BAL）达到零。因此，他们的实验对象所处的"宿醉状态"极有可能同我在驾驶赛车时一样——也就是醉酒状态。你本以为至少能有一个酒精研究员理解醉酒和宿醉之间的区别。但奇怪的是，没有。即使有，实验室检测也被证实还存在其他难以避免的问题。

一是，当人们知道自己在做宿醉研究的实验，而研究需要参与者试图完成某个任务——通常由此可以得到关于认知方面的宿醉实验结果，于是人们的表现会与平时截然不同。实际生活中，人们会试图推翻、取代以及掩盖宿醉状态来完成任务。然而，当他们知道自己是在进行宿醉测试时，他们会放任自己陷入宿醉，几乎不会花工夫克服它。

另一个在实验室测试宿醉的重要问题是通常所说的"实验伦理所强制的饮酒数量"。这基本上意味着大部分大学或是公共资助的研究员必须在六瓶酒之内把你灌醉。确实，这可以避免混乱，但是却在宿醉可能性这方面增加了难度。同时，人们也不会像在家里、酒店或朋友家那样在实验室喝醉然后宿醉。

从各种意义上来说，自然观察更具实际意义，比如我一直在设计的这些，除了那些最终惨败的。大多数以科学为依据的自然观察依赖于受试者回想他们的酒精摄入量和前一晚的活动。这就出现了大量明显的混乱干扰、选择性记忆、直接说谎等阻碍。连我也不能确定自己是否受它们影响。

英国基尔大学的高级讲师理查德·史蒂芬斯博士和他研究宿醉的同事们对此有几点建议。其中一个与生物标记有关，也就是你身上的东西能表明你最近在做些什么。有一种叫乙基葡萄糖醛酸苷（EtG）的物质，能从人体皮肤以及毛发中提取出来，并将你昨晚喝了多少酒精确地告知穿实验室衣服的人。这项测试是为假释许可和强制戒断等设计的，但它的应用能够使自然的宿醉研究更真实可信。

另一个建议，也是史蒂芬斯的团队自己所使用的方法，就是不要让你的测试对象知道你知道他们正在宿醉。照此，他们给学生志愿者们安排了认知测试，时间分别是周四和周六的早晨，并为他们提供少量薪酬。学生们完全不知道测试与宿醉有关。但是测试者知道这所学校的学生有在周三和周五晚上纵饮狂欢的习惯。

史蒂芬斯博士在近期的一篇论文中写道："实验室的试点工作表明，通过这种方式招募的参与者中，有相当一部分人是在宿醉后来到实验室的。但由于他们不知道研究目的是评估宿醉影响，他们的表现也更接近现实生活中宿醉者的实际表现，目的是在这种情况下让实验结果更为合理。"

至关重要的解宿醉酒（愧疚而散漫的北极熊）

现在正值新年，举行"北极熊冬泳"的当天早晨，我正站在父母家的厨房里，面对着嬉皮士农贸市场般的废墟：一小捆羽衣甘蓝、莓果、姜、人参、有机鸡蛋、大量蛋白质、镁、维生素粉。这些是今年的改良版解宿醉终极摇晃奶昔的食材。过去我会加几小杯酒，但那是我显著的基因突变之前的事了。

我已经花了很长时间研制摇晃奶昔。这是我不断变化的自制配方，它能抗氧化、排毒，但愿还有缓解宿醉的作用。而今天，事实证明我需要它。尽管昨天的"水疗"让人不舒服，我最终还是成功醉酒，然后真的宿醉了。

劳拉在厨房柜台的另一边，面前是各种各样更奇怪的食材，她手里拿着一张纸。"嗯……"她说，眼神游走在纸张和台面之间：麋鹿肉、鸵鸟肉、鸡肉糜、牛肚、蔬菜碎、维生素粉。

我家人会收容流浪动物——包括以各种东西为食的、处于各种困境的野兽或人。这些年来，我回家时见过一只大腹便便的猪、一头狼，还有一两个旅行的音乐家。现在，大部分动物都在我姐姐家和其他家人在一起，只有猫和我们在一块儿。但这些猫很特别。

汤卡①（一只比大多数狗还重的缅因猫）不能在尤达之前喂食，尤达必须在卫生间喂食。裤子必须在户外喂食，但是之后要放回屋子里（我父母为此花了不少时间站在后阳台，大喊"裤子！"对新邻居来说这足够令人困惑）。箭头喜欢躲起来，然后偷吃其他猫的食物，得在主卧喂它。奥斯卡是个优雅的精神病患者，它长着十二个脚趾，几乎什么都吃，什么都吞，为了大家的安全，大部分时间都必须把它关在一个非常大的笼子里。它们都吃野生动物的生肉和营养补充剂的混合物，但各有不同。一旦你搞混了哪个部分，糟糕的事情就会发生。

劳拉想帮忙，主动提出要喂猫。所以我妈在那张纸上写了说明，劳拉看着它，好像这张纸会突然着火似的。"嗯……"她又开始哼哼了。

"你在'嗯'什么？"我说。或许我是带着怒气问的。地板上散落着锅碗瓢盆、几个特百惠保鲜盒，还有一打猫狗食盆，就是没有搅拌

---

① 汤卡、尤达、裤子、箭头、奥斯卡均为作者家里养的猫的名字。

机。"该死的搅拌机在哪儿？"

"我不知道！"劳拉说，"我正准备喂猫呢！"

接着就像被施了魔法一样，这些疯狂的猫科动物围住了我俩。现在可以说是"katzenjammer"了：它既有"猫的哀号"之意，也是"宿醉"的德语词根。所以我严格准备的新年第一杯酒，也变得十分讽刺、极具标志性且彻头彻尾的瓦格纳式。我汗流浃背地给家人发短信："新年快乐！一切都好。还有，搅拌机在哪儿？"

我姐姐的小屋里手机信号非常差。半小时后，我收到一条回复："祝你新年快乐！搅拌机五年前就坏了。抱歉。我们当然可以买一个新的。我们爱你！'裤子'在屋里吗？"

此时我们陷入了由不耐烦的猫和不靠谱的指令组成的大混乱之中。我只好放弃制作摇晃奶昔，尽力把猫照顾好，重新打算使用解宿醉酒——"哥醉拉"真该死——然后为"北极熊冬泳"打包了一袋酒水。劳拉虽然稍微被猫挠了几下，还有点头痛，但也准备好出发了。

"我们走吧。"她说。

几年前的新年，我被安排组织瓦斯科的周末单身派对。这显然成了一个疯狂的活动。我们十多个人装上各类酒精饮料，驱车前往温哥华北部的一间林中小屋。

第一晚很早开始，活动持续猛烈地进行了很久。那时候我还没开始正经地研究宿醉，但是我有对这一领域的某个方面多加留意。第二天，我们爬出各种灌木丛和林地洞穴，开始长途跋涉，前往我之前在地图上标出的一个地点。加拿大这些地区的地图和世界其他地区的地图不一样，仍然需要大量的航位推算。顶着严重的宿醉，我们互相督促着向森林进发，我的脚走在悬崖边直打滑，直到最后我们听到了声音：冰川瀑布翻腾的轰鸣声。

在加拿大，由于地形、重力和世界的魔法，有些地方本应结冰的水不知何故依然流动，从悬崖上倾泻而下数千年之久。瀑布落地时会掘出地洞，形成深不见底的冰水池——至少人在被冻死之前是无法触及其底部的。如果你想跳入冰水池里，这就是最好的地方。如果说这么做有什么缘由的话，那就是缓解单身派对的宿醉。至少当时我是这么想的。

在我们到达瀑布，走下最后一个斜坡，进入下方水池之前，让我来告诉你在那之后我都学到了什么。在国家地理频道最近播出的电视节目《谁也没法舔到自己胳膊肘》第一集中，两位健康的青年男子进行了一系列要求严苛的运动，包括短跑、举重以及做他们极限数量的俯卧撑。接着他们有两分钟的休息时间，其中一位被要求冲进水温零度以下的海中。当两人进入第二轮的训练时，泡过冰冷海水的人坚持做俯卧撑的时间远超另一人。结果远不止如此——我是凭记忆复述的——不过结果和推论大致如此：低温激活了"战斗或逃跑"反应，使身体充满肾上腺素。

赫尔曼·海斯博士和他的同事们在《美国医学会杂志》上撰文总结道，面对紧急状况，醉酒的人确实可以用一种更有条理、看起来更冷静的方式来面对手头的问题。"快速清醒期，"他们解释说，"是由于肾脏上方的肾上腺大量分泌肾上腺素造成的。它能够暂时缓解酒精的影响，但不会减少体液内的酒精含量。"

药用肾上腺素是肾上腺素的一种。至少对我来说，它与"快速清醒期"由"战斗或逃跑"反应产生是有相关性的，而其与宿醉的关联而言只多不少。曼彻斯特的史蒂芬斯博士认为我的理论有一定道理："如果身体受惊，心脏会加速跳动，身体系统中的血液流动也会加快。它将携带着你在宿醉时极度需要又极度缺乏的血糖，流动到身体所需的各个地方。这确实有道理。"当肾上腺素激增达到极限时（如跳进冰水中，或从高楼上跃下），会不会造成彻底的生理重启呢？"这听起来有点道理，"史蒂芬斯说，"但是我不知道能从哪里得到证据……"

瓦斯科的单身派对的第二天早上，我们从一条绿树成荫的悬崖小径走下，一路磕磕绊绊也新添了些伤痕，沿着足有一百英尺高的瀑布，下至溪谷，最终到达瀑布底端。我们带着不同程度的惊恐，纷纷跳进水涡中。我永远不会忘记迈克的兄弟尼克脸上的表情，这位有文身的斯巴达硬汉尖叫着一顿乱抓，试图从水里爬出去。他那眼神就像一只在电动轮盘上旋转的沙鼠。对我来说，这寒冷逼人，也异常振奋人心。我们十人跳进这冰冷的水中，一瞬间就尖叫着炸开了锅。

后来我们从冰池中出来，又花了很长时间回去。一路上我们大笑着，平静又充满活力，放松又轻盈，所以上山的路比来时更轻松。我们也为这一天做好了准备。

我想，这就是"北极熊冬泳"的意义所在。

这儿大约有一两百人穿着泳衣，或跟泳衣差不多的衣服。我们右边有个穿着燕尾服的男人，还有些戴着维京头盔的墨西哥人；我们左边是一群头戴阔边帽、身材窈窕的金发女郎。人们随意唱着各种足球歌曲和《我们是冠军》，气氛很欢快。看得出我们大多数人还在醉酒而不是宿醉。大家都等待着活动开始。没有绳子阻拦我们，但我们在等一声哨响。这场面有点像是奔牛节，只不过我们都是"北极熊"，而且海水冷得和西班牙的阳光不能比——好吧，这和奔牛节一点都不像，但是我们确实都在等哨声。

接着，哨声终于响起，我们奔跑着、尖叫着、咆哮着冲进海浪里。劳拉和我还有瓦斯科一家以及我们的其他朋友都冲在第一线，纯粹向前冲的劲头让我们在感受寒冷侵入身体内部之前跑了足够远。我潜入水下然后浮起，拥抱气喘吁吁的劳拉。她和我在一旁，周围是咆哮的"北极熊"们，尼克爬回岸边，迈克紧跟其后。我们还清楚地记得冰池那时候，对比起来，这海水不算太冷。但其实也足够冷了，足够使肉体麻木然后辞旧迎新。当劳拉的颤抖变得几乎有点性感时，我们大步走回岸边，和男孩们站在一起。

瓦斯科丢了一只凉鞋。他对此依旧一副好脾气，但我认识他和这双凉鞋太久了，能看出他有点失落。因此，当别人抢毛巾的时候，我扫视水面，希望能找到那只设计精良的远足凉鞋。我发现了一个塑料花环，一个啤酒罐，一个看着像史努比的塑料娃娃……接着，啊，在那里，它漂在波浪中，就像从落水水手身上切断的脚。

"嗯——"瓦斯科说，但是他的牙在打战，所以说得没有这么清晰，也因为那只凉鞋离岸边实在太远了，"也许就不管它了吧。"

我擅长的事情很少。自从为了这本书做研究，精通之事的清单似乎日渐缩短。不过"重返困境"这条永远都在。所以我往回跑潜入水中，找到鞋前一直潜在下面。

我把鞋子递给瓦斯科时，他给了我一个大大的老式北极熊拥抱。我真希望我也从多伦多带来了自己的凉鞋，因为现在我们要回大楼里了，用沾着沙子的湿脚穿上袜子和鞋非常恼人，所以我决定放弃这个念头，光脚走回去。

"你会后悔的。"尼克指着我的脚说,他是个爱发愁的硬汉。

"这个男人可没少和后悔的事打交道。"我的好朋友瓦斯科用他那舞台上的男中音吼道,离开海滩时还拍了拍我的背。这话说得不错,把所有人都逗笑了。不过这真是过于精确,让我想到也许某天我应该把它印在我的名片上,就写在"作者及宿醉研究者"的正下方:后悔经销商。过马路的时候,我紧握劳拉的手,立下了第一个新年目标:我要把夜店关了——不再经营它了,就这样。我晚些时候会告诉她。我决心已定。这感觉比任何宿醉奶昔都健康多了。

我们回到瓦斯科的大楼,喝了些解宿醉酒。这是我这段时间的第一杯酒。我选了爱尔兰威士忌,只是因为我这会儿想喝它:"这杯酒,"正如金斯利·艾米斯所言,"若不是特别的种类,没有必要选择前一晚主要让你难受的那款酒。"

我简直太赞同了,尤其是"主要"那部分。我讨厌人们问"你在喝什么酒?"这就和问你在听什么歌一样。

喝完今年第一杯威士忌之后,我又喝了一杯清爽的啤酒,但仍然看不到任何脸红的症状。没有泛红,也没有发痒,甚至一个疙瘩也没起。也许是太平洋把这个症状从我身体里驱逐出去了。

"你感觉怎么样?"劳拉说。

"全好了。"我说。然后给我俩倒了两杯橙汁香槟。

新年的启示

过去的一年里,我不断尝试各种疗法——膏药、胶囊、万灵药,这些在市面上都是专门用来治疗宿醉的。有些似乎能缓解症状，但总是很难说，而且我也还没写完自己的研究方案。

照此，我新年愿景的第一版草稿包括：在后续的实验中减少会导致惨败的因素，尽量积攒更多治宿醉的产品，提取这些产品中的有效成分，了解它们并试验其效力。这样说有些啰唆，所以我取其精华，总结为：多尝试，力求更好。

劳拉已经回多伦多了，我明天再回去。但首先，我决定利用和父母共进最后一顿晚餐的机会，开始践行我的决心。面前是我目前已有的东西：几包梨果仙人掌干、银杏叶、水飞蓟、葛根、枳椇子。还有一种叫N-乙酰半胱氨酸（NAC）的东西，这些就是我目前能找到的了——它们是世界上的宿醉解药中最常见的活跃成分。为了正确地吸收它们，我需要将其制成粉末、茶水、乳剂以及补药——除了N-乙酰半胱氨酸，它就装在小小的胶囊里。所以我决定先吃它。

据我的一些护士朋友说，NAC是一种氨基酸补剂，通常在急诊室中用于治疗吸毒过量，我还在几个网站上看到，它可以清除一夜酗酒后留下的自由基，但需要在喝酒之前服用。健康食品店好心的店员对此不太确定，但他说他会发邮件问问补给代表再回复我。我还看到，将NAC和维生素B_1、B_6和B_{12}一同服用可以提高疗效。我妈的橱柜里只有B_6和B_3，所以我就把它们和NAC一起当作开胃菜，呷了一口葡萄酒，一饮而下。

现在，仅仅过了两分钟，我又喝了两口葡萄酒，一些症状开始发生了。这感觉无比熟悉，但要糟糕得多。我的头就像着火了，或者更像是卡在装满滚烫番茄汁的金鱼缸里。透过眼前的红色烟雾，我看到我妈在说些什么。大概是"我的天！你还好吗？"但我不太好。我是一条泛红的金鱼，一个红色的变种人。"哥醉拉"又回来了，而且这次是专门来找我的。

我冲向水池，把头放在冷水下浸了一会儿。然后我吃了些抗组胺药，回到餐桌旁坐下。我的父母万分惊恐地看着我。"吼吼。"我说。

第二天，我收到了健康食品店的好心店员转发的信息：

NAC 能上调谷胱甘肽的产生，谷胱甘肽能帮助身体分解乙醛，而乙醛是导致宿醉的主要原因。可以想象，治疗宿醉并非学术研究界的首要任务，因此这些理论上的联系并不是临床试验的重点。

而且，说句老实话，我敢确定如果那位作者想要写一本关于宿醉的书，他应该亲自搜搜相关信息。

——乔治

信息没有提及任何副作用。但是在乔治尖刻的评论和这全新的"滚烫番茄-鱼缸症"之间，我决定至少现在先将N-乙酰半胱氨酸疗法剔除出清单。

不过当天晚些时候，在揣测马麦酱是否有用时，我突然想出一种分类法。马麦酱和宿醉有许多相似之处。它们都是神秘的、为人误解的酒精饮料的副产品。没有真正领会其味道的人会说它们都极其糟糕。

如果你从来没尝过马麦酱，吃的时候一定要小心。它稠如焦油，风味浓重又很特别：又苦又咸，还带着点其他东西的味道。这东西强烈又难以描述，就像地核或是黑魔法。大多数非英国人都没吃过马麦酱，而吃过的只尝过一次就会立刻咒骂——体验到其魔鬼般的内在，并从每一寸味觉和内心都鄙视它。

但是我母亲作为英国人，对我的教育非常上心，我早就知道马麦酱是有好处的东西。它以酵母提取物制成（啤酒酿造的副产品），是最浓缩的可食用营养物。早在我正经研究宿醉之前，它就是我必备的宿醉早餐。因为元旦那天没找到搅拌器，我只好在吐司上抹一些马麦酱吃了。现在，当我再次这样做时，我把它模糊不清的黑暗部分当成升级版的可食用解宿醉酒。毕竟马麦酱的原料正来自酒精饮料，只不过含有更多维生素和矿物质，且不含一滴酒精。我研究着这熟悉的标签，更仔细地研究它的神奇成分。

马麦酱里含有酵母提取物、氯化钠、蔬菜提取物、香料提取物、芹菜提取物、叶酸、维生素 B_1（硫胺素）、维生素 B_2（核黄素）、维生素 B_3（烟酸）、维生素 B_{12}——等等，*什么？*

这堆在此之前毫无意义的字母，突然变得极其相关：*维生素 B_3（烟酸）。*

我精神一振，脑中就像电影倒带一样不断闪回，从我昨晚吃的药片到几个月前的摇晃奶昔再到亚洲"过悯"医师——过敏医师——*无所谓了！* 马麦酱里有6.4毫克的烟酸。我冲下楼，找到了我去温哥华前用来装摇晃奶昔制作原料的大罐子，里面是维生素和矿物质补剂，因为没有搅拌机所以原封未动，这里则有20毫克叶酸。接着我又找到我妈的那瓶维生素 B_3，足足有50毫克的剂量。那次和劳拉的周末旅行是第一次出现这症状，也是我开始服用强力复合维生素B的时候。

该死的烟酸！

马麦酱中6.4毫克的含量似乎没问题，也许还对人体有益。但是更大的剂量，就可能让人变异——或者至少会产生一些令人不适的症状。因此，最终我得出了这样的等式：*多喝了一些酒+过多的烟酸=皮肤鳞*

屑、浑身发痒、着火的"哥醉拉"。

　　我很开心终于解开了这一谜团。但我也做了很多 verschlimmbessern 的事。这是一个德语新词，将 verbessern（使事情更好）与 verschlimmern（使事情更坏）结合，就有了"弄巧成拙"的新意思。它也可以解释为喝酒前先在胃里垫点橄榄油，或是在制作解宿醉奶昔时加入大量烟酸。而且据我所知，它意味着所有你为治疗宿醉做的事。过犹不及会让你身边充满 verschlimmbessern 的事。之后再想回归原样就很难了。

　　我做了一个马麦酱三明治，就着一杯兹瓦克酒吃下，然后开始制定一些新的新年目标。

第三幕间

她就这样升起

有个水手一大早就喝醉了，

有个水手一大早就喝醉了，

有个水手一大早就喝醉了，

我们该拿他怎么办呢？

这是个古老的问题。但我们现在即便不是离答案还有几百英里，也仍和它有一定距离。即使在有几分清醒的合唱中，人们唱到第二节时也会立刻变得语无伦次：

把他放在……那个地方……还有另外一个东西在上头……

把他放在……噢等等——

把他放到船长女儿的床上！

这就是差不多每个人都能记得的了。这是流传最广的海边水手号子，但是没人记得清歌词。另外，歌里唱的是早晨，水手大概是在宿醉而不是还醉着吧。当然，回溯到英国的醉酒水手们还配得上一两首水手号子的时候，这帮无耻的浑蛋还没有一个区分醉酒和宿醉的词呢。但跟旧时兄弟会的人一样，水手们有很多愚蠢的主意：

把他放在排水口上，身上再放一条水管……

把他放在舱底的污水里让他去喝吧……

用生锈的剃刀剃他的胸毛……

用一拉就收紧的绳结捆住他的腿吊起来……

尽管这些事大多只在海上存在，你也可以断定，即使在状态好的时候被这样对待都相当令人痛苦，更不用说宿醉时了。甚至那句有些淫秽的歌词也不能从字面上理解。"船长的女儿"其实是个委婉语，意思是用九尾鞭鞭打某人。

当然，在干旱（但对于有些地方来说还不够干旱）的陆地上也曾有这类残酷的事。千百年来，我们费尽心力去折磨那些早已饱受折磨的人。

在奥斯曼土耳其帝国的早期，人们会往醉鬼的喉咙里灌熔化的铅水。查理曼大帝对初犯的醉酒者施以鞭刑，再犯者则施以颈手枷刑。1552年，在公共场合醉酒违反英国法律，人们要接受足枷刑，而不能再以苦修赎罪。此后镇子里的足枷主要被用作公众醒酒处，让违反者在这种越来越羞耻和痛苦的完全原始的状态下清醒过来。

这是一种作为奇观的体罚，意在警示他人。而棒打戴足枷的人的头部，或是把他们吊起来，很可能正是hangover一词的词根。这也意味着，还有很多其他的可能性。

1555年，流亡罗马的瑞典主教哥特人奥劳斯·马格努斯（Olaus Magnus the Goth），出版了一本十分古怪的长篇著作，书名有九十九个词，前六个词是"北方民族简史"。第十三册的三十九章叫作"论对酒鬼的惩罚"，开头是这样一张图片：

"任何人都没有喝醉的正当理由，"奥劳斯写道，"男人因频繁饮用大量葡萄酒而吐息恶臭；法国人变得无礼，德国人开始爱争吵，哥特人变得桀骜不驯，芬兰人变得哭哭啼啼。也许每个有这些缺点的醉酒人都应受到适当的惩罚，为他丑恶污秽的行为买单。"

那什么才是适当的惩罚？酒徒将被"安置在一个有凸起的椅子上，并用绳子拉到高空，手里拿着一个装满啤酒的巨大牛角杯。当他坐在椅子上时把杯子给他，这时他要快速喝完，否则他还得难受地坐在那个尖刺的椅子上"。*宿醉*的另一个可能的词根（尽管晦涩难懂）是：按字面意义被"悬挂"在钉板凳上，并被迫喝下牛角杯里的解宿醉酒的动作。

还有一种惩罚方式叫作"酒徒的斗篷"——将酒桶做成约束衣。一份美国内战时期的报纸曾这样描述："一名可怜的违法者无缘无故被塞进橡木酒桶里,他的头从酒桶顶端的洞中穿过,而底端已被卸下。这个可怜的家伙闷闷不乐地到处'游荡',像还没完全出壳的小鸡一样看着整个世界。"

1680年,马萨诸塞湾殖民地的总督约翰·温思罗普提到一个叫罗伯特·科尔的人,此人"经常因醉酒受到惩罚,被勒令佩戴红色字母D的项圈一整年"。一些学者指出,这种侮辱性的项圈是霍桑的小说《红字》的灵感起源。同样,挂在醉汉脖子上的这个字母可能也是宿醉一词的来源。

尽管存在以上这些相当令人痛苦的可能性,英语国家的学者们也只能将宿醉作为"过量饮酒的后遗症"的用法追溯到1904年,它最早出现在一本鲜为人知的幽默书中,书名叫作《愚人词典》。

THE FOOLISH DICTIONARY.

BRAIN The top-floor apartment in the Human Block, known as the Cranium, and kept by the Sarah Sisters — Sarah Brum and Sarah Belum, assisted by Medulla Oblongata. All three are nervous, but are always confined to their cells. The Brain is done in gray and white, and furnished with light and heat, hot or cold water, (if desired), with regular connections to the outside world by way of the Spinal Circuit. Usually occupied by the Intellect Bros., — Thoughts and Ideas — as an Intelligence Office, but sometimes sub-let to Jag, Hang-Over & Co.

在第二次世界大战开始之前,几乎没有其他的相关文献了。接着,这个词冒了出来。谷歌的小工具"书籍词频搜索器"（Ngram Viewer）可以把书中单词的使用历史制成图表，如果你在上面敲入"宿醉"一词，将得到这样的结果：

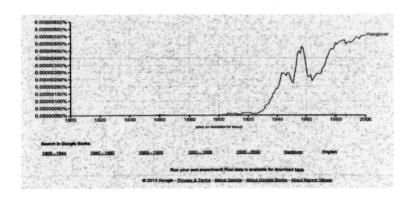

很少有其他名词的搜索频率能有这种山脉般的趋势。而且这座"山脉"还很奇怪。尽管人们发掘出这个词的历程十分久远，但不可否认，它真的很好用——部分原因是它固有的，甚至偶然的双重含义——关于先前遗留下来的东西的概念，就像某种残渣。你被垃圾填满的脑袋挂在某处的画面，悬在手枷或酒桶上，或是抽水马桶边上。

詹姆斯·哈贝克是"Sesquiotica博客"的作者，他用更具他博客风格的文字来形容"宿醉"：

好吧，"hang"这个词确实有一种合适的气氛——它很响，它带有死刑或倒刺的色彩，它有高谈阔论的回声，就像当（dang）、哐当（clang）、砰（bang），等等。而"over"则有终局的感觉，以及迫在眉睫的、威胁的意味。说这个词的时候，第一个音节重读，接着是一个弱读的连读节拍。尽管有三个节拍，它却不是一个真正的扬抑抑格^①。它更像一个半音符加两个四分音符。它也有点像锤子落下的声音：一次重击，接着轻弹两下。

也许是被悬挂在尖刺的椅子上，或是在木桶里摔倒，或是用松紧结捆住腿吊起，听起来就像是宿醉后一大早的感觉。

---

① 西方诗歌里的一种韵脚形式，由一个重读音节后面加上两个轻读音节组成。

第四幕

"中土世界"的疯帽子

在这一幕中，我们的主人公深入古老的英格兰锻造钢铁，盖茅草屋，还卷入了错综复杂的事里。客串：一位铁匠，一位德鲁伊教徒和被称为"噢上帝"的比利尔斯先生。

英国人是享乐主义者，也是善于抢掠、恃强凌弱的种族，当被禁止到世界各地去征服其他人民时，我们以各种方式借酒消愁。

——朱莉·伯奇尔

挥臂落锤的瞬间，我双手颤抖，头痛欲裂。铁锤落在铁砧上——一阵巨大的砰击声再加上两下轻微的回弹——从这块铁的末端掠过。"再来！"铁匠大吼。他一头长发和络腮胡就像我们身旁飞溅的火花一样通红。尽管名叫理查德·伍德（Wood），他却是个烈火般的铁血男儿——一位处事不惊的铁匠，普利茅斯大学的美术系主管，自学成才的冶金学家，还讲授计算机3D打印的课程。

"关键不在于做对某件事，"他说，"如果你没失败过，那说明你还不够努力。失败的价值不可估量。"照这么说，我拥有的不可估量数不胜数。我把手上的这块铁回炉重造。

锻造炉的最高温度可达两千五百度，现在这块铁闪着星星般明亮的光。我流着汗取出铁块，试图使自己平静，让脑袋里的"嗡嗡"声安静下来。这不是个治疗宿醉的好办法。不过今天我也没指望能找到好办法。

我现在在英格兰的德文郡，首先是为了完成杂志的任务。我需要调研，然后写一篇关于传统手工艺的事迹。其次是要考查一下这个概念：古人喝的酒与饮酒方法不同，所以他们不会像现代人一样宿醉。理查德·伍德很高兴和我聊这个。"只要我还在工作，我就从没宿醉过，"他说，"在锻造间里出汗就把酒精都挥发掉了！"

作为本次实验的参与者，我暂时将产品测试放在一边——将那些小包装的原料丢到大洋彼岸——只使用在"旧世界"①找到的东西。我甚至弄到了一些可以喝的好东西。两天前，在伦敦，我见了一位蜂蜜酒酿造师。我本打算一边当一个古代铁匠一边喝上一整天的蜂蜜酒，在铸铁间里把酒精挥洒一空，然后早点上床睡觉，这样第二天醒来就不会宿醉。

但是到了昨天，如往常一样，事情又偏离了正轨。这次，我到了维多利亚式庄园里，昔日的庄园如今已变成"颓废的乐园"，这里有着刘易斯·卡罗尔主题的套房和单间——每一间都配有库存满满的迷你吧，为人们免费提供酒水。*免费，且库存满满。*

亚当·罗杰斯在《酒的科学》的引文中写道："仅仅迷恋盛有各色酒水的精致瓶罐是不够的……你需要对它们提出问题——它们都是什么，为什么各有不同，以及如何制成。只有记者、科学家和三岁小孩不需要深入其中探寻缘由。不过三岁小孩还进不了酒吧呢。"

在这炸脖龙②主题的房间里，我也有一些问题要问这些酒水瓶罐，而我仍旧不确定这些问题的答案。此刻，在德文郡的乡间长途驾驶后，我来到了"中土世界"，在铸铁铺里不懈地敲击铁块。我没怎么对铁匠过多解释我此行的目的，他大概只觉得我的手不稳，又格外笨拙吧。

虽然伍德在普利茅斯任教，他却住在一个很有霍比特人感的偏僻小村庄里。我们开车穿过一条长长的、蜿蜒曲折的树木隧道，隧道太密，我车上的无线电讯号全没了，只能听见风声、鸟鸣以及小溪的潺

---

① "旧世界"是指一些欧洲的传统葡萄酒生产国家，与之相对应的"新世界"是指那些在近二三百年才崛起的葡萄酒产国。——译者注

② 刘易斯·卡罗尔的作品《爱丽丝梦游仙境》中的恶龙Jabberwocky。——译者注

潺流水声。他家是幢鹅卵石房子，门上有块古老的标牌，写着"苹果酒屋"，路对面是溪犁庄园（Brooksleigh Manor），这里所有的东西都叫溪犁——不管是乡镇、山村还是庄园，每个地方都明显地标了名。英格兰没有哪里比这儿更古老了。

我被这里的气氛感染，想找几个巫师，或者一两个附近的德鲁伊人。罗纳德·赫顿教授是英国德鲁伊教团委员会的成员，他在布里斯托任教，离此地不远。所以我给他发了个信息问："德鲁伊教徒如何解决宿醉？"

他迅速回复说：

亲爱的毕晓普－斯托尔先生：

感谢你的提问，但是，唉，我对这个话题一无所知（也许幸好不知道！）。

祝好，

罗纳德·赫顿

离这里更近的博斯卡斯尔有一间世界最大的巫术博物馆，因不久前遭受毁灭性的洪水袭击而闻名。对方快速地回复了我的询问，我收到这样的回信：

亲爱的肖内西先生：

关于宿醉我并未想到任何信息，不过的确有和饮酒相关的魔法，比如将圣约翰草放进葡萄酒中来舒缓忧郁。但我会和助理策展人讨论一下再回复您。欢迎您来博物馆参观，尽管明天员工较少，需要游览向导的话会有些困难。我们等您到场或是视到场时间再作安排……

祝好，

彼得

这难道是因为黑魔法也变得太过政治正确（至少在英国），而无法面对宿醉的力量？

这个念头，加上省略号前略微令人不安的"等您到场或是视到场时间"，让我转而开始搜寻坏女巫——或者至少是某个写"*坏女巫的博客：关于异教、巫术以及生活在伦敦的女巫每日经历*"的人。

坏女巫也迅速回复了我，但是出于各种原因，我现在不便透露她说的话。

我打电话告诉儿子我今天要做什么，结果他让我给他做一把剑，但是伍德说，那得花上三十个小时。所以我们决定还是做一把有漂亮把手的壁炉拨火棍，我还在做尖头那一端。打铁这活儿的好处之一，以及为什么在打铁时轻微宿醉不算太糟糕，就在于它是如此宽容，它允许失误。当然，如果你握住了错误的一端，你的皮肤不会原谅你，不过金属永远宽宏大量。

"它和人们想象的不同，"伍德说，"他们把钢铁说得好像是世界上不可改变的一部分——连贯的、不受影响的。其实它的力量在于它的延展性。它允许你重新开始，再次尝试。"

所以当"嗡嗡"声退去时，我松了口气，感受着热度，再次锤打。接着，几次刚刚好的平稳挥臂后，我终于找着了感觉。

封建的杰作

我们鄙视"黑暗时代"。"黑暗时代"这个称呼就是一例，它能唤起数百年愚昧与苦难的记忆。但这些日子也可被视作宿醉史的黄金时代：当时大多数欧洲国家将宗教、自然和科学结合起来，创造出对饮酒者有利的醉酒制度。这很大程度上与十字军东征有关，因为当时酒精成了基督教与伊斯兰教之间的重要分界线。毕竟，耶稣与酒有关，而另一方都很清醒。

到了1200年，本笃会的修士们成为世界上最大、最成熟的葡萄酒生产商。他们制造的酒以有机著称，品质卓越，提供给英国、欧洲其他国家以及更多地区的贵族享用。对这些上层阶级的人来说，醉酒被看作高贵的差事：一种与生俱来的责任，在神赐的颓废之下享乐是普通人无法想象的。"酩酊大醉"（drunk as lords）甚至成了一个新的词组，流传千年。

由于啤酒、麦芽酒、蜂蜜酒和苹果酒明显比水更能维持劳动者的健康，平民也有更好的酒水可喝了。相关法规的确立保证酒水价格合理，皇家品酒师也在全国各地巡视，检测酒的质量。当时，卖劣质烈酒的麦芽啤酒商在镇上受足枷刑的情况，甚至比买酒的人饮酒过度而受足枷刑的情况更普遍。

这并不是说中世纪的饮酒者对宿醉免疫。他们很久以前就使用宿醉解药，并将其列为日常必需——那时主要使用的是卷心菜、鲱鱼和奶酪。但也许他们最好的方法就是睡两觉。

2005年，历史学家罗杰·埃克奇出版了著作《黑夜史》（*At Day's Close: Night in Times Past*）。书中指出，在人类历史的大部分时间里，几乎每种文化中，人们都采取两段式睡眠：第一段睡眠是日落后不久，接着是一段清醒时刻，然后第二次入睡，直到日出。显然，人们会在两段睡眠之间做各种各样的事——阅读、绘画、放音乐、发生性行为、吃饭，以及最重要的，平息宿醉。

酒精从人体系统排出并扰乱深度休息的影响，可能与第一段和第二段睡眠之间的清醒时段重合。比起焦虑地醒来，然后争分夺秒地重新入睡，我们的祖先本可以欣然接受这几个小时，拥抱爱人，可能喝上一杯解宿醉酒，躺一会儿然后进入梦乡，睡个更好的觉。这样第二天早晨其实是第二次醒来，宿醉的影响当然也会随之减少。

19世纪的神职人员悉尼·史密斯写道："我夜里两点醒来，刚睡完第一觉，我感到惊慌失措，十分痛苦，感觉生命的全部重量都压在我心灵上……但是，停下来，你这悲伤的孩子，约伯谦虚的模仿者，告诉你你昨晚吃了什么。是否有汤和鲑鱼，一盘牛肉，接着是鸭子、牛奶冻、奶油奶酪，与啤酒、干红葡萄酒、香槟、白葡萄酒、茶、咖啡和白兰地果仁酒一同吃下？在这之后，你还谈什么心灵和生活的罪恶？这种情况需要的不是冥思，而是治消化不良的药。"

以及，毫无疑问，再好好地睡一觉。

中土世界的疯帽子（在一场嗜酒的茶会上）

和铁匠喝了一夜的酒，我有点宿醉。但我休息得还算不错，小口喝着一杯巴克斯葡萄酒，吃着桶里的奶酪，眺望着田野里的葡萄藤和嚼着牧草的奶牛，沿着山谷，一直到达特河。天空蔚蓝，艳阳高照。

去茅草屋的路上，我在沙珀姆葡萄园和制酪厂停下脚步，开启了"英国葡萄酒周"的第一天，尽管这可能会引发一些矛盾的笑话。

据铁匠伍德说，沙珀姆是一家有机葡萄酒厂，我喝的巴克斯酒里的葡萄来自他"苹果酒屋"后的葡萄藤。但其实，它们并非完全有机。虽然现在还不是，但是沙珀姆正朝着这个方向努力，并且尽其所能效仿中世纪的做法，只不过有几个明显的特点：在沙珀姆的葡萄庄园工作的，不是本笃会修士，而是一些佛教徒。他们会在牛奶工挤牛奶时，充满禅意地处理葡萄。

品过巴克斯酒和奶酪后，该吃下午茶了，配的是切达司康和白葡萄气泡酒。在我身后的露台上，一支四人摇摆乐队正在演奏——低音提琴、吉他、单簧管和长号。身穿亮蓝色西装的老人放下乐器开始唱歌，他的声音就像香草、香槟和阳光。这才是治疗宿醉的方法。

葡萄酒与奶酪

自从我们知道如何酿酒与制造奶酪以来，它们就被特意地共同生产并同时奉上。在古希腊和古罗马，无论是饮酒当天还是第二天，人们都会把磨碎的奶酪直接加到葡萄酒中，以预防酒的不良影响。这一习俗一直延续到中世纪，最终演变为无处不在的葡萄酒和奶酪派对。我们在派对上大口吞下豪达奶酪和梅洛葡萄酒，却不知道背后的原理，更不用说这样做是否合理了。

但是蒂姆·斯佩克特对此很了解。这位英国遗传流行病学家明晰这一切的原理。不过他正准备离开国王学院的办公室，去西班牙南部享受应得的假期，所以我答应只进行简短的对话。

"你可以给我讲讲葡萄酒和奶酪吗？"我通过Skype和他对话。

"好的，"斯佩克特说，"首先，与世间万物一样，它也始于微生物层面。人体由微生物组成，我们的内脏里充满了微生物。我们发现，喝酒时，一些微生物会刺激免疫系统，就像受到了攻击一样。这就引起了炎症，毒素会渗漏到肠道内。此外，在我们饮酒时，某些微生物会复制再生。尤其是一种叫作丹毒丝菌的细菌，它碰巧会产生脱氢酶，而这种酶会将酒精分解为乙醛。你应该知道，乙醛正是宿醉的催化剂……研究也表明，当小鼠被喂食这些毒素时，它们会比正常小鼠寻求更多酒精，也就是说，这些让我们喝酒时感到特别糟糕的特定微生物，实际上可能会使我们喝更多酒……"

可能值得一提的是，也许除了地质学家以外，遗传学家是地球上对"简短"的理解最不同的人。我问了个看似显而易见的问题，斯佩克特又把它分析得十分透彻。我问他："从遗传学讲，这些见鬼的、施虐成性的微生物到底有什么用？"

"好吧，"斯佩克特说，"你要知道酒精对人体来说是多么新奇。"

刚刚认识到饮酒和醉酒有多古老，是我们共同的人性的一部分，这短短一句话让我又有点摸不着头脑。当然，在遗传学家看来，一万年，甚至一万两千年都不过是眨眼之间。"我们由微生物构成，上百万年来，我们的免疫系统一直通过内脏里的微生物交流，并对危险做出预警。现在我们遇到了一种相对较新的情况，似乎酒精的分解触发了警报然后启动了一整套产生反应的系统，让我们非常难受。"

斯佩克特认为这些反应正逐渐恶化——我们的微生物平衡紊乱，体内的酶也因为我们对它的所作所为而失效。"不论是宿醉还是粉尘过敏，我们的免疫反应都变得有点乱——我认为我们对它们的打击远远过度了，包括所有这些抗生素。"

"那奶酪呢？"我问。

"嗯，看看那些小鼠就知道了。"斯佩克特说，我一度以为他是在开玩笑。但他其实指的是对小鼠内脏、酒精与益生菌的研究，以及这些因素如何影响宿醉。

"但是稍等一下，"我说，"你怎么判断一只小鼠是否宿醉呢？"

这句提问是我为一打金句所做的抛砖引玉之举，但斯佩克特竟然一点都不上钩。"没法判断，"他说，"所以我们会观察它的肝脏损伤程度。"

虽然小鼠没法告诉我们它们什么时候感到宿醉，但是我们知道，宿醉与肝脏损伤在系统上是相似的。因为二者都并非由酒精引起，而是由酒精分解时产生的化学物质导致的。像斯佩克特这样的研究者率先将早期肝脏损伤的迹象作为宿醉的标志。"实验使小鼠像人一样酗酒，由此产生肝脏损伤的迹象，"斯佩克特说，"且同样是因为毒素、肠道渗漏和炎症。"

但重点是：当研究者喂食这些同样酗酒、体内充满微生物的小鼠"包含有益微生物的益生菌，如乳酸菌"（对陈年奶酪的科学说法）以及各种酒时，小鼠几乎没有表现出任何有害影响。

这类事情表明，也许大自然终究在背后支持着我们——所有人，或小鼠，真正需要的不过是一点葡萄酒和一点奶酪。

中土世界的疯帽子（快马加鞭）

盖了一天茅草屋顶后，我和查理·查克拉夫特喝了一堆撒切尔牌苹果酒。他是盖茅草屋顶的大师，我们喝苹果酒的酒吧屋顶就是他盖的，现在，我已经从醉醺醺的英式绕口令转向了哥特式水平思考游戏的领域。

实际上，这个地方感觉就像M. C. 埃舍尔①设计的恐怖电影布景：古老的过道连接着一间间悬挂着钩子的房间，还有装着动物油脂的大缸，堆着几摞皮、软骨和毛发，大量冒着泡的洞里盛着沥青一样的单宁色和绿色的酸性黏液，任何灵魂都可能在这里面永远消失。我万分小心避免掉进洞里。此外，这儿还弥漫着一股牛肉、青柠、烧焦头发和橡树皮的混合味道。这味道是唯一比我自己的想象更让人分心的东西。我可不想在宿醉的时候干这个活。

"不，你不用干这个。" J. & F. J. 贝克皮革厂的老板安德鲁·帕尔说，"我们早上七点营业。"另外，皮，即使是牛皮，也没有铁那么宽容。"一旦它从兽皮变成皮革，就再也变不回来了。这就是制皮的法则。"

这是世界上最古老的皮革工厂之一。古罗马帝国陨落时，它连同那些宴饮大厅和葡萄园一度被废弃，如今又运转如初。因为正在写的文章，我对这一切都很感兴趣，不过也是因为单宁，以及它们在酒和宿醉的奥秘中所起的神秘作用。

在皮革厂里，橡木单宁用于把动物皮制成完美的皮革，它也能将清澈且相当不可口的酒精变成光彩夺目、风味十足的威士忌。而葡萄

---

① 荷兰著名版画艺术家，因其错视艺术作品而知名。

单宁则创造了浓郁而又美味的红酒，不过现在，它（以及硫化物）也被认为是让喝红酒的人宿醉以及引起偏头痛的罪魁祸首。

"单宁存在于所有植物的表皮中。"帕尔说。他是个又高又瘦的男人，有着科学的头脑，说话谦逊，却又有一种奇特的诗意。"花朵的叶片、葡萄的表皮、橡木的树皮。它们用酶和抗体保护植物。它们有着魔力。没人知道为什么橡木单宁能与动物皮毛结合得如此之好，并将后者变为皮革。我们甚至不知道我们是怎么知道的。可是，你可以想象：当这座岛还是一片大森林，英国人还是猎人的时候，他们最终会注意到发生的这一切怪事：一块动物皮毛掉进橡树边的水塘后，会具有某些特征——变得坚韧而柔软。人类可能就是这样学会制造皮革的。"

昨晚喝得刚刚好，今天我就感觉有点"灵光一现"——仿佛环绕着发光的占卜棒。帕尔讲话时，我的神经突触一闪，一些东西的影子从眼前闪过：手工业的关联，"旧世界"的办事方法，老鼠和奶酪以及有机的转变。我的思绪从威士忌回溯到葡萄酒、蜂蜜酒，然后向前进发，我思索起当代宿醉的潜在诱因。

很快，所有这些想法，加上这里的气味，让我开始感到"旧世界"特色的头痛。所以现在我暂且不想了。我回到车里，离开"中土世界"，驶向大城市。

当下与今后

如果说由于人体生理、环境以及酒精效力的变化，多年来，生理上的宿醉已发生变化，那精神上的宿醉则是历经变革。其中没有什么比"醉酒是一种罪过"这一思想影响更深的了。但这种该死的观念到底从何而来？它既不属于七宗罪，也没在十诫中被提及。当但丁勾画出每一个天谴的圆圈，以及各人会终结于何处时，也压根没提到任何饮酒者，甚至醉汉。

在这么多教条限制下，这种改变更可能是由权力和金钱引起的。随着"黑暗时代"终结，封建主义让步于商业的新形势，人们可以自由经营各种生意——最受欢迎的就是开酒馆。突然间，人们在教堂以外有了新的聚会场所，一个可以挥洒硬币而不是募集赠款的地方。也正是从这时起，神职人员开始大声疾呼："这是罪恶！"

当时的教会布道称小酒馆是"恶魔的殿堂，它的信徒到那里去服侍它"。到了17世纪，醉酒的邪恶危害频繁被提及，它显然值得一本畅销的汇编集。

由塞缪尔·克拉克（Samuel Clarke）和塞缪尔·沃德（Samuel Ward）一同整理的《从深受好评的英语及外语作家作品中诚意集结的，给所有酒鬼和适度饮酒者的警告》中，包含至少120件如果你胆敢喝酒，可能会发生的最糟糕的事。短期来看，它包括用刀捅你的母亲、跳下悬崖以及剧烈呕吐导致头部血管爆裂。而长期来看，后果只会更加糟糕。

那时，酒被称作"健康"——这半讽刺的说法似乎让两位塞缪尔有点抓狂。"你向自己发誓，欢笑、快乐和愉悦皆在杯中，"他们煽动道，"但是只为了你的一滴狂喜，随之而来的一定是现在和将来数不胜数的痛苦、怨愤、苦恼和苦味……你假装自己喝下的是健康，是为了健康。但有些人也会因此患上各种疾病，比如体弱、身体畸形、皮肤病、中风、水肿、头痛，这种人除了酒鬼还有谁呢？"

插图配文意为（顺序为从左到右，从上到下）：一个醉汉正在呕吐，两天后静脉破裂，疼痛难忍而死；一个醉汉被马车撞死；一个醉汉在耕地上骑马，跌下来摔断了脖子；一个醉酒的孩子杀了他母亲。

《从深受好评的英语及外语作家作品中诚意集结的，给所有酒鬼和适度饮酒者的警告》第八号插图，作者不详，1682年

如果你胆敢提起那恼人的十诫或要命的七宗罪，两位塞缪尔会抢先一步，毫不留情地揭穿你："醉酒不是一种罪，而是所有罪，因为它是通向所有其他罪的入口和闸门……上帝会很乐意让某个酒鬼醒悟，看看自己的灵魂是怎样一堆粪便与腐肉。"

神职人员通过基督徒的罪恶感，得到了一件强大武器：宿醉不再只是简单的伤害。它令人在愧疚、懊悔和永世不得翻身的威胁中饱受煎熬。宿醉的难受是即刻的忏悔，是神之愤怒的表现——说得更深远一点，你甚至能从中瞥见一点为你余生敞开的地狱大门。

"中土世界"的疯帽子（只见到纽顿没见到纳特）

我到伦敦时，天正下着雨，下得仿佛只有这块地在下雨：那种通过魔法肆无忌惮洒下的暴雨，冲刷着鹅卵石路上的瘟疫和麦芽啤酒。人行道上，午饭时间的早班酒徒们把公文包挡在头上，推门进了酒吧。

我站在惠康图书馆的门口查看手机短信。纽顿博士的最后一条消息是一周前发来的，就像是在预告未来一样，结尾提醒道："如果你淋湿了，就在入口的桌子附近等我。"果不其然淋湿了，于是我走进去，坐在桌旁。

等候的时候，我不断刷着手机。就在上个月，纽顿博士因发现了一张古埃及的莎草纸而上了新闻头条，纸上似乎写着有史以来最古老的宿醉处方之一。但是，比起纽顿博士，我更想见纳特博士。显然，如果你想在快活的老英格兰探寻宿醉，就会发现自己陷入了这种不完全押韵的愚蠢状态。

大卫·纳特教授也曾上过头条，很多头条。不过更多的是他被英国政府解雇的报道。

接着，几年中，那些新闻标题就像这则《每日电讯报》写的头条一样："吃了纳特教授的药，喝醉也不会宿醉。"配文称，纳特发明了一种合成的酒精，能让你微醉却不产生任何不良影响，他还研制了相应的解酒药。一片药让你喝醉，另一片使你清醒，而它们都不会让你宿醉。如果要说些什么的话，这有可能成为饮酒的未来，又或者这位教授可能只是个疯子。

然而，就像想和威利·旺卡①约会一样，隐藏在这些新闻背后的男人才是真的神出鬼没。将近一年的时间里，我一直给他发信息。他时不时回复个几句，然后就溜走了。他知道我终于来到了伦敦，并想和他见一面，但他现在又消失了。透过感知的大门，掉进了兔子洞②里？谁知道呢！毕竟这里是英格兰，每扇门都是个魔法衣柜③，一个幽灵收费站，一面镜子——镜子一端是纳特，另一端是纽顿……

　　"你好！"纽顿博士说，抖了抖伞，"真抱歉，我迟到了！"

　　维维安·纽顿博士有着怪异的牙齿和镜片下的蓝眼睛，是那种古怪又老派的典型英国人。他会在单词开头和中间的"R"上发大舌音④。"这些，"他说着，一边翻开他带来的书，"大啊约是120年前，在俄啊克喜林库斯发现的。"

　　俄克喜林库斯是埃及第一处系统性的考古发掘地。现场发掘的珍宝有一个巨大的垃圾堆，考古学家从中整理出几百箱被丢弃的莎草纸，现在存放在牛津的某个地下室里。我猜这地下室应该和《夺宝奇兵》结尾的仓库长得差不多。在像纽顿这样的人决定打开它们之前，它们一直没被动过。纽顿的研究结果是，它们是"有史以来出版的最大的医用莎草纸的单一集合"。纸页中收录了治疗宿醉的古老处方。

　　"在这里，"说着，他翻到一张莎草纸的照片，"可以看到，这只是原本纸张的一栏，周边部分已经丢失。纸上写有十五行希腊文，而且

---

① 电影《查理与巧克力工厂》中的主角，神秘而不可捉摸。

② 《爱丽丝梦游仙境》中的情节。

③ 《纳尼亚传奇》中的情节。

④ 后文会在词后加"啊"来表示。

留下字迹的人写得十分工整。"我端详着它。这张纸可以追溯到克利奥帕特拉七世执政的大约两百年前，在我眼里这都是看不懂的古希腊文，但对纽顿来说却不是。"真正表示宿醉的词只有最后一个字母，"他说，"但是这句话的长度，以及我们对文字开头做的一些研究的事实表明，这前面的词就是'宿醉'。"

"他们那时候有形容宿醉的词？"我说。

"有，但并不完啊全精准，"他承认，"更像是一种建议。可以被翻译为'醉啊酒的头痛感'。"我请他尽其所能地把这一段文字都翻译出来。"好啊的，"他说，然后用手指着页面，"解决醉啊酒的头痛感：请戴上亚历山啊德里亚茏花的叶子——一种气味香甜的灌木——将它的叶子串啊在一起。"

我之前从普林尼的追随者那里听过此事，虽然说法并非一模一样，但是概念相同：古人相信某些植物和草药能够抵御葡萄酒的副作用。这和"醉酒主要是有害气体上升至脑部而引起"的想法不谋而合。据克莱门特·弗洛伊德所说："诗人贺拉斯邀请维吉尔到他家吃晚饭时，告诉他别忘了带防毒气的药。"将花环和月桂叶环绕在头上和身上，以及将花冠戴在头上，也是出于同样的目的。

"这种说法，"纽顿说，"意思是植物散发的气味会中和掉那些让你不舒服的毒气。气味被看作一种有形的东西，一种活性物质。但它也可能有魔力。我们很难为民间传说和可能被描啊述为科学的内容划清界限。"

当然，这在很多文化中都是事实，在整个治疗宿醉的历史中也是如此。据弗洛伊德所述，前苏格拉底派的哲学家德谟克利特不仅构想出了一套宇宙原子理论，他还曾假定，只要"在宿醉者不知情的情况下"，为其提供长匍茎（一种树枝）的精华，就能治愈宿醉。

与此同时，安迪·托佩尔写道，北美原住民对付宿醉的方式是"把磨碎的辣根敷在额头上，紧紧地粘住，然后把大拇指放在嘴里，将它紧紧地按压在上颌上"。

在波多黎各，据说人们仍然习惯于用腋窝挤青柠瓣来治疗宿醉。海地的伏都教则建议在把你灌醉的酒瓶的软木塞上插上大头针。17世纪的科学家罗伯特·波义耳——现代化学的开创者以及现代科学方法的先驱，为酒后头痛提供了这一（显然很科学的）治疗方法："取嫩绿的铁杉放进袜子里，铺上薄薄一层在脚掌下，每天更换一次药材"。

进一步说英国的伏都教，据说一些英国巫师（受一些海地传说的启发）曾试图用在人偶身上钉钉子的方法，把特别严重的宿醉转移到讨厌的人身上。也许更有效的是被称为"噢上帝"的比利尔斯①先生的来访。

比利尔斯诞生于英国奇幻作家特里·普拉切特爵士卓越的想象力，是一位悲哀的神，他承担着某些人的宿醉（这也许可以解释为什么研究表明，有20%的人对宿醉免疫）。他的追随者是一群宿醉的人，他们哀号着"噢上帝"，希望他也能减轻他们的痛苦。这位"噢上帝"如字面一样肩负着重担——一件被每天呕吐出的过量食物和饮料弄脏的长袍。

我问纽顿博士是否听说过比利尔斯，但他并不知道。所以我们又回到手头的书和亚历山大港莌花上。我曾读过用紫罗兰、玫瑰、常青藤、月桂，甚至卷心菜叶做的花环或花冠，但这种花实在是非常特别。

---

① 奇幻小说《圣猪老爹》中的人物，被称为"宿醉之神"。——译者注

"是的，"他表示同意，"我觉得这是让这段文章变得特别的一部分，因为它被书写的方式，你差不多可以肯定它不仅是处方，还经常被使用。它现在还生长在埃及。"

"我必须搞一些。"我说。

"但不能是普通莪花，"纽顿博士声明，"必须是来自亚历山大港的莪花。"

"为了那香气和魔法。"我说。

"正啊是如此。"

我准备在酒店写一篇回顾报告，刚到酒店雨就停了，但我已经淋湿了。我入住的是一间刻意复古的性感黑色调套房。一半是20世纪70年代的圣菲风格，一半是殖民地时期的非洲风格，带着毫不掩饰的俗气、男子气概、奢华和危险感。这是约瑟夫·康拉德和欧内斯特·海明威在进入丛林前可能一起喝上一杯，或是在镇上过夜的地方。就是这样一间套房。

正当我把湿漉漉的衣服挂在大浴缸上时，有人敲门。我找来一件浴袍穿上，开门回应。站在我面前的是一位身着黑色晚礼服裙的美丽女子，令人费解的是，她推着一个引人注目且满满当当的鸡尾酒小推车。她身后的走廊墙壁用重型黄铜塑造，凹凸起伏，上面画着医疗器具：手术工具、小瓶子和烧杯、解剖人体图、半身像和骨架。还有人体各个部位，比如骨骼、牙齿、眼球和内脏，就像进行展示一样排列着。天花板上投下的灯光在墙面上舞动，光影优美又难忘。

早在成为私人会所和酒店之前，这里曾是维多利亚时代专治性病的医院和治疗场所。此刻，我恰好在读罗伯特·路易斯·史蒂文森的

《化身博士》。虽然主人公杰基尔"对化学比对解剖学的兴趣更大",但他的房子是从一位著名的外科手术医生那里买的,他后来的实验室原本是一个解剖手术室。我猜他家的走廊应该就和这里差不多。

"晚上好,"穿黑裙子的女人说,并向穿着浴袍的我微微一笑,"我是否应该稍晚些再来?"

"不,"我说,"我不懂,这是做什么?"

"现在是我们免费提供鸡尾酒的时间。你喝金酒(gin)吗?"

"喝的。"我说了谎。

她轻轻一推,移动小酒吧就滑进了房间。

伦敦之火

伦敦永远都是易变的,且具有二重性——在缭绕的云雾与回旋的蒸汽中,它是进步的灯塔,也是充满神秘、奇迹、煤烟和酒精的迷宫。据13世纪的一位游客说:"伦敦仅有两重灾祸:大火和醉酒的蠢货。"而那是在金酒出现之前。

蒸馏这项技术始于伊斯兰科学家。接着,圣方济各的修士运用这项技术炼制他们传说中的第五元素。这种元素同时被命名为"生命之水"(aqua vitae)与"火之水"(aqua ardens)。它是一种神奇的、哺育生命的可燃之水,其威力是人类已知的任何液体的四倍。接着整个世界都像离不开空气一般依赖这水了。

本已是贪杯之徒的英国人,这下彻底浸在了酒里。他们喝得烂醉,醉得目瞪口呆,醉到动弹不得,醉到不省人事,酩酊大醉,醉到晕头转向，醉到云里雾里，醉到脚下打转，醉得像被驴踢了，醉得不分昼夜，像国王一样酩酊大醉，简直就是烂醉如泥。

到1723年，统计数据表明，伦敦的每位男女老少每周至少要喝一品脱金酒。无论以哪种标准衡量，这都意味着大规模的精神错乱。威廉·莱基在1878年曾写道："尽管这一事实在英国历史上的地位很低，但如果我们考虑到由此产生的所有后果，它很可能是18世纪最重大的事件了。"卖金酒的商店宣称，你可以花一便士买醉，两便士足以烂醉，不花钱就没酒吃。人们脚下是铺满稻草的地窖。"那些喝到不省人事的人会被拽到里面，他们会在那里待到完全恢复，再重新开始痛饮。"

即使政府颁布了三条不同的金酒法案来遏制醉酒大潮，这些法案还是一个接一个失败了。芭芭拉·霍兰德引用了一位匿名"当代人"的话："由于是非法的，人们现在不再用麦芽来制酒，而开始用'烂水果、尿液、石灰、人体排泄物，以及其他任何能产生发酵作用的脏东西……'松节油是当时最受欢迎的风味。添加硫酸是为了增加刺激。没有人统计过那些失明或倒地而死的顾客数目。"

可以说，温和的中世纪宿醉是被娇惯出来的。在蜂蜜酒和麦芽啤酒的精细品控、加奶酪的葡萄酒和一晚睡两场高枕无忧的觉的呵护下，到了18世纪，宿醉已经变成了折磨人的、罪孽深重的、血管鼓起、晕倒、被金酒浸泡的、出现幻觉的、颤抖的白日梦魇。

1751年，威廉·贺加斯创作并发表了几幅蚀刻画——伊恩·盖特利称之为《化身博士》中的酒徒"——后来成为艺术的时代符号以及引发对节制的争论。在《啤酒街》中，我们可以看到大英帝国的骄傲：一群民族主义的、兢兢业业的、赚钱的、喝啤酒的善良老英国人。唯

一没喝啤酒的就是这位孤僻而瘦削的画家，他正在为一幅金酒广告画
海报。

同时，在《金酒小巷》中，一切都乱了套：瘸子在打盲人；男孩
为了一根骨头和狗打架；母亲用金酒喂孩子；疯子在和被穿在钉子上
的婴儿跳舞；一个小孩号哭着，而他妈妈赤身裸体、骨瘦如柴，正被
抬进棺材；砖块从房顶掉落，理发师在阁楼上吊；只有当铺、妓女、
金酒小贩和殡仪馆的人还在揽生意。画面中央，一位袒露胸脯、身患
梅毒的母亲任她的孩子一头栽进金酒商店的楼梯间。骨瘦如柴的小册
子推销员死在她脚边。一沓未售出的警示传单从他的篮子里滑落——
上面的标题是《金酒先生的垮台》。

到1750年，英国每年消费两千万加仑的金酒。尽管如今人口已增
长将近600%，这一数字却是今天的两倍多。其规模几乎令人难以理
解——一个尚未成熟的帝国因自身的饮酒纵乐而精神错乱。第二天早
上，啤酒街的居民们醒来后头脑有些模糊，对他们本性善良的哥们儿
一笑，然后回去上班。金酒巷的僵尸和疯子就永远消失了——残废了、
死去了或是永远地堕落着，在全新的宿醉地狱下燃烧。

"中土世界"的疯帽子（还有几个奇怪的案例）

穿黑裙子的美女已经收拾好了移动吧台。这是一个柚木箱子，打
开后就像《神探加杰特》中精心制作的饮品推车。她给我留下了一杯
加了薄荷、碎冰和一些其他东西的冰镇金酒。尽管我一贯讨厌金酒，
也不得不说这是杯好饮料——就像一杯浓烈且浑浊的莫吉托。我喝了

一口，穿过卧室，走到种着翡翠木和爬藤的宽敞吸烟平台上，听着伦敦苏豪区的声音。

在医院建成之前，这块地属于约翰·哈里森，他发明了航海经线仪，使得人们可以测定船只在海上的经度，从而改变了世界。我是在读关于朗姆酒贸易和海盗，以及如何对付醉酒水手的文章中知道他的。这里曾是他的宅邸，后变为医院，现在又成了这样一个场所：医院俱乐部——有七层楼、四个酒吧、一个餐厅、电影制片室、放映厅和画廊。它由微软的联合创始人和舞韵合唱团乐队的联合创建者共同所有：一个黑暗、舒适的迷宫，旨在激发最前沿的灵感与创意。感觉电台司令乐队会在顶层有间工作室。

我看地图时发现，医院俱乐部不仅位于杰基尔和海德虚构的家之间，而且到开膛手杰克的第一个受害者事发地，与伦敦最有名的贝克街221B的距离也是相等的。

在我看的这个版本的《化身博士》的前言中，编辑罗伯特·迈厄尔将下方的街道形容为："煤气灯照耀下，一个雾气缭绕的迷宫，在这里，海德先生很容易变身为开膛手杰克，而夏洛克·福尔摩斯驾着马车追踪二人。"室外的空气浑浊却又凉爽。感觉整个城市都在震动。

我回到房间里发了几条信息——一条给我儿子，一条给女友，还有一条发给"英国肠道微生物计划"。该项目由斯佩克特博士（他现在想必正在西班牙沙滩放松）发起，目的是与"美国肠道微生物计划"合作，研究大西洋两岸肠道中微生物的多样性。我想知道我这个加拿大人的肠道微生物是否也能参与一下。

斯佩克特和我聊着我的肠道："即使这个宿醉研究的一部分是私人的，你也最好不要忽视你身体里的一小部分，它包含了你90%的细胞和99%的基因。"而且还有那个引起潮红的问题。在新年得知烟酸的真相后，我以为自己已经弄明白了。但是最近这种症状又开始反复，虽然不太严重，但我忍不住想要向一位真正的遗传学家咨询一下。

斯佩克特礼貌地指出突发基因变异导致我体内微生物及其对酒精的反应发生变化的可能性。"在我看来，这种可能性非常大，"他说，"但是唯一的确认方法就是让我们研究你的肠道。"这听起来也许有点令人毛骨悚然，但这就是我要做的事情。我在网上填了一张表格，发给一些穿白大褂的人，然后决定再调一杯酒。

这里有两个小冰箱，都是奢华的玻璃箱。我打开了那个装着四瓶预调酒的。另一个只能用"愉悦之钥"打开，里面有天鹅绒眼罩和皮抽板、一根皮制马鞭、乳夹和一些我认不出来的东西。收音机正放着肖邦的曲子。这真是漫长的一周，也是短暂又模糊的一周——就好像我被德文郡的一个迷你酒吧吞噬，然后被丢到了苏豪区；从炸脖龙的房间变到杰基尔的套房。

我把音乐声调大。这是我这段时间在伦敦的唯一一晚。我给自己调了一杯维斯珀马提尼，就是《007：大战皇家赌场》中的那杯酒，是那个迷人的、衣着整洁的邦德在执行特派任务时发明的。我取出一件礼服衬衫，找到我的袖扣（上面标着"苏格兰苏打"），然后边擦鞋边喝酒。

第四幕间

伦敦狼人

酒精拥有神秘的变形能力，能使你那不争气的叔叔变成一个好斗的霹雳舞者，从你的会计嘴里哄骗出令人不快的真相，或者使你那害羞的同事敢于上台讲一段单口喜剧。

这种相对较小的变形主要源自酒精对大脑皮层的作用，使人不再拘谨，或者如陶醉于醉酒光辉之下的威廉·詹姆斯所言："其刺激人体神秘感官的能力，通常被清醒时分无情的事实和冷漠的批评盖过。清醒贬损、歧视，并持否定意见。醉酒则延伸、协同并持肯定意见。其实它能极大地激发人们说'是！'的功能。它把它的'信徒'从事物冷酷的边缘引导到散发光热的内核。它使醉酒之人于片刻之间与真理同在。"

但如果现实十分残酷呢？如果这种转变并不是一种向上的、粗野的大喊，把你提升到"是！"的境界，而是一种扭曲的转变，让你变成某种危险的野兽，对另一个自我几乎毫无意识？第二天，你恢复意识并感到不适——不知道自己在哪儿，不知道是怎么到这里的，也不知道这些割伤、瘀青、折断的引擎盖装饰物和撕碎的名片是从哪里来的——你感觉自己就像一只刚醒来的野兽。

在《美国狼人在伦敦》中，标题中的游客在一个满月之夜醒来，困惑地发现自己赤身裸体地躺在伦敦动物园的狼窝里。从动物园逃脱后，他藏在灌木丛里，骗走了一个男孩的气球和一个女人的拖地长裙，最后终于回到了他英国女友的伦敦公寓。但两人都不知道前一晚发生了什么。他们觉得他一定是喝醉了。

大部分人在晕眩散去后，会觉得重拾了人性，可以靠自己把线索一点点拼凑起来。但也有些人注定受此折磨，摇摇晃晃地度过一天，完全不知道发生了什么。我们对醉酒知之甚少，更不知道是什么把简单的宿醉变成了一个黑暗又混乱的谜团。

试图解开这个谜团是大部分狼人电影和宿醉电影的大前提，包括《失忆昨夜》（*Remember Last Night?*）、《失魂夜》（*What Happened Last Night?*）、《哥们，我的车咧？》（*Dude, Where's My Car?*），当然还有《宿醉》。影片的主人公们喝断片时的堕落行为谜团直到片尾才被揭开。然后我们就能看到一个男人喝醉时会变成什么样。

塞缪尔·克拉克曾提出120种损害肝脏的方法。他训诫酒鬼们："酒精支配他们……使他们面目丑陋，以至于上帝说'Non est hæe Imago mea'，这不是我的形象。"它将人变为恶魔，绅士化作狼人，杰基尔变成海德。

在罗伯特·路易斯·史蒂文斯的故事中，善良的医生（杰基尔）认为这种转换并不是因为魔鬼，而是化学作用下分割出的他自己（邪恶的海德先生）。这正好呼应了一个流行的说法：酒精并不会创造事物，而是揭露并放大已经存在的东西，有时是好的，但往往是非常坏的。杰基尔解释他发现的灵丹妙药："这药没有任何辨别善恶的功能。它既不恶毒，亦不神圣。它只是撼动了我性情囚室的大门。"

杰基尔喝下变形果汁之后，变得像一个第一次喝醉酒的人：

我感到身体变得年轻、轻盈、快乐；我感到身体内部有一种肆无忌惮的冲动，一股混乱的感官形象在我的想象中流淌，如推动水车的水流一般，免除了责任的枷锁，一种莫名却绝非单纯的心灵释放。我深知，自己从新生的第一次呼吸起，就变得更加邪恶，比原先邪恶十倍，变卖为自身原罪的奴隶。在那一刻，这个念头像葡萄酒一样使我振奋，使我快活。

当然了，没过多久，杰基尔的第二人格——一只弓着背、全身毛发、挣脱了人性枷锁的野兽——开始大摇大摆地走在苏豪街区，也就是医院俱乐部现在矗立的地方。就在我下面，同样在被雨水打湿的人行道，沃伦·泽冯（Warren Zevon）在他唯一登上前四十榜单的热门歌曲中，看到一个狼人拿着一张中餐菜单①。

如果你仅是从《伦敦狼人》知道泽冯，因为歌里让人过耳不忘的"呜——"的长啸和声，你可能很容易把歌词当作晦涩的傻话不屑一顾。但在真正别出心裁的宿醉歌手殿堂中，沃伦·泽冯与汤姆·威兹、尼克·凯夫、克里斯·克里斯托佛森、约翰·普林、贝西·史密斯、坎耶·韦斯特这些人齐名。

泽冯的每一句歌词都蕴含深意，他这首最红的歌也毫不逊色。在《伦敦狼人》歌词的第四段，他提到朗·钱尼，还提到小朗·钱尼——并且让他们"走在女王身边"。

老钱尼是好莱坞第一个真正的"怪物"——在荧幕上，可能在台下也是。他被称为"千面人"。他唯一的儿子并不是一出生就叫"小

---

① 出自《伦敦狼人》（*Werewolves of London*）的首句歌词。

朗·钱尼"，甚至差点没能出生。大多数传闻称，婴儿克雷顿·钱尼本来是死胎，父亲跑到一个有些结冰的湖边将他浸在水下，他这才活过来。有人认为老钱尼这是想要杀死婴儿，至少克丽娃·克雷顿当时是这么想的，这也使这位年轻的母亲陷入抑郁、疯狂和酗酒之中。老钱尼某次登台演出时，她来到演出地点，试图吞汞自杀。后来他和她离婚，得到儿子的单独监护权，并跟克雷顿说他母亲已经死了。

毋庸置疑，小朗·钱尼从出生起就命运多舛，但是想要弄清真相就像是看着"千面人"一样。至少小钱尼承认，他害怕自己负有盛名的"怪物"父亲，而直到老钱尼早早离世，小钱尼才得知母亲还活着。他最终进入了电影行业，而这是老钱尼生前禁止的。电影公司希望将他的名字和他赫赫有名的父亲改为一致。但后来他开始用自己的名字来演主角，用父亲的名字来演特技，来演额外的工作，来跑龙套。但最后，他在贫穷与疲惫之下妥协了。他告诉好莱坞记者："为了使我继承父亲的名字，他们不得不让我挨饿。"

再后来，小朗·钱尼成了新一代恐怖巨星，也是唯一饰演过四大经典怪物的演员：弗兰肯斯坦、德古拉、木乃伊，以及最著名的拉里·塔尔博特。这个角色出自《狼人》（1941年），是好莱坞电影中第一个注定死亡的狼人角色。这部作品让他超越了他父亲，他后来又拍了五部《狼人》的衍生作品。但是他仿佛继承了父亲的罪孽，恶魔也如影随形——从一个舞台到下一个舞台，从一个怪物到下一个怪物。

与小朗·钱尼合作过的《狼人》联合主演伊芙琳·安克斯说："他不喝酒的时候最讨人喜欢。有时他藏得很好。"导演查尔斯·巴顿亲眼见证过他喝断片："一到下午晚些时候，他就喝得根本找不着北。"

在《狼人》原著中，主角拉里·塔尔博特很苦恼，他问医生是否相信狼人的存在。医生的回复对塔尔博特来说可能有点含糊，但对小朗·钱尼来说却出奇地贴切：如果一个人迷失在自己思想的迷雾中，他可能会想象自己可以成为任何人。

1948年，小朗·钱尼拍完《两傻大战科学怪人》（他最后一次在故事片中扮演狼人）后，试图自杀——他妻子深情地说："他在一些变形场景中深受折磨，已经情绪崩溃。"这让他起了自杀的念头。

他去世后，遗体被捐献供科学研究。美国南加州大学仍然将他的肝脏保存在一个罐子里，以展示极端酗酒的危害。因此他死后并没有坟墓。不论作为狼人、小朗·钱尼，还是克雷顿·钱尼都没留下任何东西，他似乎在出生那天就已经死了。

但是，当然，他会像他父亲那样永远活在大荧幕上，也活在那首歌中：他们两人在伦敦街头散步，对着酒吧橱窗整理发型，在变形前隐藏在人形之中。

第五幕

十二家酒吧里的十二杯酒

在这一幕中,我们的主人公将到后现代的英格兰和一位心理学家畅谈,接着在畅饮啤酒的同时踏上前往世界尽头的旅行——或者,至少是《世界尽头》。客串:理查德·史蒂芬斯博士、西蒙·佩吉、尼克·弗罗斯特以及至少一个机器人酒保。

加里·金:难道你不怀念吗?那些欢笑?情谊?打闹?还有让你头痛欲裂的宿醉?

彼得·佩奇:好吧,也许前两条就够了。

——《世界尽头》

"酒精宿醉研究小组"成立于2009年，当时阿姆斯特丹的研究员约里斯·范斯特（Joris Verster）联系了世界前十的宿醉研究员——或许，也是世界仅有的十名宿醉研究员之一吧。基尔大学心理学高级讲师理查德·史蒂芬斯博士，就是他们在英格兰的人选。

他有一头棕色的松软长发，戴着保罗眼镜，笑起来很稚气。他的手机铃声是一组爵士小调，就和《戏里戏外》主角的手机铃声一样。这部剧讲的是一个有一头柔软头发的英国人，他爱讽刺人但又乐观，搬到洛杉矶写电视剧本的故事。他的口音使人想起没有锋芒的约翰·列侬（至少对一位肤浅的北美记者来说），尤其是当他谈起自己乐队的时候。

"我十几岁的时候在利物浦参加过乐队，"他靠在办公椅上说，"我们排练的地方是我朋友妈妈工作的宾格游戏厅，这样我们就不用出场地费，但问题是我们只能在周六上午九点到十二点使用。因此我们到达时都带着不同程度的宿醉。我们发现——我们所有人都有评论此事——那是一种生龙活虎、所向披靡的感觉，至少在创造力方面是这样。你明白我的意思吗？"

心理学家比其他科学家更爱逸闻趣事，这对像我这样的人很有帮助。我告诉他，我完全明白他的意思，事实上，我已经在本书的某一页命名了这种现象：灵光一闪。这是一种较轻的宿醉，它开阔你的感官，使你进入创作灵感的世界。史蒂芬斯对此很感兴趣。这和

147

他即将出版的新书《黑羊：作恶时未曾预料的好处》(*Black Sheep: The Unexpected Benefits of Being Bad*) 中的概念非常接近，也和他关于执行功能的想法不谋而合。

在心理学中，执行功能是一套关于精神控制的假设，这实质上使你能够一心多用。它们通过集中于特定的刺激信号同时抑制其他信号，帮你分清事情的轻重缓急。因此，酒精作为最好的反抑制物质之一，理论上应该会扰乱这一过程。

"当然，有些任务你想要按照逻辑思维来解决，"他说着，指着他的电脑桌面示意，"但如果你想发挥创意，采取相反方式也许才是正确的。有时你想把看似毫不相关的概念联系起来，并用相异的方式思考……"

"而且，"我接着他的话说，"也许并不止于此。它或许可以一直持续到第二天早上。因此，灵光一闪——以及你那支利物浦的乐队才会有这样的感觉。"我喜欢和这个家伙说话，不是每天都有这种运气的。

"这很有道理，"史蒂芬斯说，"我认为宿醉会严重影响执行功能，但目前还没有真正完成的相关研究。"

他的意思是，那些研究还不够完善。已有研究试图和其他事物一起，测试这部分认知，这些研究我都读过了：丹麦卡车司机有长途运输障碍；航空飞行员被要求喝下波旁威士忌和七喜，然后摆弄控制屏幕上的各种形状；商船船员收到安海斯-布希公司的产品（有含酒精的，也有非酒精饮料），然后被要求处理一个模拟发电厂的问题。（关于那份报告，我最喜欢的部分是研究协议里的这句话，可能有些跑题："血液酒精含量达到阳性以及孕检阳性的参与者均被排除在外。"试想一下，如果你是被商船队宿醉研究拒绝的士兵，被拒原因是你醉得太厉害——或者你是通过这个检测才发现自己要有孩子的。）

奇怪的是，这些研究都没有表明宿醉和分清主次、一心多用之间存在不利的关联。这也许是由于他们不必要的古怪之处吧。"有更好的方法研究这些问题。"史蒂芬斯博士说。他偏爱一种叫作旁侧干扰任务的方法，即让参与者集中于屏幕上的目标，同时"干扰物"在近处和远处均有出现。面对"更近的配套干扰物"，他们无法集中。在史蒂芬斯博士看来，这就是执行功能紊乱的一个指标。

史蒂芬斯的一部分任务在于终结迷信，他最近的研究涉及宿醉最流行的两大看法：女人宿醉比男人严重，老人宿醉比年轻人严重。他认为这两种说法根本不是真的——或者说，如果这是真的，那也是这两组人自身的错误。在同等的血液酒精含量下，他们的感觉应该是一样的。只不过女性体形普遍比男性小，而一些老人饮酒较多。虽不比青少年多，但比大部分人要多。从这儿开始我有些困惑了。

"我认为以年龄界定是种谬误，"他说，"绝大多数情况下，宿醉是年轻人的毛病。饮酒量与年龄的关系是个马蹄形。"这并不是幸运的意思[1]，而是指呈现U形曲线，青少年和大学的年轻人饮酒狂欢，接着到了为工作、孩子等正派的事情所忙碌的年纪，曲线呈现持续下降趋势。这时你可能厌倦了工作和孩子，曲线又缓慢上升，直到最后孩子从家里搬出去，而你也退休了，于是你重操旧业开始喝酒。除非你是以写作为生或者搞摇滚乐的，这种情况下，我估计曲线更像过山车，甚至是一条横线。

"重要的是（博士这里说的话让我更不解了）随着年龄增长，人们也变得更睿智。他们在经历中成长。所以从长期来看，可能青少年和老年人所摄入的酒量是相等的，但青少年酗酒，而老年人的饮酒量在整

---

[1] 在西方，U形马蹄铁是幸运的象征。

周都比较平稳，所以他们的血液酒精含量不会像年轻人一样激增。我已经知道了我能喝什么酒以及喝多少，所以我已经不会再宿醉了。"

"真有你的，"我说，"但是为什么有这么多我这个年纪的人总是说他们的宿醉越来越严重了？"

"我觉得他们只是不记得了。就像是生小孩，他们埋葬了那些痛苦的记忆。但这也只是个猜想。很难找到愿意赞助这种研究的人。说真的，你得找一些老年人和小伙子来做研究。我怀疑结果没有差别。"

但我最近刚满四十岁。我担心史蒂芬斯博士说的可能并不对。

如果你在搜索引擎里输入"年过四十饮酒"，前四条搜索结果（至少今天的）是"为什么宿醉加重""为什么宿醉更伤身""宿醉会变得更糟"以及"为什么年纪大了之后宿醉变得如此可恶"。

宾夕法尼亚大学的精神病学教授大卫·W. 奥斯林（David W. Oslin）博士如此总结近期的发现："随年龄增长，酒精的各种影响似乎都增强了。醒酒变得更困难了一些。宿醉也变得更复杂了些。"

显然，当你到了四十岁，你的身体不再醉心于增添肌肉，而是开始将其转化为脂肪——有人可能会认为，这是让你做好准备，迎接黑暗、寒冷的大海中的浮冰了①。但脂肪吸收与代谢酒精的能力远不及肌肉。同时，你还会失去其他有用的物质，比如体内水分水平和脱氢酶——一种能分解酒精的酶。因此，如果你能多活些时日并继续喝酒，理论上会有更多未吸收、未代谢、未稀释的酒精在你身体里流动更长时间。而它分解的时候会伤及你的身体。

---

① 此处比喻人到四十岁以后衰老加速。

值得一提的是，即使身体素质很好的女人，也往往会有更多的体脂，以及更低水平的脱氢酶。这也是为什么即使在血液酒精含量相同的情况下，她们可能比男人经历的宿醉更严重（尽管史蒂芬斯博士对此表示怀疑）。

接下来再说说肝脏。无论你是男是女，这一器官都会随年龄而增大，与此同时血液流动和肝细胞（令肝脏运转的细胞）数量减少。因此——就像是职业赛马骑手、政府、鬃狮蜥、概念专辑、榕属植物、紧身裤、火蚂蚁、真空中的氦气球、"猫王"埃尔维斯·普雷斯利以及这个类比——你的肝脏长得越大，效率就越低。

需要注意的是，前面那句话一部分是"众包"（crowdsourcing）①的产物。由于找不到最恰当的比喻，我在社交媒体上向一些朋友求助。研究表明，这也许是我开始需要经常做的事。因为很明显，随着时间推移，我们的大脑也不再那么灵光。近期有研究表示，由于年岁增长，神经元之间的连接会变缓，如果你再喝一些酒，迟钝程度更是急转而下，而且戒酒实际上会使人脑叶萎缩。我刚才是不是说过我刚满四十岁了？

尽管日渐衰弱的头脑和肝脏不断打消着我的意愿，我当然还在寻找宿醉解药。但史蒂芬斯博士不相信这种事。"我认为这不是一个适合研究的东西，"他告诉我，"这只是我的一点拙见。"

史蒂芬斯认为宿醉是一种必要的现象——对社会和个人的健康至

---

① 指将任务外包给非特定的大众志愿者的做法。

关重要。但我当然还是要问："宿醉的时候我们能做些什么，至少减轻点痛苦？"

博士耸耸肩："阿司匹林？水？一顿丰盛的英式早餐？想了解更多，你得问问我的孩子们了。"因此我谢过他，祝他的新书出版一切顺利，然后匆匆搭上了南下的火车。

然后，就在火车的酒吧车厢里，事情开始融合在一起。我在想我要去哪儿，点一杯什么酒，还有我那日渐衰老的身体的运转……就这样，我劳累过度的大脑开始不听使唤：不断偏题，连接起一些看似不相关的概念。

火车飞驰，穿过一连串隧道，而我盯着不断闪烁的车窗，把截然不同的、变形的概念联系起来：火车站变成酒吧，城镇化为电影布景。还有一些更离奇的：村民变成外星人，雕塑化作机器人，公园夷为废墟……

当然，一部分的我在思考这是否只是另一种产生错觉的方法——执行功能的衰败导致思想快速碰撞，处于一种有强烈未知感的悲哀状况，因经常宿醉而引起。但是另一部分的我点了一杯核桃棕色艾尔啤酒，并计划着我的前进路线：它蜿蜒穿过十二家酒吧的大门，直到十二品脱都喝完——直到"世界尽头"。

血与冰激凌三部曲

"血与冰激凌三部曲"由三部电影构成，出自三位英国好友之手：

埃德加·赖特、西蒙·佩吉和尼克·弗罗斯特。第一部《僵尸肖恩》（2004年）是一部僵尸电影，佩吉和弗罗斯特扮演的角色在一个星期天早晨醒来，他们花了很长时间才意识到自己陷入了僵尸末日。实际上，佩吉在电影中还一路走到街角商店，买了一个红色可爱多冰激凌（这是赖特大学时的宿醉解药）。宿醉让他变得思维迟钝，根本没发现邻居们都已经变成僵尸了。等到佩吉和弗罗斯特终于反应过来，二人试着在城市的各个角落营救他们的亲人朋友，接着占据了一家当地酒吧，展开一场血腥的恶战。直到今天，《僵尸肖恩》仍是唯一一部我和父母、姐妹一起在电影院里看过的电影。

《热血警探》（2007年）是那种很俗套的警察搭档片。电影中，弗罗斯特挑了一个蓝色可爱多冰激凌给他的警察搭档佩吉。在电影宣传期间，一位采访者问他们是否在以可爱多为线索拍摄电影三部曲。赖特回答说"是的"，而且它们是"三种口味"，有些克日什托夫·基耶斯洛夫斯基深沉而令人忧心的《蓝白红三部曲》的意味。于是他觉得有必要这样做。

在《世界尽头》（2013年）中，佩吉、弗罗斯特和三个高中朋友回到家乡纽顿哈芬，完成他们二十年前未竟的挑战："黄金马拉松痛饮"。一晚接连喝十二家酒吧，每家喝上一品脱啤酒。过去他们因为各种醉酒事故，没能到达酒吧终点站——"世界尽头"。这一次似乎更是命运注定。佩吉饰演的加里·金刚从康复医院出来，只能假装母亲刚刚去世，才能说服其他人和他一起去。与此同时，弗罗斯特饰演的安迪已经戒酒很长时间，主要是因为他以前最好的朋友加里造成的一次意外。

"我已经十五年没喝过酒了。"他告诉加里。

加里：你一定渴了吧。

安迪：你还真是选择性记忆啊。

加里：谢谢！

安迪：你还记得每周五晚上，可我记得那些周一早晨。

加里：正是如此！所以我们才要在周五晚上去！

但实际上他们最大的困难是，纽顿哈芬的居民已经被外星人控制的机器人所代替，这些外星人正企图占领世界。

这是你需要知道的部分内容。还有这一点：《世界尽头》是在一个（或者说是一对）看起来非常不搭，但最后却出奇得合适的地点拍摄的。莱奇沃思花园城和韦林花园城是20世纪初英格兰理想主义的新城运动中建设的第一批"花园城市"。举措之新在于禁止在酒吧卖酒，这项禁令一直持续到1958年。

因此，《世界尽头》描绘的是世界末日时到酒吧逐店喝酒的故事，拍摄地点是一个几乎不可能发生这种事情的英国小镇（准确地说，是两个英国小镇）。在这片新式的英国社区，公共花园比公共酒吧更多。至少上万家其他适合的地方散落在英格兰各地，每个都有可以展开"黄金马拉松痛饮"的丰富多彩的酒吧可以选择——选择花园城市实属奇怪。难怪电影勘景员不得不放宽搜寻范围来实现这两个条件，只为了找到十二家酒吧。

即便如此，他们显然也不太顺利。出现在电影里的酒吧，其中一家实际上是餐厅，一家是空置的商店，一家是电影院，还有一家是火车站。

出于这些原因，抛开在十二家酒吧喝十二品脱酒本身的难度不谈，电影网站MovieLocations.com已经直白地告诉读者："你无法重现传说中的'黄金马拉松痛饮'。"

当然，这就是我打算做的事。

十二家酒吧里的十二杯酒（一号邮局）

电影中的第一家酒吧叫"一号邮局"，但是现实生活中，这里是韦林花园城的边缘，这里一直是梨树酒庄。在凉爽且晴朗的下午三点左右，这里看起来确实像是会有圣诞节鹧鸪鸟来栖息[①]——这里有茂密的树篱，我只能想象有一棵高耸的古梨树温柔地守护着三角屋顶和砖墙。至少从外面看，这是一家经典又漂亮的酒吧。

我是以啤酒饮者、影迷、背包客、研究员的多重身份来到这里的。我希望通过一品脱接一品脱的酒吧豪饮，重现电影里中年男子年轻时在酒吧豪饮的景象，能够从电影中最严重的警告里获取一些见解——关于对青春的理想化、对酒精的赞颂、饮酒文化的同质化、对消费者的洗脑，以及末日审判的到来——当然也是为了同样重要的宿醉谜团。

为了实现这一切，我找了一个伙伴来一起完成这个任务，他不仅是一位学识渊博的本地人、值得信赖的盟友和"血与冰激凌三部曲"的粉丝，而且年龄只有我的一半。只要我们能依旧集中精神，我们应该能喝下不止一打酒。最起码，我们可以看看谁能喝更多，是四十岁的老将还是二十岁的新秀。我还提前买好了博姿药房里所有能买到的宿醉解药。

---

① 　出自著名圣诞歌曲《圣诞节十二天》："在圣诞节的第一天，我的真爱送我：一只站在梨树上的鹧鸪鸟。"

一进梨树酒庄，我就看到汤姆①已经胜我一筹——他坐在角落的一个高脚椅上，面前有足足两品脱啤酒。他的笑容和我记忆中一模一样：一半羞怯，一半骄傲，嘴角略带讽刺和狡黠。能见到他真好——尤其是在独自旅行这么久之后。

我认识托马斯·达特是通过他父亲乔纳森。他父亲是一位英国间谍。当然，老达特会简称他不过是个普通公务员，反应敏捷，身体里有五磅重的钛合金骨骼，精通十几种语言，发型完美，但是他的名字是乔纳森·达特，岂有此理，这简直是比詹姆斯·邦德更有邦德范儿的人。

我认识乔纳森·达特是在十年前，当时他的正式身份是英国驻加拿大总领事。毫无疑问，女王是为了感谢他之前在韩国和南非的工作（他在南非被军用吉普车碾过两次）。我们成了朋友，一起冒险过几次，最后他搬回了英格兰，或者更精确地说——搬回了莱奇沃思花园城。

我们的达特（现在是处理利比亚事务或类似事情的总领事）在伦敦暂且抽不开身，他计划稍后在第五或第六站会合。但是，说真的，他儿子汤姆非常适合现在这个任务。诚然，他可能还不具备同样的综合技能和诀窍，但他继承了父亲的冒险精神、对细节的执着，以及接受挑战的意愿，不论任务有多荒谬。我坐下来，我们碰了个杯。

"你和酒保打过招呼了吗？"我一边说，一边环顾四周。有一位身着灰色西装的老人独自坐在我们身后的一张桌子旁喝酒，还有四个看起来脾气不太好的大块头男人。

"嗯，我已经点过几品脱了……"他小心翼翼地说。

"那我们等会儿和他说。那么，我们的计划是？"

---

① 托马斯的昵称。

《世界尽头》开篇的画外音中，西蒙·佩吉是这样描述的："一次英雄之旅：目标是征服'黄金马拉松痛饮'——十二家酒吧组成了我们的纵情畅饮之旅：一号邮局，老相识，闻名雄鸡，交叉之手，好伙伴，忠仆，双头狗，美人鱼，蜂窝，烟屋、国王之颅，墙洞……但我们的最终目的地是：世界尽头！"

但是鉴于实际地形，我们要跨越二十英里，而不是一英里，在现实生活中不是酒吧的站点也安排了喝酒，中途还要坐火车，并且还要卡点和女王的利比亚信使（乔纳森·达特）会面——我们的计划还要再斟酌一下。

汤姆已经在手机上标好了所有地点，但因为信号不好，我一天都没收到——而且手机也快没电了。我给他看了我背包里的东西：一个购物袋，里面装满了从博姿药房买的药，他们最终相信是为了治宿醉才卖给我的（尽管英国法律禁止他们如此销售），包括恢复泡腾粉（一些"我可舒适"胃药和泰诺）、增能药片（一种拜维佳黄色气泡阿司匹林药片）以及消食奶蓟胶囊。剩下的就是我可靠的笔记本电脑、一些衣服、一根最近锻造的壁炉拨火棍和三瓶喝剩的蜂蜜酒——所有我们危险饮酒可能需要的东西，以及对付可能出现的杀人机器人的物品，一应俱全。

从我目前的研究来看，奶蓟可能是在喝酒前最有用的东西，我们就着酒服下几片，然后再次碰杯。"我们去跟那个人聊聊吧。"我说。

"好，但还是先把拨火棍收起来吧。"

酒保名叫马丁。他在这里侍酒有七年了。聊天时，他花了短短几分钟热身——最开始有点暴躁，然后对我们还有些怀疑，最后成了谈笑风生的导游。这种转变在我们接下来的行程中还会一遍遍重现——起初他很少请我们喝酒——直到汤姆决定余生要在每家英国酒吧都装作是加拿大记者。

电影中，西蒙·佩吉饰演的加里·金，误以为自己高中自封的绰号"老金"（The King）会一直跟随他到成年。一旦他们回乡，他也会重拾这个大人物般的称号。但是在"一号邮局"，没人记得他，甚至连酒保都不记得。到了第二家"老相识"——笑点就在于，一进去，情况和第一家一模一样。

"他们从大门出去，然后从侧门进来，"马丁说道，指着两个入口，"我猜那是电影特效吧。"

我准备了几个无聊的问题，准备在我们进行"黄金马拉松痛饮"的时候问，马丁耸了耸肩表示同意回答——这就确定了酒保整晚都会不断重复这个主题。

Q：有没有其他人做过我们正在做的事？

A：有的，有很多。

Q：真的吗？

A：当然。尽管我现在想不起来都有谁了。大学生有时候会尝试。我记得好像还有一些澳洲的家伙。我不清楚他们完成了多少家。但话说回来，这是不可能实现的，对吧？

Q：我们走着瞧吧。你觉得这部电影怎么样？

A：哦，那真是垃圾。我是说，开头很不错，有很多酒吧什么的，但后面就变得过于疯狂了。

Q：对于宿醉你有什么建议——除了"不喝酒"和"不停喝酒"之外？

A：我的建议就是多喝水，以及吃一顿像样的英式早餐。

Q：最后一个问题，你认为英国酒吧的前景如何？

A：好吧，我不了解机器人那一套，但几个月后再来的话，这里就是一家印度餐厅了。

Q：真的吗？

A：是的，这家店在这座城建好前就存在，几百年了，但上周他们把它卖掉了。

现代英格兰酒吧的兴亡

工业革命改变了酒吧，就像它改变了一切一样。小镇里的纺织工、制革工、磨坊工、屠夫、面包师以及烛台制造者因工厂的兴起而失业，他们被迫从事流水线工作，一整日疲惫不堪的工作结束后，他们筋疲力尽地聚集在酒吧旁，人数远胜从前。

曾经他们会悠闲地喝酒，然后在锻造炉旁或田间挥汗如雨，将酒精排出。如今他们在不断扩张的一堆酒吧里，很快就喝得酩酊大醉。因此，在工业革命前沿的英国，一股更危险的痛饮和宿醉的意识兴起，尤其是在阶级方面。

克莱门特·弗洛伊德观察到："在通往工厂大门的13路公交车上，工人阶级的受害者很少得到同情，而银行职员会被同事们理解和羡慕，他们都是素不相识的人。因为体力劳动者即使在宿醉时，工作表现也不会差那么多，而银行职员工作的创造性几乎为零。"

随着第一次世界大战的到来，原本只有富有的企业家对工人的生产力虎视眈眈，这时工人成了整个帝国关注的对象。工人们常常早下班去喝一杯，或者喝到深夜然后带着宿醉上班。为了制止这种在军需工厂的早班开始前喝酒的违规行为，酒吧只能从中午开到下午三点半，再从晚上六点半开到十一点。这样的规定一直持续到下半世纪。

"几代人以来，历届政府都是这样做的。"安德鲁·安东尼在《卫报》中写道，"英国人在晚上十一点后不被允许饮酒。在这过程中，全国的年轻人，更不用说那些年长的公民，都是在有效的宵禁和半禁酒令下长大的，在如此草率又严酷的环境下，难怪我们和酒精之间的关系如此不健康。"

遵循大众的观点，现代狂欢纵饮（以及新式醉酒流氓行为）的兴起在某种程度上加剧了大英帝国的衰落，这经常怪罪于两股不文明的力量：屈尊俯就的闭店时间，以及不成熟甚至有时暴力的饮酒习惯。结果正如前内政大臣杰克·斯特劳所言：人们"纷纷走上街，有时还在街上大打出手"。

到了千禧年末，任何国家公职、媒体行业，甚至酒吧里的英国人无不自嘲和哀叹自己醉酒阅历尚浅。"其他国家的人往往以醉酒为耻，"流行病学家安妮·布里顿在她对英国公务员的饮酒研究中观察得出，"英国却独树一帜地用诸如骇人听闻的'酗酒大不列颠'（Booze Britain）这样的节目来美化它。而我们的饮酒习惯却变得更糟了。"

到了 2003 年，议会终于宣告废除英国严苛的酒吧禁令，希望对英国的饮酒习惯产生一种文明的影响。一些人则预见到了醉酒的末日。英格兰最关切世事的作家也因其愉悦又怀有悲悯的文辞而发迹。

"饮酒有时。排尿有时。饮酒有时。跳舞有时。饮酒有时。进餐有时。呕吐有时。为了找乐子而这么做的只有我们。"贾尔斯·惠特尔在《泰晤士报》上写道——写于英国酒吧二十四小时营业执照出现前仅仅几个月。

在英国酒吧得以通宵营业的前几个月里，安德鲁·安东尼还研究了英国人醉酒的细节：

有时候，尤其是星期五和星期六，清醒似乎成了国家公敌，成了一个要随时随地对抗的不可饶恕的敌人，或者至少在酒吧关门前我们都要力争如此……不论你想控诉谁——包括那些既赞美又妖魔化醉酒的可笑媒体——不可忽视的事实仍然是，总的来说，英国人比起喝酒更喜欢醉酒。也就是说，我们对酒精采取实用主义的态度：如果我们不喝到脸像猴屁股一样，喝酒又有什么意义？

或者又如加里·金在开始"黄金马拉松痛饮"时和朋友争辩的那样：

——这是什么？我们为什么来这里？
——我们是来全军覆没的！

十二家酒吧里的十二品脱（剩下的几站）

电影中，"老相识"这个酒吧的名字有双重笑点：它不仅室内装修和前一家酒吧一模一样，而且在这里也没有人认得出他们。现实中，至少从外观来看，这家酒吧的虚构名字——"医生的汤力水"，听起来更具讽刺意味了。

你可以想象它曾经的样子：一家大型的老酒吧，囊括了英国酒业所有的两面性：既舒适又可疑；隐蔽的包厢、黑暗的角落以及刻在桌子腿上的五行打油诗都给人舒适的神秘感；在这里，迎接每位新客的是安静的注视或店里的酒饮，有时二者都有；盘子有裂痕，但已有一百年的历史；玻璃杯凑不成一对，但都镶着金边；这里的酒吧女招待品格下贱，但又是你见过最诚实的人。一个装下所有秘密、梦想、谎言、痛饮、吵闹以及归家人的档案库。现在，一切都变样了。

如今的"老相识/医生的汤力水"已经翻修过，整洁一新，还附有庭院与完善的停车场，穿着统一的有领T恤的年轻服务生，六台闪光的游戏街机，还有榜单前四十的音乐播放列表。简言之，这是一家运营良好的成功酒吧，但有着现代英国酒吧的许多弊端。至少金斯利·艾米斯是这样认为的。

在《每日饮酒》的前言中，他这样解释：

十五或二十年前，酿酒公司意识到他们的酒吧急需整装门面，于是开始投入上百万英镑来更新换代……当今酒吧的室内设计必须要像电视广告里一样，这意味着所有东西都有一种糟糕的浮夸感。还引入了令人反感的"主题酒吧"：英国战场酒吧、远洋巨轮酒吧、欢乐九十年代酒吧。生啤酒不再是真生啤，而是从大铁瓶里倒出的混合原料，装在小桶里。如此精心安排下，不论经营者有多懒散或不称职，每家酒吧看起来都是一模一样的。

金斯利抒情诗般的牢骚又过了二十年，现在，受我们时髦的精酿啤酒与美食文化的影响，食物和啤酒其实并没有那么糟糕。然而，同时，这些地方已经成功地将我们喜欢的小东西近乎完全同质化和特许经营，即使我们不知道自己喜欢它们。就像《世界尽头》里的男人们回到纽顿哈芬，解释说："这是全国性动员的一部分，抹除迷人的小酒吧一切有识别性的特征。"

"星巴克化了，哥们儿。这种事很常见。"

"医生的汤力水"的经理艾利克斯拿出《世界尽头》中"老相识"的夹板广告牌让我们拍照，并且建议我们点"血腥玛丽和一份英式早餐"来解宿醉。我忘了问他关于英国酒吧未来发展的问题。接着，等到了第三家店，恐怕我们已经找到了答案。

电影里，这里是"闻名雄鸡"酒吧，实际拍摄的酒吧名叫"软木塞"。但等我和汤姆到这里，店铺已经变成了"双柳"酒吧——它属于石门酒吧公司的"经典酒馆"系列，每一间都打造了"独特的"当地田园风情，即便货物必须用推车或卡车运进来。

所以，即将成为一家印度餐厅的梨树酒庄坐落在一棵真正的古梨树下，而"双柳"的前门放着两个花盆，两棵骄傲的小树苗可能有一天会变成两棵真正的柳树。更为本末倒置的方面还隐藏在酒吧内部，环绕着漆黑发亮的桃木，闪闪发亮的皮革，玻璃框里深褐色的照片以及维多利亚时代花园城市地图的壁画，还有化身为花园蛇自食其尾这样寓言似的图案。现在很明确了：真的，这的确是个"主题酒吧"——主题就是"英国本土酒吧"。

看到一个格外普通的男人在吧台后面为我们倒酒，我问他是否就是酒吧经理。

"我是领导团队的一分子。"他点了点头，将啤酒泡沫堆到与杯口齐平。

我们做了自我介绍，并告诉他我们此行的目的，他指向后面隔开两个隔间的窗户，玻璃上配有"闻名雄鸡"字样的精致雕刻。这就是加里·金最终被认出来的地方，当时影片中的酒保指着用胶带贴着的照片，上面写着"终生禁入"。但加里仍然想办法喝完了他该喝的量，用露台上剩下的酒作为替代迅速喝下了一品脱。

团队的领导叫鲍比，他把我们倒得满满当当的一品脱酒放在吧台上，认真地回答了我的问题。这部电影"对当地经济有好处"。英格兰酒吧没落成这样，真是"有点悲剧"。

那么治疗宿醉的最好办法是？

"这个嘛，"他望着我们的眼睛说，"是橙子味的冰棒。"

他们真是完美，完美得令人毛骨悚然。通过这些回答，现在我敢肯定：如果镇子上其他人都不是外星机器人，至少团队领导鲍比是。

下一家"交叉之手"酒吧是电影的转折点。同伴们得知了加里母亲的事是个谎言；加里在卫生间和一名伪装成年轻嬉皮士的机器人打了一架；他们几人一同在卫生间和机器人打斗，用它们断裂的机器手臂砍下它们的头，蓝色的血溅得到处都是。接着他们意识到，纽顿哈芬的居民现在可能都变成了机器人，而安迪也大开酒戒——连喝五小杯烈酒赶了上来。

现实生活中，这家酒吧叫"林荫大道"，这是目前我们去过的第一家没有一点翻修痕迹的酒吧，更别说星巴克化了。外观看起来有种工人阶层的运动酒吧的感觉，内部是一个大而开阔的空间，有着光秃秃的房椽和木质镶板，有点像小木屋。我们被引导到一个后方活动平台的大隔间里——后来再看电影，我才意识到这正是那群人落座的地方。

我们面前有两张台球桌，两张都有人在打桌球，其他六位顾客坐在吧台前。这个地方既与人保持距离又给人一种舒适感，比如这些常客都很喜欢这里。我们放下包去了吧台。

吧台后面站着一对年轻男女。他长得帅气、身材瘦长，正在用锤子固定隔板。她娇小可爱，似乎对啤酒桶不太满意，也可能是对我问的第一个问题感到不太自在。"他们想了解啤酒！"她呼喊同事道。

"啤酒怎么了？"他说。

"没事，"我和她说，"我们每种都来一杯。"

"没事！"她大喊。

我们端着啤酒回到桌旁。高个子男生敲打完毕，走过来和我们一起聊天。他很有魅力，就是有点让人难以理解。他们两人都是。他俩一个叫康纳，一个叫洁德。

"嘿！"康纳对洁德说，他挑了个最不重要的问题，"我们的职称是什么？"

"我不知道，"洁德严肃地回答，"我们在酒吧工作。"

"答对了！"他一边说，一边笑着拍桌子，"噢，我还有一个不错的宿醉解药。记得提醒我一会儿告诉你。"他转身回了吧台。

"我喜欢这个地方，"我说，而汤姆大笑起来，"怎么了？"

"看看周围，"他说，"这基本就是一个加拿大小镇上的酒吧。"

我的老天啊，他说得对。谁能想到我能在六家英格兰酒吧中选择加拿大式的路边餐馆呢，尤其是在大洋的这一边？但到目前为止，这是唯一一家有真实感的地方。

康纳再过来时给我们拿了酒吧的免费酒水，看起来就像熔岩灯——斑驳的红色与绿色悬浮在黄色旋涡中。"红绿灯。"他说道。

我们对他表示了感谢，并问杯子里装的是什么。他欲言又止，比画了一根手指，走回吧台，然后拿了一张字迹潦草的纸回来。"一点朗姆酒，一点射手牌（Archers）力娇酒，一点华力牌（Warninks）利口酒，还有点红色的东西。"

"红色的东西？"汤姆问。

康纳又一抬手，然后回去查看。"是，"他大喊，"红色的东西！"

我们举起"红绿灯"，然后一饮而尽。

康纳和洁德觉得他们可能看过《世界尽头》，但也不确定。他们依稀记得有几个家伙跟我们做过同样的事——也许是从澳大利亚来的。他们认为英国酒吧的未来并不重要。最后，康纳提供了他的宿醉解药，让我记下来，写进书里。

"这是你要做的，"他说的时候就像是泄露了一个惊天大机密，"在你睡觉前，喝一品脱水。然后，第二天早上，吃两粒扑热息痛，然后……然后……大吃一顿经典英式早餐。"

"好，"我说着，用心记下，"水，阿司匹林和早点……"

"没错。"康纳面无表情地说。接着又回去敲打东西了。

"我们的康纳，"汤姆说，"他真是个'怪杰'①。"

但是作为一个加拿大人，我们的康纳可比我年轻多了，我完全搞不懂汤姆说的什么鬼话。

"这跟你们说的'怪老头'不是一个意思。它更像是……好吧，像是那种大家都认识的人，经常摇着头——有趣，但有点狡黠。挺难解释的。"

---

① 此处原文为greezer，有"老家伙"和"怪胎"之意。

"像加里那样？"我说。

"谁？"

"加里·金，这部电影的主角……我们现在正在模仿的对象。"

"噢，是的，"汤姆说，"他就是个十足的怪杰。"

事实上，如果我没理解错的话，加里·金就是那种终极怪杰——一个固执又狡黠、古怪又迷人、与权威唱对台戏的男人。他甚至在与一直向前的时间作对抗——坚持多年，直到有一刻他的反抗精神似乎有了意义，于是他们开始了"黄金马拉松痛饮"。

毕竟，《世界尽头》不仅是关于一场酒吧接力痛饮和机器人的故事。外星超能力将整个宇宙连锁化的想法——试图整修地球，使它翻新成一个统一的、有品牌个性的、安全又同质化的星球，从我们自己手中拯救我们自己——有点像一个专横的帝国政府，为了他们自己该死的利益在午夜前一小时关闭酒吧，把公民当作不负责任的青少年对待。在这样一个世界里，最不合格的市民成了唯一的希望。加里·金唯一能证明他不是机器人的证据就是手腕上新添的伤疤——这些疤痕让他被送进强制戒酒中心。表象之下隐藏了太多故事。

下一家酒吧"好伙伴"在现实生活中并不存在，仅留下一个废弃的店面。但是我们意识到，液态和非液态的"红绿灯"已经帮我们解决了这个烦恼。我们错过了火车，和出租车司机砍了好一阵价后，直奔另一座花园城市莱奇沃思，以及那里剩下的六家店与六品脱。

电影对去剩下几家酒吧的路使用了蒙太奇手法，配着吉姆·莫里森翻唱的贝托尔特·布莱希特的《阿拉巴马之歌》(*指引我/去下一家威士忌酒吧的路/噢，别问原因/噢，别问原因*)。无脑猛喝的那种机械状态在这里有些夸大，就像《僵尸肖恩》中宿醉的僵尸一样，因为主角们认为唯一能避免嫌疑的方法就是坚持原本的计划：一家酒吧喝一品脱。

现实生活中，等你喝完五品脱啤酒和一杯烈酒，然后坐上一辆英国出租车，从一个花园城市到另一个花园城市，天色从黄昏转入夜晚，不论你是二十岁还是四十岁，是刚开始饮酒还是喝了半辈子的酒，有些事就这样发生了。你注意到，自己轻则感到微醺，重则可能完全醉了。

我们原本应该搭火车过来，所以我们和达特领事的会合地点是火车站——电影中是"蜂巢"酒吧。那里其实不是酒吧，而是一家不错的意大利小餐厅，他们也提供酒。餐厅的老板是个时髦又老派的家伙，他和我们一起喝了一杯。

"这电影挺蠢的，"他说，"但他们都是些不错的家伙。"

我正要问他关于宿醉解药以及对英国车站的意大利餐厅的展望，或是类似的问题……但突然，总是神出鬼没的乔纳森·达特出现了，他拍了拍我俩的后背。

"三个醉汉！"汤姆喊道。

这是电影结束前的一个桥段，加里和安迪发现他们在地下，与隐形的"银河公司"头目争吵，说地球人喜欢他们现在的样子。

"这就是干预的必要性，"只听到比尔·奈依的声音说，"银河系一定要臣服于一个全是像你这样的人的星球吗？……你们就是在循环往复地自取灭亡。"

"嘿！搞砸一切是我们的基本人权！这整个文明都是在一团糟上建立的！你知道吗？这让我感到骄傲！……他们是怎么说的来着？'犯错是……'"

"犯错是人之常情。"

"犯错是人之常情！所以……犯错……"

"你无权代表全人类。你们不过是两个人罢了。还是两个醉汉……"

"是三个醉汉！"他们在整个该死的星球上的最后一个人类朋友喊道，他用绳索从地球表面降落下来。

"三个醉汉！"我附和道。汤姆和我一起举杯。

但乔纳森·达特过来之前还在忙着管理西方世界在中东的利益事务，看起来出奇地清醒。他目光清晰，沉着冷静，身着崭新的夹克，打着领带，身姿笔挺，这样一对比，酒精浓度爆棚的我和汤姆突然感觉很不平衡。

"快！"我说，"你必须喝一杯！"但是乔纳森·达特点一品脱西打酒的样子简直太酷了，酷到我让他再点一次，这样我就能用手机录下来。现在，汤姆和我最好也再来半品脱，因为说真的，喝到这种程度，酒最重要。

又过了几个小时，又喝了三家店，世界变得天旋地转，我们三个醉汉东倒西歪地走在路上，唱着歌，打着嗝，又笑又闹。"世界尽头"比我想象的远得多——要一路走到镇子边缘。我们到的时候，它已经关门了。

电影中，主角们到达"世界尽头"的时候，它也已经关了，但这几个男人一边开着卡车撞穿了店前面的墙，一边击退了机器人。最后，加里·金挣脱了束缚，找到生啤酒龙头，想喝完最后一品脱啤酒。然而当他扭动龙头时，地面裂开了，他们掉进了外星人的巢穴。

现实中，我们耸了耸肩，掉头就去了达特家。"我的计划是这样的，"我们歪歪扭扭地往回走时，我说道，"我们回屋，从冰箱里拿三大罐啤酒，然后找个不会吵醒任何人的地方喝，多好啊：正好十二品脱。"

"这主意真棒！"汤姆说，"爸，你觉得怎么样？"

"我觉得，"他爸说，"我可能怎么也喝不到十二杯了，明天早上还要上班，所以我要回去直接睡了。噢，汤姆，我其实觉得你已经喝得够多了，但你已经是个成年人了，自己决定吧。"

"好！"汤姆说，"这真是个好主意！"

"但是，"乔纳森·达特一边把领带塞进口袋，一边说，"即使在电影里，他们不是也只喝了十一杯吗——然后就掉进了地下洞穴？"

在地下，加里和安迪刚站住脚，面对着发光的外星人法庭。螺旋式的楼座在他们上方升起，上面站着机器人，还能看到纽顿哈芬村民的影子。

"我们会给主动服从的人提供诱人的奖励，"比尔·奈伊的声音解释道，"重获青春的机会，还可以选择你想留下的记忆。这难道不是你们渴望的吗？这难道不是你们一直想拥有的吗？"

这时，一束光亮起，站在他们面前的是从四十岁重回二十岁的加里——他长久以来的希望、梦想以及所有玩世不恭的乐观的化身。"我的天啊，"加里气喘吁吁地说，"我太帅了！"

现在，我们在莱奇沃斯花园城市的一片公共草坪上，二十岁的醉鬼汤姆就是在这里长大的。这是一块很大的草坪——三面围绕着灌木篱笆，中间还有一棵树，四十岁的我靠在树上看星星，喝着我的第十二瓶啤酒。

我在听汤姆说话，他喝醉了，正在胡言乱语。他大哭大笑，噙满泪水的眼睛不住地闪烁。他坠入爱河，濒临心碎，既害怕又勇敢，随时准备出发——冲进丛林、穿越沙漠、从世界的边缘跳进海浪。我不愿为此付出的是：很久以前的那个冲动、无畏又英勇的我。我记得那么清楚，但这是不可能的——就像一个飞翔的梦。

年轻帅气的加里·金走向年长的自己。"请让我续写你的传奇，"他说，"让这个年轻的自己重走你的人生路。"精神紧绷、事业告吹、情绪低落的加里看着闪闪发光的自己。一瞬间，他们似乎达成一致，眼神柔和，带有笑意……

"不。"加里说着，用一把武士刀砍下了年轻的自己的头。

他对着法庭大喊："只有一个加里·金！"然后把砍下的头扔进了周围的黑暗中。

汤姆走到灌木丛里去了，我现在可不想变成他。他跪了一会儿，站了起来，开始在花园里踱步。他的右手在篱笆上弹了起来，在篱笆上打转。

我靠着树，坐在中间，看着他一圈圈地走，一会儿骂他一会儿哄他。我喝完了啤酒，开始喝汤姆的第十二瓶——我的第十三瓶。因为他喝光了他的大部分啤酒。

我的保护欲、同理心、羡慕感以及怀旧情绪一时间全都涌现出来。我一边喝酒，一边望着星辰，它们远在百万英里之外。

全新的释义

试图连锁化一切的爱多管闲事的外星人终于（剧透预警！）放弃了加里·金和其余人类，它们的离开引发了一场爆炸，摧毁了一切技术，并造成了大灾难。

"那天早晨，"安迪站在地球的未来说道，"赋予了'宿醉'一词全新的意义。我们决定散步解酒，一路走回伦敦，但是头痛丝毫没有缓解，反而一直持续不断。我们只能吃天然食品，但说实话，我很难回忆起我怀念的那些垃圾食品了。"我们看见安迪站在篱笆后面，穿着中世纪的行装，手里拿着一把铁铲，身边还站着一只山羊。有什么东西正砸在铁丝网上：一片绿色的可爱多包装纸。仿佛受到本能的驱使，他扑了上去。但纸片已随风而逝。

加里·金作为一个叛逆青年，在大灾难后很快重新找到了自己的位置——带领一群被废弃的口渴机器人穿越人类的荒原。电影的最后一分钟，一位一脸凶相的酒保拒绝为机器人服务，要求他们告知领导者的姓名。

"他们叫我'老金'。"加里说道。

他拔出长剑并跃过吧台。

黑幕落下。

早在英国脱欧公投前几年，英格兰就废除了一项已有百年历史的法令，希望成为历史中他们从未实现过的角色：欧洲饮酒者。这并没有引发世界末日，但也没有改变英国人的饮酒习惯。实际上，情况正好相反。这片大陆上原本喝酒最老练的人变成了野蛮人。

"哪里出错了？" 2008年，乔恩·亨利（Jon Henley）在《卫报》中写道，"是什么刺激了法国的年轻人，从理智的酒徒变成火力全开的酒鬼？"

艾蒂安·阿佩尔（Étienne Apaire）领导着一个跨部门的机构，致力于打击毒品和酒精成瘾。他认为这种现象是 "全球化行为" 的一部分，现在世界各地的青少年都在寻求 "瞬间沉醉"，以此为最终目的。

或者，就像安迪对毫无个性的大块头外星人说的那样："我们人类愚蠢和固执的程度远远超出你们的想象。"

十二家酒吧的十二杯酒（世界的其他尽头）

我们起床时，乔纳森·达特已经在伦敦了，他正在试图拯救世界。因此，汤姆和我虽然觉得有点难受，但还是吃下了博姿药店能开出的所有宿醉药，然后回去完成我们的任务。我们二人睡眼惺忪地走在街上，穿过草坪和公园，穿过锡镇的街道——"二战" 时期，遭到轰炸的伦敦人曾住在金属板小屋里，后来他们世代居住在此。我们从笼状立交桥上穿过铁路，直奔 "世界尽头/园丁的手臂"，那里每天中午前都提供早餐。

我们点了些血腥玛丽和水，然后开始盘点 "黄金马拉松痛饮"。我和小汤姆保证，不会把他喝吐了的事写下来。但是我不能昧着良心说他在十二家酒吧喝了十二杯酒，因为靠着树坐着的时候，我喝了他的啤酒。所以汤姆在玛格丽塔之外又点了一杯啤酒，我们开始挨个回顾去过的几家店，但是每次算都少一家。我们掏出手机，又借了纸和笔，尽可能地盘算，接着汤姆把他的啤酒一饮而尽。

"双头狗！"汤姆说，"我们一直没把双头狗的酒补回来！我们喝太醉了完全忘了！"

"所以……"

"所以我们只喝了十一杯！"

"好吧，其实，"我说，"我喝了你最后那杯，所以其实……"

"噢，糟糕！我只喝了十杯！少得可怜的十杯酒！"

所以现在情况是：二十岁的汤姆又喝了两杯血腥玛丽。四十岁的我又喝了一杯——只为了万无一失。

盘点任务结果时我发现，有太多缓解因素使我们不能简单地比较我俩的宿醉。但似乎可以说，在畅饮不醉——或者至少是能坚持喝酒的程度上，年长和计谋要胜过青春与活力。当然，呕吐（肠道反向蠕动）也减轻了汤姆的一些宿醉症状。不论如何，今天早晨我们两个谁也没有觉得特别难受。我开始觉得这是奶蓟的作用。我会把它加进继续试验的物品清单里。

想到我边喝酒边展开的对当地酒吧老板提供的有关解宿醉知识的一系列调查，上面这个结论似乎相当有说服力。除了"团队领导鲍比"和他那出乎意料的橙子冰棒。过于流行的"早饭、水和阿司匹林"也一样，虽说无可争辩，但毫无新意。

缺乏多样性和创造力让人开始怀念老普林尼的时代——弗兰克·M. 保尔森或许更好。毕竟仅仅五十年前，他穿越北美的酒吧和路边酒馆，来了一场关于人类学的酒吧畅饮之旅，得出了一份列有261种酒吧解宿醉建议的清单，包括欧芹、防风草根、柿子、西梅汁、腌鲱鱼、木瓜、在冰激凌上加胡椒粉。而这仅仅是以P为首字母的词中的一小部分。

与此同时，记者萨拉·马歇尔的文章让我第一次注意到保尔森的作品。她在大洋彼岸进行她的现代酒吧研究时，也得到了和我一样的平凡结果。"是我问错人了吗？"她反思道，还是饮酒文化"已经改变到这种程度，以至于我们已经与令保尔森深深着迷的'民俗的巨大旋涡'失去联系？"

现在，我觉得是时候透露那位自称英国"坏巫师"的人发邮件提供了什么信息：

嗨，肖内西：据我所知，多喝水和吃几片阿司匹林是通常建议的方法。不过提醒你一下，我听说全套英式早餐是很好的宿醉解药，你来英国的时候可以试试！

祝好，

露西亚

难道说所有人，就连真正的怪杰和坏巫师都已经被彻底洗脑了吗——就连塑料菜单和简单的回复也潜入了连锁化的效果，面对宿醉的巨石放弃挣扎了吗？

"嘿，"我对"世界尽头/园丁的手臂"的午间酒保说，"你对解决宿醉有什么建议？"

"我从不宿醉，"他边说边放下账单，"我一辈子没喝过酒。"

第五幕间

长指甲奖：新闻发布

从《失去的周末》到《哥们，我的车咧》，在《宿醉》使宿醉如此经典前，宿醉早已经常出现在电影中了。在各种类型的电影中，有多少是以主人公醒来，把头埋在枕头下，伸出一只胳膊却够不着闹钟来开启转场的？它就像美丽的邂逅或缓慢地鼓掌这些效果一样常见，少了它，许多适时渐入黑暗的场景都将无从安排。

考虑到这一点，晕动症学院荣幸地宣布"国际长指甲奖"的提名，该奖项被大家亲切地称为"晕头转向奖"（Queasies）。每当我们碰巧有时间喝酒，这些奖项就会播出，这些奖项是对宿醉电影史上诸多成就的认可——当然，它的名字取自理查德·E. 格兰特在1987年的经典电影《我与长指甲》（Withnail & I）中完美演绎的那个醉酒失业的演员。

今年，为了纪念经典饮酒游戏"和长指甲一起痛饮"，影迷们在影片中为同名角色配酒（一共有九杯半红酒、半品脱西打酒、一小杯淡酒、两小杯半金酒、六杯雪莉酒、十三杯威士忌和一品脱麦芽啤酒）。我们鼓励观众构想他们自己的饮酒游戏。比如，每次主持人假装打嗝、发言人的领带被解开，或者尼克·诺尔蒂（Nick Nolte）不小心在舞台上摔了一跤时，都要喝一杯烈酒。

现在，我们荣幸地宣布提名名单：

最奇葩的睡醒情节。《小飞象》（*Dumbo*，在树里），《十六支蜡烛》（*Sixteen Candles*，也是在树里），《老男孩》（*Old Boy*，在地下牢房），《恐惧拉斯维加斯》（*Fear and Loathing in Las Vegas*，戴着蜥蜴尾巴和胶带绑着的麦克风，周围到处都是空椰子壳和涂满酱料脏兮兮的台阶），《两男变错身》（*The Changeup*，在别人的身体里），《热浴盆时光机》（*Hot Tub Time Machine*，穿越到20世纪80年代）。

最具破坏力的宿醉。《全民超人汉考克》（*Hancock*，宿醉的超级英雄在市中心造成了九百万美元的损失），《虎胆龙威3》（*Die Hard with a Vengeance*，有精神病的恐怖分子轰炸市区，毁了一场美好的宿醉），《僵尸肖恩》（*Shaun of the Dead*，僵尸灾变遇上周末早晨），《魔鬼末日》（*End of Days*，标准的宿醉遇上宿醉的施瓦辛格）。

最不像酒鬼的人。阿诺德·施瓦辛格《魔鬼末日》，桑德拉·布洛克《21天》。

最持久的宿醉表演。彼得·奥图尔《金色年代》，马特·狄《勤杂多面手》，尼古拉斯·凯奇《离开拉斯维加斯》，约翰尼·德普《加勒比海盗：黑珍珠号的诅咒》。

最具戏剧性的人体排泄物使用。《前往希腊剧院》（*Get Him to the Greek*，呕吐物），《猜火车》（腹泻），《伴娘》（*Bridesmaids*，呕吐和腹泻）。

最佳宿醉对话。《王牌播音员》("我今天早晨在某个日本家庭娱乐室醒来,他们叫个不停。"),《金色年代》("女士们不适。男士们呕吐。"),《虎胆龙威3》("酒一般都是内服的,约翰。"),《大地惊雷》("我知道你能喝威士忌,能打呼噜,能吐痰,沉溺于污秽里,哀叹你的生活和工作。其余的都是吹牛。")。

最后,在宣布今年的各类奖项和提名名单之外,我们还要荣幸地宣布"终身反胃奖"的获得者。与吉米·斯图尔特、保罗·纽曼、杰西卡·兰格一样,伟大的杰夫·布里奇斯因他在《一曲相思情未了》(*The Fabulous Baker Boys*)、《渔王》(*The Fisher King*)、《谋杀绿脚趾》(*The Big Lebowski*)、《大地惊雷》和《疯狂的心》(*Crazy Heart*) 等电影中磕磕绊绊、口齿不清的对宿醉的精彩呈现获得此奖项。尽管,令人啼笑皆非的是,在《清晨之后》中,他的角色从始至终都出奇地清醒。

我们希望你能出席本年度的"长指甲奖"颁奖典礼,并在第二天打电话请病假。

第六幕

宿醉游戏

在这一幕中，我们的主人公将在苏格兰蒙眼驾驶吉普车，在狂风中射箭，并尝试"品尝"而不是"喝"酒。客串：麦芽大师金斯曼、亚瑟·柯南·道尔爵士和传奇人物马克斯·麦吉。

有人天生就是酒徒，就像有些人天生就是田径运动员一样，他们几乎不需要磨炼，但是哪个领域的行家都明白，W.C.菲尔兹或者威利·梅斯这样的天才，一个时代也不会出现第二个。

——乔治·毕晓普

"双急转弯！"我的向导在副驾驶座上喊道。他浓重的口音让我几乎听不清他说的是"左"还是"右"，轻微宿醉让我的眼睛完全看不见，最后"双急转弯"这个词使我终于停下了车。我一脚踏在刹车上，在泥泞中滑行，接着转过头对着一片漆黑喊道："双急转弯？真的吗？"

以我有限的知识来看，这个词要么是一个明确的凯尔特语指令，要么是一个常用的赛车术语，意思是交替转弯。不论是哪一个意思，对我这个"失去视力"、颤颤巍巍地在苏格兰高地开着吉普车逆行的加拿大人来说，一点用都没有。

"你没在移动。"他说。或者至少我感觉他说的是这个意思。为了验证我的猜测，我踩下油门。我们小队不管想做什么都不会输：宿醉队对斯佩塞酿酒厂队，现实主义者对新闻人士。

归根结底，我们不过是一群喝醉的记者，来这里庆祝格兰菲迪（Glenfiddich）酒厂创立125周年——他们将在斯佩塞酿酒厂举办为期三天的豪华上等派对，这粗犷而雄伟的高地是格兰特酒、格兰菲迪酒和巴尔维尼酒的故乡。我们在派对上一直在假装闻味道和品尝各种酒，但其实我们只知道喝酒。

而现在，一个苏格兰高地风格的团建公司负责安排我们的活动。也就是说，我们要尝试蒙着眼睛开吉普车，然后在毫无经验的情况下射箭。我们本来还被安排了激光射击黏土鸽子的活动（不管这是什么意思吧），但是负责人在来的半路上出了车祸，被送进了医院。虽然我们对他的情况十分关切，但不能拿蒙眼开车的笑话嘲弄他可把我们憋坏了。

但我不觉得在我之前坐上吉普车的那个德国美食作家是在开玩笑，他说："看不见的时候，其他的感官都会增强，对吧？"他踩上油门，转动方向盘，慢慢地踩下，然后以大约每小时三英里的速度在高原泥地中前进。实际上，如果关上窗户，在几秒之内看不见的情况下，你的其他感官根本帮不上什么忙。

我觉得我开得还算快，至少从副驾驶座上的史莱克发出的声音来看是这样。我有信心完成这项任务，不管看得见还是看不见。见鬼，我曾在有十节弯道的车道上驾驶赛车，而且在那种关键时刻还处于既兴奋又宿醉的状态。而现在，我恰好感觉相对来说还不错。相对是对于我昨天喝了多少酒来说——昨天真是喝了不少。

当有人以世界上最悠久、最优质，而且是直接从酒桶里取出来的苏格兰威士忌招待你时，你绝对要痛快地喝上一口。如果你闻过、品过之后把它吐掉，那我希望魔鬼狄俄尼索斯不会放过你。关键是，今天早上，我在黑暗中天旋地转，旁边还有一个毫无幽默感的苏格兰人冲我粗暴地讲着难以理解的指示，我至少应该晕车的，但实际上感觉还不错。

"给我下车！"我的向导咕哝道。至少听起来他是这么说的。我打开门取下眼罩，发现车还在移动。于是我一边拉下紧急刹车，一边迈出车门。关门的时候，他还在咒骂。我吸了一口新鲜的高地空气。

电影《猜火车》是欧文·威尔士对苏格兰不羁生活的诗意研究。片中，男孩们跟着满怀希望的汤米，试图跑到山里来摆脱格拉斯哥带来的痛苦。这是个高尚的凯尔特风格的目标，但是他们宿醉的程度，加上他们与社会毁灭性的冲突，让他们无法真正实现这个目标。在导演丹尼·博伊尔改编的电影中，有一段情节是主角一行人蹒跚走向高地：

——汤米，这可不太正常。

——这户外多棒啊。还有新鲜空气……身为苏格兰人，你难道不感到骄傲吗？

——做苏格兰人太糟了。我们是最低贱的……我们甚至没有一个像样的文化能被殖民。我们被软弱的浑蛋所统治。这种状态很糟，汤米，就算有全世界最新鲜的空气也不会有任何作用。

尽管有这种一成不变的苏格兰逻辑，但几个世纪以来，对于任何原因不明的小病——疲乏、抑郁、焦虑、无精打采、偏执、妄想、神经紧张，首选的医疗建议都会是"来点山里的新鲜空气"。因此，这是为所有这些小病中都有的症状所准备的——比如在一场真正史诗级的狂欢纵饮之后产生的症状。

有许多科学原因可以解释为什么身处高处其实会加重宿醉。而那些高山反应严重的人往往会把它等同于最严重的一种宿醉，至少从身体上来说是这样。话又说回来，你也许会在拉斯维加斯或者阿姆斯特丹这种低地有这样的反应。这种情况下你可以往山上跑，这是一种古老的寻求救赎的尝试。但这有什么意义呢？

在《愤怒的葡萄：或宿醉伴侣》中，安迪·托佩尔叙述了乔治·法罗警官向他描述的一起清晨的侦查任务："爬得越高……我的宿醉感就越轻。等我登上金马伦高地，脑袋就完全清醒了，也不觉得反胃了。我已经准备好吃午餐，甚至再喝几杯——要是早些时候，光是这个想法都会让我想吐。"

托佩尔评价道："对于这个现象，最简单的解释就是爬山能治疗宿醉（尽管人们普遍认为海拔增高会加重酒精的影响）。不过，这种痛苦永远都没那么简单。"

现在已经快中午了，刮着近似龙卷风的狂风——很明显，是业余射箭的最佳时机。

"在场的人里面，谁之前射过箭？"一个年轻人问道，他是我们现有的两个导游里口音较轻的。这位似乎有点精力过剩，满头发胶让头发都立起来了，旋风也吹不倒。"谁都没试过？"他不敢相信地大喊，语气欢快。

没人吭声。我们迎风流泪，努力让不停拍打的衣服不被撕破。"刺猬头"又张嘴了，所以我举起了手，为我们团队救个场。"我试过。"我说。

"嗬，'勇敢的心'！怎么称呼您？"

虽然想吐槽他刚刚叫我"勇敢的心"，但我还是报上了名字。

"好吧，肖克尼西①！"他递给我一张弓，"让我们看看你射箭怎么样！"

从以前的经历来看，我射不了箭。但是似乎我的职业总是会让我在一些地方学到奇怪的东西。比如，上个月给一个父亲相关的专栏写作时，我发现自己到了一家工作坊参与"箭术与僵尸"项目。

"你上一次射击的是什么？""刺猬头"问道，并拿出一袋弓箭。那天，我们射击的是打扮成僵尸、头戴南瓜的稻草人。

"南瓜。"我告诉他。

"刺猬头"大笑。"给肖克尼西鼓鼓掌！"他说，好像我站出来是为了夸耀自己有多会射箭似的。"我们的主角杀死了一颗死掉的蔬菜！"我手握弓箭，点头冲这愚蠢的废话咬牙切齿地笑了笑。通常，我对别人的嘲讽都无感，但今天这风刮得厉害，是我第一个站出来给"刺猬头"圆场的，而且我对自己能射中南瓜头僵尸/稻草人还挺骄傲的。那天宿醉得比较严重，我颤抖的箭一直射偏到泥地上。箭袋快空了的时候，我意识到一件事：我的箭全程都搭在弓的错误一边了。我又拉起一支箭，然后将它直射进僵尸南瓜的两眼中间。

"刺猬头"根本不知道他面对的是什么人：一个尝试过各种疯狂射击的男人，而且现在处于更糟糕的宿醉状态下；一个善于假装知道自己在做什么的人。我舔了一下手指，测试暴风的倾斜度，眯起眼睛盯着远处稻草堆上绑着的气球，把箭向一个长长的、似乎不可能的弧度倾斜。然后，我放它离弦而去。

---

① 用苏格兰口音说的作者的名字。

185

冲破逆境

　　每天早上，全球有上百万人在他们应该做的事上惨遭失败，或者止步于行动之前。

　　但有些时候，克服宿醉所需的勇气、坚韧和铤而走险，能激发出成功的火花，甚至是更伟大的成就。当然，作家、摇滚乐手、演员、炼钢工人等一直以来都在与之对抗，也许每天如此。但是机遇和舞台很少为顶级田径运动员敞开。将激烈的体能竞争和团队、公众的期待与挑战自我极限的内在理念结合起来，历史上最英雄主义的宿醉就是在职业体育的田径场和运动场上发生的。

　　英国一级方程式冠军詹姆斯·亨特痴迷于奢靡的生活，而对他擅长的这项运动并没有兴趣。赛车对他来说，只不过是跻身顶级派对的最快方式。实际上，正是因为和亨特一块儿喝酒，斯坦·鲍尔斯（Stan Bowles）才在他的《宿醉游戏》中因表现得糟糕而被责怪。

　　不幸的是，鲍尔斯刚刚去世，他曾被视为神话。他是英国足球界的亨特，还带着一点谢恩·麦高恩的影子。他缺乏远见的程度就和他的传奇以及饮酒赌博的程度差不多。此人曾和两家不同的鞋履公司签赞助，最后为了避免闹僵，只好一只脚穿一个牌子的鞋。

　　接着到了1974年，他毫无疑问地荣获《超级巨星》史上最低分。《超级巨星》是一项竞赛性质的电视节目，让不同项目的精英运动员在一系列奥林匹克风格的比赛中互相竞争。引用《卫报》对他失利的总结："他在游泳项目中连单程都没完成，在举重上没能干净利落地推举，在网球比赛中以两个6比0输给J. P. R. 威廉姆斯（威尔士橄榄球明星），在独木舟比赛中被水浪吞没，在射击比赛中把桌子劈成两半。"

鲍尔斯解释说，他如此彻底地偏离目标是因为："比赛前一天晚上我和詹姆斯·亨特出去了，宿醉之后一切都不在状态。一点就着的感觉，你懂吗？"但他大部分时间似乎都是这个状态。就像鲍尔斯在自传中写的那样："我所到之处，都以混乱告终。"除了他在球场上的时候。他跑起来就像绝地武士，用"原力"让球转向。但如果喝得神志不清，他可能就会晕倒在替补席上。

这是团队运动的特点，而不是放任个人反英雄主义自行其是：宿醉的人通常不能上场，会被教练、队友、硬板凳埋没。但是在大洋对面，说到橄榄球时情况可能相反，比如第一届"超级碗"。印第安纳州的东印度人闪恩·乔希在《布拉格评论》（*Prague Revue*）上写下了最具史诗感的内容："无论何处，只要人们在技术和竞争中相遇，传奇就会出现……有时这些传奇人物会在冠军赛的早晨出现在团队的自助餐上，浑身酒气，毫无睡意……有时这位传奇会走下替补席，然后伴着强烈的宿醉掌控全场。有时候，传奇是有名字的。这位传奇人物的名字就是马克斯·麦吉（Max McGee）。"

史上第一届"超级碗"是在洛杉矶举行的，堪萨斯城酋长队对绿湾包装工队，马克斯为后者效力。但是他几乎整个赛季都在坐板凳，根本没理由相信这次会出现转机。再说了，洛杉矶是他的家乡，所以他得上阵——该死的宵禁。

正如乔希所说："马克斯过得奢靡。马克斯过得健康。这又有什么关系呢？……马克斯·麦吉周日又不打'超级碗'。"他当时最多就睡了几小时。当马克斯醒来时，他"深陷宿醉"，就算坐板凳也十分痛苦。

接着，在"超级碗"的第一场比赛中，一件不可能的事，或者说至少毫无希望发生的事发生了：整个赛季都在他前面首发的博伊德·道勒，在绿湾包装工队第三局时因肩膀伤势恶化而离场。马克斯当时甚至连头盔都没带。文斯·隆巴迪让他上场时，他只好向别人借了个头盔。

乔希写道："如果马克斯·麦吉在那一刻确实感到惶恐，那也一定只有一瞬，接着就被大量酒精留下来的痛苦取代了。但有些人成功是有原因的，有些人成为传奇也是有原因的……"

随着一阵阵的反胃，马克斯缺水的大脑开始萎缩，火烧火燎的脑袋在借来的头盔里膨胀——肾上腺素涌上来，保佑这个宿醉的人。马克斯·麦吉在第一节后半段才上场，并且单手接住了"超级碗"有史以来第一次触地得分的传球。

比赛结束时，他七次接球，总码数138，并有两次触地得分，带领绿湾包装工队以35比10的成绩获胜。但是他没有获得"最有价值球员奖"，这个奖项颁给了斯塔尔。乔希这样写道："橄榄球的四分卫总是获得荣誉的那个。但是马克斯也得到了其他的东西。就在那天，马克斯·麦吉成了一位传奇人物。"

确实，如果没有宿醉，他也可能表现得不错，甚至更好——可能仍会创造历史。但是想被称作"传奇"？那得经历一段充满艰难险阻且令人却步的过程才行，特别是当你得为这些困难负一部分责任的时候。而传奇的宿醉是一种你不介意它永远持续下去的宿醉，至少在名人堂里是这样。

宿醉游戏（大师和麦芽威士忌）

从某种程度上来说，布赖恩·金斯曼（Brian Kinsman）恰好与马克斯·麦吉相反。但他也具备成为苏格兰超级英雄的特质。他温文尔雅，体贴周到，整齐的姜黄色头发和雀斑都像他轻快的苏格兰口音一样微妙。他说话柔声细气，耐心又谦逊：他曾是一名风笛手，后来成了化学家，而现在是世界上最有创造力的麦芽酒大师。

过去五年中，每一盎司装在瓶子里的格兰菲迪酒（比地球上任何其他单一麦芽酒都要多）的标签上都有他的签名。世界各地的酒吧最上层货架上都能找到"麦芽大师限量款"，瓶身上甚至还有他的肖像——一张金斯曼双手插兜站在威士忌桶中间的照片。不过即便你坐在酒吧里，在他身边喝酒，你可能都认不出他来。他就是你曾经想见的那种礼貌而不张扬的人。有那么一两次，他出于好意向追根问底的老顾客透露了真实身份，结果不得不赶紧离开。因为后来每个酒客都跟他称兄道弟，让他很不自在。

但是今晚，他在劫难逃了。他在格兰菲迪华丽的餐厅中，坐在了绝对最无礼、最咄咄逼人的"大嘴巴"旁边。

"那么，"我说着，啜饮着一杯罕见的二十年陈酿，"如果苏格兰威士忌仅仅因为木桶才有这样的颜色，为什么不做一批清澈的格兰菲迪？只要营销得当，你肯定能卖掉。"

没错，这就是我刚刚问这位麦芽大师布赖恩·金斯曼的问题。我还没到法定饮酒年龄时就开始喝威士忌了。过去几天不断有人给我全方位展示和解释这古老而又闪光、有远见的运作系统，而我的工作就是了解各个领域的知识，至少每样都了解一点。

但是他没有说"好吧，你知道这不仅是颜色的问题，它的大部分风味都来自木料"，也没说"你到底为什么坐在我边上？"或"你能不能别说了？"这位世界上最受尊敬、最谦和的麦芽酒大师说："嗯。我之前没有这样想过。所以如果哪天在卖酒的商店里看到了清澈的格兰菲迪，我们可能欠你一些版税。"

他就这样幽默又善意地回答了我极其愚蠢的问题。但我还有其他问题想问。我最近读了很多关于同系物的文章，越读越觉得不懂。据我所知，同系物是一个比较近期才创造出来的词，指的是酒精饮料中除酒精以外的几乎所有物质。照此说法，同系物才是烈酒味道和颜色的成因。但它们也被称为"杂质"，被人们视作产生严重宿醉的替罪羊。

正如芭芭拉·霍兰德所说："同系物是调味剂和改良物质，让我们喝的每杯酒各有滋味。它们很容易用肉眼辨认：深色的不好，浅色的好。从同系物方面来说，白兰地是最致命的，其次是红酒、朗姆、威士忌、白葡萄酒、金酒和伏特加。波本酒让人头痛的程度是伏特加的两倍。"

虽然怀疑霍兰德女士让我痛苦，但我还是对这个等式表示怀疑：作为一个模糊的经验法则，它可能偶尔有用，但肯定过于简单了，而且往往错得彻底。金斯曼则比较圆滑。"嗯，我认为这种相关性可能对高品质的伏特加有一些作用，它是最高度精馏的酒，"他说，"最终，经过一遍又一遍萃取，你最后得到的只有乙醇，有时可能还掺杂一点甲醇，仅此而已。所以它差不多算是纯净、清澈且无味的。但这并不是说这些东西互相依赖。看看威士忌的制作方式就知道了。"

如今世界各地市场上生产和销售的烈酒基本上都是用同样的方法

制作的：将谷物或者根茎类蔬菜捣碎，与水混合并加热，然后加入酵母。静等几天发酵，然后将残留物，也就是通常所说的啤酒，反复煮沸，直到剩下浓缩的高纯度酒精。这个过程就是蒸馏。

苏格兰威士忌以麦芽制成，人们通常以泥煤熏烤麦芽，可为它增加风味。如果你非要知道的话，最后制出的是泥炭风味的单一麦芽威士忌。因此，由于找不到更适合描述这种烟熏残留物的说法，我们可以认为它是一种主要的同系物。接着就是酿造、发酵和蒸馏。蒸馏啤酒时，你得到的不只是乙醇，还有甲醇、丙醇、丁醇、乙醛以及其他各种长链醇。金斯曼能像机关枪扫射一样一口气说完这些名字。接着它们会和长链酸结合。

"潜在的混合物有上百种，"金斯曼说，"初级的蒸馏会产生油脂，进一步萃取可以得到芳香物。"这些挥发性风味化合物在蒸馏的过程中天然形成，它们存在于我们的食物和饮品中。但是为了追求苏格兰威士忌的品质，人们对酵母、温度、发酵和蒸馏的速度与时间，每一个环节都严格控制和平衡，最终得到的是可以一次又一次完美再现的独一无二的烈酒。

这既是科学，也是魔法。首先对酵母这一基本又神秘的实体来说就是这样。就如亚当·罗杰斯所言："酵母创造的奇迹足以令人难以置信。它是一种真菌，一种自然创造的纳米机器，能把糖转化为我们喝的酒……它是一种单细胞生物，但既不是植物和动物，也不是细菌或病毒。"

如果没有这一与生活息息相关的基本属性，我们几乎一无所有，至少不会有面包和啤酒。虽然在一个半世纪之前，它的存在并不为人所知，但现在我们对生命运作方式的很多了解都来自对酵母的研究。

实际上，它是第一个被全基因组测序的真核生物。

与发酵不同，蒸馏是人类发明的——起源于炼金术师探寻生命的本质。他们发明了一种工艺，高温煮沸葡萄酒和啤酒后，收集这些蒸发后变得更纯净、更浓缩的酒精。接着他们决定用橡木桶储存和运输这些酒。不过他们首先烧了木桶的内壁，以消除所有残留余味。这时他们发现了一件奇怪的事：路途越长、越颠簸，酒却变得越香醇美味。

"很多关于威士忌的事都是神奇的巧合，"金斯曼说，"橡木桶这部分尤其是这样。"这棵把动物皮毛变成皮革的老树，也把粗暴的白色闪电变成愉悦的流星——一颗给予大脑的美味彗星，神奇的是对大脑来说倒也不坏。因为重点在于：如果你点火燃烧木桶内壁，会产生两层基础的灼烧——烘烤层和烧焦层。我问金斯曼这有什么区别，他一如既往地耐心回复我："就像是烘烤某个东西和……"

"烧焦某个东西。抱歉。"

烘烤层是做加法。金斯曼形容它为茶包，就像是在木桶里释放这些十分诱人的东西——颜色、风味、砂糖混合物。这些都是诱人的同系物。"你可以通过改变烘烤层，影响酒最终的风味。"

同时，烧焦层是做减法。金斯曼将它比喻成魔术贴："它用许多极小的钩子抓住不需要的同系物：大量硫黄和一些酸性更强、更剧烈、易挥发的混合物。"因此灼烧橡木桶时，一套系统诞生了，其中酒精变得更纯净也更复杂——纯度更高。还更具风味。

"如果你小心处理，"金斯曼说，"木桶不断地释放味道，直到被耗尽，然后就什么都不剩了。"如果用他混杂又贴切的比喻来说的话，就是魔术贴的钩子磨坏了，茶包也用光了。"如果发生了这种情况，你打开一批陈酿十年的威士忌，结果味道仍然新鲜，这可不是喝威士忌时想尝到的味道。而且它可能只会让你头痛。"

"头痛？"

"的确有可能……"金斯曼说，仿佛这时想起了我对这些事的奇怪关注。他端起自己那杯格兰芬迪索莱拉[①]举到蜡烛边，让光线透过琥珀色的液体："颜色能告诉你很多信息。但是它也会说谎。如果色泽来自木头，那么深色就表明这是陈年过滤的酒——这颠覆了从浅到深的纯净度等式。但如果色泽来自人工添加剂，如焦糖，那它可能会误导你。过去我就曾……喝过不成熟的威士忌，第二天感到非常难受。而有时候你喝了特别多的酒——当然这不是值得吹嘘的事，但可能你喝了很多很多高品质的威士忌，第二天醒来依然感觉良好。"

这确实有一定道理。毕竟，我平时——应该说，我真的从来都买不起一流的酒。而且自从到了斯贝塞，每天早上都没那么痛苦了。这是多么美好又令人难以置信的、美学的、清心寡欲又自由自在的神秘力量啊——凭借这最甘甜也最微妙，甚至不期而遇的、通往愉悦的气味和味道的秘诀，也可能使我们免于头痛。

"嗯，我想我们的感官就是这样运作的，"金斯曼看着杯里的酒并表示同意，"我们被警告远离对我们有害的东西，并被不会伤害我们的东西所吸引。"

"敲敲木头[②]。"我说，这个双关弄得我有点尴尬。我们喝下一口前碰了下杯，这让我想起我们为什么会这么做——或者至少为什么人们觉得我们会这样做。一种解释是，很久之前，人们坐下喝酒时会先

---

① 　索莱拉（Solera）是葡萄酒的陈年系统。葡萄酒在摞成三四摞的500公升美式橡木桶里陈酿，最靠近地面的那一排被称为"索莱拉"。——译者注

② 　"敲敲木头"（Knock on wood）也有老天保佑的意思。——译者注

猛击碰杯，让酒洒到彼此的杯中——用这种相对友好的方式保护自己，消除酒杯被下毒的担忧。

另一种更具诗意的解释是，当你喝酒时，它能唤醒四种感官：望向酒杯的视觉，唇齿沾杯的触觉，当然还有嗅觉和味觉。然后，通过互相碰杯，你打开了第五感——有时声响还很清脆。

"你知道我最喜欢它的哪一点吗？"金斯曼问。

我告诉他我不知道。

"是酒精不断变化的方式。即便在你的酒杯里，它也一直在变化。我们费尽心思想让产品始终如一，但它的味道永远不同，并会被无数事物所左右：你的心情，你吃的东西，空气，同伴。你突然发现了一些你永远猜不到的东西。"

换作另一个人，这可能多少有些空想的成分。但这就是这个人的本职工作，比世界上任何其他工作都更需要对感官保持完整和充分的意识。他创造了酒的色泽、质感、气味和味道。他喝下一口自己创造的酒，然后告诉上百万人他们的杯子里装着什么。

他作为世界上最受欢迎的单一麦芽酒的制造者，其产品因卓越的一致性而闻名，但他真正想说的是，他最喜欢的就是它的不可预测性：你喝下的一百口都跟喝下的第一口一样不可捉摸，且具有主观性。"你觉得呢？"他指着我的索莱拉说，"你从中感受到了什么？"

我轻轻闻了一下，又抿了一口。"很棒。"我说。一番努力思索后，我得出结论，"蜂蜜、橙、小提琴……"然后我想起来我可能是从格兰菲迪的样品解说上看到的"蜂蜜"，这当然是金斯曼写下的。我甚至不确定"橙"是指味道还是颜色，房间被闪烁的橙色蜡烛照成了暖色调。此时我注意到，角落里有个女人在拉小提琴，所以，也许这并非通感，我可悲的大脑不够文雅，几乎没有探寻感觉的能力，更不用说理解里面发生什么了。

金斯曼的大脑历经数年提炼样本，已经形成了成千上万的神经网络，触及各个部分——他能默默地瞬间辨识一丝水汽的特点，但也能从中找到新事物，并试图以言语表达出来。

他把酒杯举到鼻子前，想了想，*好像是甜的……很柔软——就像打开一包葡萄干闻到的那种甘甜柔软。那是一种特别的糖，我六岁时在祖母家第一次吃到。* 尽管他喝索莱拉并制造它已经许多年，他现在又闻到了一些从来没有注意过的味道，就像一个为自己的魔术而惊喜的魔术师：*甘草，带点烟尘，冒着……水汽。是那种雨落在酷热的人行道上的味道……*

金斯曼笑了。"你说得对，"他说，"它很棒。"

苏格兰另一款国民饮料

演员、喜剧演员、音乐家以及苏格兰宿醉的现代桂冠诗人比利·康诺利爵士，有这样一首激动人心的哀诗，题为《前夜后的第二天下午》。在1974年的一次音乐会录音时，他是这样介绍这首诗的："我愿将这首小诗献给苏格兰汽水'伊恩·布鲁'（Irn-Bru）的制造商，巴尔先生和夫人以及小家伙们，感谢你们在无数个星期天早晨救了我的命。"

这句话对其他人来说可能晦涩难懂，但是苏格兰是全世界唯一一个有一款本地汽水卖得比可口可乐还好的地方，《勇敢的心》为伊恩·布鲁的成名做出了一定贡献。《牛津食品指南》将其定义为："一种苏格兰软饮料，以它的象征意义和提神的作用而闻名。"伊恩·布鲁不仅仅是一款软饮料，也不仅仅是一个符号。对苏格兰人来说，它是最神圣的、无酒精的、出乎意料的靠谱宿醉解药。

1901年，罗伯特·巴尔和儿子安德鲁·格雷格·巴尔（公司名为A. G. 巴尔）出品了第一瓶这种饮料，它的历史几乎和格兰菲迪一样悠久，至今仍是一个家族企业。这款饮料曾名为"钢铁酿造"（Iron Brew），但在20世纪40年代改了名，因为它并不是酿造而成的，而且它含有多少钢铁的问题太接近它的秘密成分了。

据《苏格兰短语和寓言词典》（*A Dictionary of Scottish Phrase*）记载："其秘方储存在银行的保险库里，只有两个人知道：一个是总裁，他每个月都要到密闭的房间中配制原料，另外还有一位不知名的员工。这两个人出行时不能乘坐同一架飞机。"

对于一个真正的苏格兰人来说，伊恩·布鲁的传说远比尼斯湖水怪重要。1980年，巴尔家族发布了一个宣传口号"来自苏格兰，钢铁制造"——此话暗示着那未公开的力量，也是在向格拉斯哥的钢铁工人致敬，但是几乎没有透露出它的真正原料。实际上，事实证明伊恩·布鲁的"钢铁大门"很难被突破。

我自己也摸不着头脑，于是向一位原来在伊恩·布鲁当会计而现在在格兰菲迪工作的好心人打听，希望能整理出一个简介。这招也没能成功。我只好使出绝招，求助于大人物乔纳森·达特。在达特诸多的国际任务中，他也代理将伊恩·布鲁引进加拿大市场的买卖。不过即使是他，也只帮我找到了一些新的突破口。

伊恩·布鲁和奥地利的能量饮料红牛差不多，已经成为苏格兰甚至世界各地的酒吧、俱乐部、家庭和酒馆调制饮品时都会用到的混合剂。但这东西本来就不是用来和酒混合的。甚至这整个解宿醉的生意也和它被制造出来的本意背道而驰，它的初衷是让人们远离酒精带来的疾病。据《牛津食品指南》称："推动这类饮料商品化生产的部分力量来自禁酒运动。"这也许能解释为什么我奔走了半天都没人理会。

禁酒运动最终以一种奇怪的方式影响了整个西方社会，并导致美国实行禁酒令。但它最初是由欧洲三大惨淡之事引发的：金酒热、工业革命以及霍乱。

饮酒几乎是抵御黑死病的唯一措施，但即便大量喝酒不是导致霍乱的直接原因，人们也觉得它会使疾病加剧。引领潮流的禁酒者鼓吹这一观念，这种情况在苏格兰尤为严重。在这里，加尔文主义、苏格兰的职业道德以及不断增长的苏格兰威士忌产量，使人们与酒之间的关系越发紧张。

看看1832年苏格兰卫生委员会发布的公共服务海报，你完全有理由认为霍乱实际上是一种只有下层阶级才会有的致命宿醉形式。在全球化的转变下，卫生委员会带领读者开启了一场世界霍乱之旅。他们重点强调的是：

俄罗斯

在莫斯科和里加可以观察到，任何大型节日，在下层阶级聚集的地方，通常都以醉酒收尾，第二天的伤病员名单总会显著增加……

"先前酗酒对身体的影响似乎比其他任何原因更容易导致这种疾病。"

——勒费夫尔，关于圣彼得堡的霍乱

印度

"戒酒且生活规律的人，比醉酒或放荡的人免疫力更强，后者生活不规律，且经常在夜晚纵情饮酒后暴露在水汽和寒冷之中。"

——贾米森，关于孟加拉国霍乱的报告

波兰

"三个华沙的屠夫走进一家小酒馆，尽情狂欢，喝得酩酊大醉，直到毫无知觉地被抬回家。没过几个小时，这几个可怜的人就产生了霍乱的症状，而且病情发展得很快，四小时之内，他们三人就都死了。"

——布里埃·德·布瓦蒙，关于波兰的霍乱

德国

"在柏林，绝大多数霍乱患者都是由常见的疾病原因导致的——寒冷、疲劳，特别是毫无节制地进食和饮酒。"

——贝克尔医生，关于柏林霍乱的报告

最终，禁酒运动在苏格兰赢得了每周一天的胜利。1853年的《酒类许可法》(*The Licensing Act of 1853*) 禁止人们在周日饮酒，除了"合法的旅行者"以外。这使得很多当地人跑去相邻的城镇，就为了能在礼拜天喝醉，这全新的"异乡异客"的因素也是导致星期一宿醉的一个原因。

不过至少在宣传方面，禁酒运动最热烈的动员主要针对的是孩子们——提出这一倡议的最有名人士就是乔治·克鲁克香克。他曾酗酒，以为他的好友查尔斯·狄更斯的小说《克鲁克香克》绘制插图而闻名，他后来成了全国禁酒联盟的常驻艺术家和副主席。他创作了许多文本和版画，呼吁未来一代永远不要拾起酒瓶——事实上，是要粉碎酒瓶。

在他一幅八联版画作品《酒瓶》中，我们可以看到一个充满爱意的家庭里，一家之主第一次喝酒。但仅仅七张画布后，"酒瓶起了作用——它摧毁了婴儿和母亲。它让儿子和女儿堕落并流落街头，它让父亲变成无可救药的疯子。"

他的作品里不只有这种内容。在《酒瓶》的续作《酒鬼的孩子》（The Drunkard's Children）中，他以八幅画作向我们展示了儿子和女儿在金酒商店喝酒的画面。到了最后一幅画，"疯子父亲和罪犯哥哥不见了。可怜的女孩无家可归，没有朋友，身无分文地流落街头并痴迷金酒，最终自杀而亡。"

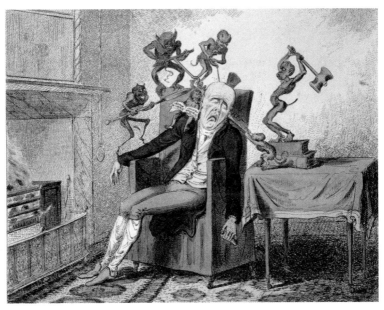

《头痛》，乔治·克鲁克香克，1819年

这些以家庭为中心的寓言故事显然是受到克鲁克香克父亲的启

发，他是一个酒鬼。克鲁克香克过去酗酒和宿醉的经历，为他创作更直接、更具生理冲击性的酗酒主题画作提供了充足的素材。他创作的版画《头痛》和《消化不良》，触目惊心地表达了它的主题。

宿醉游戏（最后一滴酒）

这是我在苏格兰的最后一晚，我和约翰·迈克菲特里克（John McFetrick）一起坐在名叫"最后一滴酒"的酒吧里，喝着啤酒和威士忌。这真是个不错的酒吧名，而且一语三关。他们曾经在外面的街道上绞死异端人士，而门上方的木牌上画着一个摇晃的绳套。但也正是像这样的地方，爱丁堡城堡矗立于此，造就了"上马车"^①这个说法。

在过去，关在地牢或高塔中的死刑犯，都会被押上马车，游行示众穿过街巷，最后送到公共绞刑架。有时如果法官宽宏大量，或者死刑犯人缘好，他们会在酒馆停车，让他喝上最后一杯酒。囚犯会喝光杯子里的酒，大概会喝得非常慢，然后就该"回马车"了。

"嗯，这既让人受益又让人愉快。"迈克菲特里克说，他那驴子屹耳般的嘲讽语气从大学起一直没变过。那时候，虽然我们彼此敬重，但并不是很相似。然而现在，二十年过去了，我们多了许多共同点：两个爱尔兰籍的加拿大人在苏格兰酒吧里喝酒，我们都有年幼的儿子，复杂的家庭状况，深深根植于我们身体里的矛盾，对威士忌的热爱，潜伏在我们身边的奇怪魔鬼，以及喜欢招惹它们的危险习惯。

---

① "上马车"（to go on the wagon）是美国禁酒时期的表达，表示戒酒。

例如，迈克菲特里克在过去的很长一段时间里，一直在研究爱丁堡大学收治的躁郁症患者数千小时的谈话录像，而我一直在研究宿醉。我们碰杯：敬旧时代和新讽刺。

我们点了些肉馅羊肚，然后我问了他的宿醉情况（我记得他有些值得说的事）。他跟我讲了一件我认识他之前发生的事。某天天气酷热，迎着号角声展示方阵，他吐在了教官身上，而对方浑然不知。他说完哈哈大笑——然后就是我让我们被蒙特利尔交警当场抓获的事了。

那天是情人节，我和交往已久的女朋友艾比打算一起大喝一场，然后去看夜场的《罗马帝国荒淫史》——和你想的一样。接着，在去的路上，我们说服迈克菲特里克跳过闸门。结果他绊了一跤，地铁里的警察到了现场，接着就发生了一场尴尬的混乱。

"那些，"迈克菲特里克说，"都是过去的美好时光。"

环顾四周，可以想象罗伯特·路易斯·史蒂文斯和阿瑟·柯南·道尔在这个酒吧里一醉方休的场景。毕竟他们是酒友，还是大学同学。

在英国旅行的这几周，我发现我走的路有几处关联。我给迈克菲特里克看了我在德文郡的铁匠铺做的拨火棍，它就在巴克法斯特修道院旁边。

"巴克法斯特修道院，"我正说着，我们点的肉馅羊肚来了，"你知道那是什么地方吗？"

"修士待的地方？"迈克菲特里克说。

"好吧，没错。但那也是巴基酒的产地。"

巴克法斯特滋补葡萄酒——又叫巴基酒，在苏格兰城市的街道上很出名——它是苏格兰警察和麦芽酒大师金斯曼这样的人最痛苦的噩梦。它极其廉价，含15%的酒精，有着非常可疑的同系物，大量精制糖，咖啡因含量比八罐可乐中的咖啡因还多。简单来说，它会把你搞得一团糟。而且很明显，这种酒是"Neds"的首选饮品。这个词的意思是"没受过教育的小流氓们"。

据苏格兰最大的警察部队称，超过五千份犯罪报告都涉及巴基酒，其中用巴克法斯特酒瓶作为武器伤人的就有超过一百起。政府传唤了那些朋克青年和修士，当地警察开始在酒瓶上做标记，以追溯其买卖情况。

2013年11月，苏格兰卫生局局长亚历克斯·尼尔命令巴克法斯特修道院停止生产这种酒。但是即便让他们不要这样做，这些英国修士也依旧保持沉默，继续制造这美妙又害人的巴基酒，并将它发往苏格兰各地。现在，这装在瓶子里的怪物、变味的养生酒、在瓶中震颤的野兽，以新面貌回到了苏格兰高地山麓下的城市。

我们喝着威士忌和啤酒，直到酒吧打烊。我在街上拥抱了一下老朋友，告诉他我要打车回酒店。但我说着的时候，想法却变了，我后来的真正计划是买一些巴基酒，只为了看看这东西到底有什么作用。

极其离谱的醒来方式

在柏林的公交车站顶上。

——帕特·法尔巴恩，33岁。精致的潮人。在奶酪店工作。

在坦帕市一间空的化学实验室里。

　　　　　　——肯·莫瑞，44岁。作家、教师、划船手。

　　　　　　（在本书其他地方出现过。）

在马萨特兰一个超级豪华的码头里的一艘摇摇晃晃的旧帆船上，我衣着完整，但是身边有两个裸男昏睡在地板上，我已经想不起来他们是谁。在他们开往加拉帕戈斯群岛之前我还有充足的时间睁开眼以及收拾好东西。

　　　　　　——林德赛·瑞丁，31岁。按摩师、探险家。

在我房间的地板上，周围都是在全力救援的消防员，他们的靴子恰好避开了我的脑袋，消防软水管在地板上纵横交错。我点着烟睡着了，我朋友醒来时看见我脸旁有个餐盘大小的烟洞，于是往上面泼了一盆水，把我卷起来，然后把床垫拖到木质阳台上，它一直在那里冒烟，后来一个邻居叫了火警。我明白了两件事：床垫起火基本没办法扑灭，以及消防员的靴子真的很大。

　　　　　　——布鲁斯·勒菲弗尔，58岁。

　　　　　　（作家朋友、喝酒的朋友。）

在我床上……醒来时还有半盒融化的哈根达斯冰激凌。完全没想到是冰激凌。

　　　　　　——梅琳达·凡可仁，急诊护士。

　　　　　　（一起喝酒和吃冰激凌的不错人选。）

尼加拉瓜酿酒厂之旅的中途，在酒桶架后面。苏可以证明。

——罗伯特·霍夫，51岁。优秀的作家，可疑的讲故事人。

（苏的幸运丈夫。）

在一间从没去过的厨房里，而且没穿裤子。

——邓肯·肖德兹，41岁。高中时的朋友。

（以前非常聪明，个子高。现在可能也一样。）

答案，一步步来说，是"在你的厨房地板上，脸埋在一罐腌茴香里"。

——约翰·迈克菲特里克，48岁。

（一直喜欢腌菜。）

宿醉游戏（闭幕式）

我醒来时，脑袋热得出奇，还嗡嗡作响。我在一间勉强能放下床的房间里半裸着身子侧身躺着。我的脚悬空，头在窗户下的暖气上，窗外爱丁堡城堡的绝美风景几乎都被一张卡片给挡住了："客人须知：请不要遮盖或阻挡暖气出口网或者暖气进气开口。"

我试图抬起头，防止它挡住暖气出口，但这个动作就像是要把大脑拔出来一样。所以我重新调整了一下想法，一边继续保持这个姿势，一边轻声呻吟。

大概一小时后，我起床，大口喝下从床脚的迷你浴室里接的水。

我穿上衬衫，办理退房，然后拽着包进了旁边的书店。头痛减轻了，但是还有强烈下坠的恶心感。

这是一家现在时兴的那种精致书店，里面摆满了烹饪书、自助书和企鹅经典书籍，二层有个咖啡厅。在咖啡厅收银台上的牛角面包展示柜旁，有个装着伊恩·布鲁的迷你冰箱。我买了一罐，然后靠窗坐下，这里可以一览山顶城堡的景色。

铝罐冰得恰到好处，开瓶的时候瓶罐轻微缩起，接着我抿了一口。这味道比我想象得好多了，我以为它会很甜。不过它有一种强烈的冷酷感：就像一杯冷橙色的讽刺。喝的时候，我感觉好多了。现在是时候理清思绪了——把那些野蛮的想法放到一边，重回空中，坐飞机回加拿大。我在礼品店停留了一会儿，给孩子和女友买了礼物。

我给劳拉买了一条性感格子紧身裤，给泽夫买了一只装扮成达斯·维德的泰迪熊。接着我把礼物和六罐装的伊恩·布鲁一起塞进行李箱，出发去机场。

第六幕间

综合疗法的渊源

过去一小段时间里，总有人给我发关于韩国冰激凌解宿醉的文章。当你在某件事上投入了太长时间并且所有人都知道时，就会出现这种情况。去年我的社交媒体账号上满是中国研究员，说到伊恩·布鲁，他们最近认为橘子汽水是缓解宿醉的完美解药。在那之前，还有日本梨、碳酸卷心菜汁、发酵的番茄以及上百种煮鸡蛋的方法。

但是番茄、卷心菜、梨子、苏打汽水和早餐已经被提起有一阵子了。韩国冰激凌中激动人心的新原料来自拐枣树，而它早在1600年就开始被用在宿醉治疗中了。

我并不是说灵丹妙药不可能隐藏在一些我们已知的事物中——只不过我们已经知道它们了。所以在此，出于连续性、历史关注点的考虑和一些我们正在践行的见解，我会对一些经受住了时间检验的宿醉治疗原料做一个简要概述。这并不是说这些都是成功的解药，但是人们在以不同的方式不断尝试，已经践行了数百年，现在仍然如此。

就拿腌鲱鱼举例吧。作为一种宿醉疗法，它可以追溯到我们刚开始制作腌鱼的时候。德国人甚至还有一个跟鲱鱼有关的宿醉委婉说法："那个人需要一条鲱鱼"。在13世纪的法国，一些没规矩的大学生在星期天参加弥撒时，也会玩一种"鲱鱼游戏"。他们把鲱鱼绑在礼服后面，在地板上画出踪迹，游戏中的参与者要踩前面的鱼，同时保护好自己的鱼。但是鲱鱼的真正目是折磨那些虔诚的牧师，让他们想起前一天晚上的醉酒。到今天，斯堪的纳维亚半岛和俄罗斯等地的自助早餐里都有鱼，人们认为鱼肉中的丰富油脂能够降低酒精中酸性物质对肠胃的影响。

更唾手可得的宿醉解药是油浸鱼肉的一款最常见的北方配菜：德国酸菜——或者至少是它的原料。回到古代，人们曾通过腌制、熏制、生吃，还有最常见的水煮等方式食用卷心菜，作为预防和治疗宿醉的方法。公元前3世纪，希腊修辞学家阿特纳奥斯写道："埃及人是酒鬼，这一点也体现在他们的习俗上，只有他们会在宴会菜单上把水煮卷心菜放在第一位，而且直到今天依然这么做。"

据说亚里士多德还为此写了一首简洁的押韵短诗：

昨晚你喝得很醉，

所以现在你会头痛，快入睡；

醒来时吃一些水煮卷心菜，

你的头痛一去不回来。

如果上述所言没错的话，这有可能是由于卷心菜的螯合能力——它能与身体里有毒的元素结合，并在排出时把毒素带走。其他的中性螯合剂包括奶蓟、番石榴叶、香菜、木炭和N-乙酰半胱氨酸，这些都是近来市场上治宿醉产品中的活性成分。实际上，现代宿醉解药制造基本上是从"追随者"（Chaser）开始的，这种药本质上就是木炭或活性炭。尽管现在已经停产了，但至少从商业角度来看，它算是如今仅有的两个成功的宿醉产品，另一个就是"呐夫"（NoHo）——一种小杯液体饮料，据说是一位新奥尔良的医生发明的，装在塑料瓶中，主要有效成分是梨果仙人掌提取物。

梨果仙人掌也被称为沙漠仙人掌和印度仙人果，它含有甜菜素——一种稀少的、颜色艳丽的抗氧化物，使甜菜（另一种历史的宿醉解药）产生奇异的红色。至少在墨西哥，仙人掌被用作食物和药物已有数百年的历史。接着，就在十几年前，"呐夫"的创办企业赞助了一项双盲法、安慰剂对照的宿醉临床试验，并且得出了比较乐观的结果……算是吧。

尽管实验发现梨果仙人掌提取物"并未消除所有的宿醉症状"，它确实"减少了50%患严重宿醉的风险"。受试者"报告称反胃和口干的频率减少"，但"头痛、酸痛、虚弱、颤抖、腹泻和头晕等症状与安慰剂组相似"。

研究者认为梨果仙人掌的益处不仅因为它有抗氧化的能力，还由于它强大的消炎作用——这支持了至少一部分关于宿醉是一种发炎反应的理论。尽管没有更多已发表的进一步研究，但这项研究对于"呐夫"的营销团队来说也已经足够——至少他们可以将"临床试验证明有效"的字样印在包装上。

最新的"经临床证实有效"的古老疗法是拐枣树，又名俅江枳椇（Hovenia dulcis），它含有二氢杨梅素，也就是被大量报道的韩国冰激凌里的东西。它变得为人所知（并且有这么多别名）的过程，说明了宿醉治疗行业的许多普遍情况。

在《酒的科学》一书中，亚当·罗杰斯带领我们通过加州大学洛杉矶分校的神经科学家理查德·奥尔森重新认识了拐枣。奥尔森属于当前的学派，他认为人们对酒精的反应（从醉酒到宿醉到酒精中毒）和神经递质GABA及其受体有很大关系。近来，他开始对一种特殊的"突触外"GABA受体产生兴趣，这种受体会以一种复杂的方式对酒精浓度做出反应，其浓度与一杯葡萄酒的酒精浓度一样低。他的团队认为，这可能是包括宿醉在内的各种酒精相关功能障碍的关键，于是他们开始寻找一种能与酒精结合并有效中和它的药物。

于是，就像罗杰斯解释的那样："奥尔森的博士后学生，一个名叫梁京的研究员开始用中国产的一些草药做实验，从那些中医学声称对酒精有作用的草药着手。"就是这时，她从一家中国食杂店的货架上发现了一些拐枣片。

奥尔森和他的团队对它一顿研究，在实验室中提纯了它，分离出一种叫二氢杨梅素（DHM）的物质，并将这种物质制成药片，分发给要去酒吧的同事。服用后的人表示，第二天早上的宿醉减轻了，而且前一天晚上也比较清醒。

据我所知，最终支持奥尔森研究的公司很快推出了一款似乎能治疗宿醉的产品……只不过没用这么多话来解释。这种药名叫布鲁塞丁（BluCetin，这个名字并不确切），由生维得（Sundita，意为"全部健康和活力"）公司研发，这家公司的网站上有条这样的自问自答："烦透了晚上和朋友出去玩，第二天那种糟糕的、中毒的、衰竭的感觉？今天就试试布鲁塞丁吧，给你的肝脏和身体增添动力，满足现代生活所需。"

很快就有另一款以拐枣为基础成分的产品面市，但宣传上少了很多委婉语。例如，醒宝（Sobur）就直截了当地展示功效："二氢杨梅素可以减轻醉酒程度，而且绝对能减轻宿醉症状。"

当我联系奥尔森医生讨论这件事时，他似乎彻底陷入了懊恼、坚决又听天由命的状态。"我要声明，"他说，"我们（梁京和我）并不认为二氢杨梅素是一种解宿醉良药，它更多的是能阻断酒精作用，以及随之而来的醉酒与各种后果。"

奥尔森的功劳在于，他在区分的是一种连续体，与醉酒问题和宿醉问题之间由来已久的、仍然令人费解的语言的、社会的甚至科学的混乱有关。至于我的追求，我开始有目的地放弃那些疗法（如果它们确实有效的话），首先纠正醉酒。因为这似乎至少在精神层面有违我们探索的最初目的。

对于这些各种各样的食材和产品，我在喝各种不同的酒之前、期间和之后已经花了不少时间，尝试水煮卷心菜、刮木炭灰、泡拐枣、溶解梨果仙人掌粉、吃药片和吃油浸鱼肉。这过程可能比较糟乱、难闻、危险，而且宿醉情况常常比我什么都没尝试时更糟糕。不过，也有些时候——最近越来越多——我醒来的时候觉得头脑清醒，身体健康，毫无痛苦，并且非常乐观。

第七幕

未来可期

在这一幕中，我们的主人公在城里开了一些派对，然后在阿姆斯特丹和一个传奇的俱乐部主理人共进晚餐。客串：耶罗尼米斯·博斯、猴子屋和一位名叫"芝士汉堡"的人。

有些日子里，我的大脑装满了疯狂又新颖的想法，让我惊讶得说不出话来。而其他时候，卖酒的商店关门了。

——弗兰克·范拉诺

这场小派对可真精彩：十几个人和六七瓶爱尔兰威士忌，汇集在这间时髦又粗犷的温哥华loft里，屋主是一位同样时髦又粗犷的电影摄影师。他和他的作家朋友马萨听说了我办的研究派对，就非常友好地邀请我来参加他们的第一届年度帕特里克节威士忌品尝派对，前提是我要带一些解药来。

过去的几个月里，我一直在试验各种药片、粉末、酊剂、茶叶、乳剂、能量饮料的组合——先是拿自己做实验，然后找了朋友和家人，场所从扑克牌局、婚礼再到葡萄酒之旅——还有现在这个小型派对。派对上都是些可信任的陌生人，大家的年龄从23岁到56岁不等，有建筑师、生态学家、园丁、心理健康工作者、医学教育工作者、电子游戏设计师各一名，还有六个贪杯的作家。

为了引起他们的注意，我敲了敲杜拉摩威士忌的杯子，感谢他们为科学献出肝脏，然后介绍了一下规则。他们每个人会从九种不同的混合物中拿到一份，并附有如何以及何时服用的说明。其中包括两种工业生产的解宿醉产品，一种需要溶于水的粉末，一些草药胶囊，由盖娅花园的布朗温提供的混合液体，由托德·考尔德科特制造的阿育吠陀酊剂以及我一直在研究的一些混合药片。

九种可能有用的解药中含有四十多种不同的成分——包括奶蓟、菊苣籽、大麦草、牛蒡根、甘草、地黄、蒲公英、人参、银杏、姜黄、野葛、钙、叶酸、一些维生素、镁和氨基酸、菊苣提取物、葡萄提取物、棕榈提取物、梨果仙人掌、山柑、阿江榄仁树皮、蓍草花和龙葵，以及其他难以形容的物质。有些人只需要服用其中一种，有些人则要服用十几种。但是直到明天或者第二天（如果他们要那么久才开始感觉好起来的话）公布前，他们都不会知道自己服用的是什么。

我感谢他们对我的信任，然后要求他们吃点东西，并在柜子门上贴着的图标中标记他们喝的酒，同时允许我在活动期间至少对他们做一次呼气测醉检验。除此之外，这个夜晚是属于他们的。我祝他们圣帕特里克节快乐，并一同举杯。

五小时之后，时髦又粗犷的电影摄影师在自家浴室吐了；一对夫妇吵架后离开；23岁的作家像吃了精神药物的黑道老大一样，精妙地挑选音乐；生态学家正在发表关于葡萄酒的演说；心理健康工作者在和园丁跳舞；而我还在试验各种威士忌。

不靠谱

不论何时，你都能在全世界找到大约八十种声称能缓解、减轻、治疗或治愈宿醉的产品。我接触过十几家这样的公司，甚至和一些创始人取得了联系。可是每当我整理好采访计划准备前去拜访时，他们就倒闭了，这样的情况接连发生了好几次。

现在，不得不承认，这可能和我设想的研究计划的详细程度和越来越混乱的工作节奏有关，但是这肯定也反映了我正试图理解的这个产业的一些情况。它似乎正在迅速发展，但也可能正在崩溃，过度饱和又令人费解。

残酷的事实是，在几个月的时间里，仅仅联系过几次后就有不止一家乐观的宿醉治疗企业表示，我这样一个从事新闻工作，为了增加写作的收入，又用教书来填补写作的收入的人，可能是收购他们的宿醉治疗公司的完美人选。

虽然这一切看起来很愚蠢，我还是不确定这些公司是不是因为产品不好才倒闭的。当然，那些产品可能很差劲，但是更可能的原因在于他们的方法或者缺乏方法，以及这个星球上人们的普遍禁酒、状态、信仰和想象力。

我开始怀疑，不用说解决宿醉了，仅仅对抗宿醉就关系到更多的我们还没开始考虑的更根本的事。

未来可期（或错或对）

回头来看，圣帕特里克节派对办得非常成功。我收集了一些图表、笔记、趣事、酒精测试结果和几个正面评价。这里有几条他们的自述。

来自阿德里安娜·马修斯的反馈，她23岁，喝了五杯啤酒，五杯威士忌，血液酒精浓度0.12。疗法为胭脂仙人掌/梨果仙人掌粉末：

我整晚都感觉不错，就是有点滔滔不绝，太爱分享。我一度对所有不是我亲自挑选的音乐都失去了耐心，尽管回想以前，我自己播放音乐也不是很在行。我大概是在早上五点上床睡觉的。九点醒来，浑身发抖，感觉很荒谬，但是到了下午三点，我出去散步了，感觉一半"沉浸在大自然的平静和美丽之中",另一半在想我可能会吐,但我没吐。

来自罗宾·埃斯洛克的反馈,他喝了两杯啤酒、四杯威士忌,血液酒精含量0.06。疗法为葛根:

我本以为星期日早上会感觉很糟糕,主要是因为我很久没有在深夜两点醉醺醺地上床睡觉了,家里有个正在长牙的两岁宝宝整晚不睡,这就表示我整晚都不会有深度睡眠了。我女儿早上六点半醒来,我老婆已经受够了,所以我也得起床。这些都是导致糟糕的宿醉早晨的秘诀。我认为这归功于:a)这些药片里的一些鬼东西的安慰剂作用,b)这些药片里的一些鬼东西的作用,c)我没喝多少,在计分表上的得分没杰夫那么高。

来自我们的屋主杰夫·托珀姆的反馈,他43岁:

根据官方统计,我在晚上七点到凌晨三点喝了六瓶啤酒、九杯威士忌为基酒的饮料(考虑到晚上十一点以后我记不清楚了,也许忘了记录,所以可能喝了更多)。当晚我的血液酒精含量是0.13。到了午夜(大概),我发现我的眼睛看不清了,而且我需要清空自己的胃(即呕吐)。在楼上的床上短暂(约15分钟)休息/瘫痪后,我又回到庆祝现场继续喝酒。许多人会将这种重振精神视为"英雄事迹"。我按照指示服用了"解药"(#3),包括在饮酒前先吃了3小片药,入睡前吃了一大片琥珀色的药片。

通常这样的夜晚会让我丧失行动力（即一塌糊涂）……

我的酗酒生涯长达 25 年，但今天和之前任何一个宿醉隔日的体验完全不同。我九点半醒来，仍旧有点累，但奇迹般地没受什么损伤。我的头不疼，思路惊人地清晰。实际上，我还给几个询问实验进展的朋友发短信说"这是个奇迹"。最不平凡的事实就是我过了个平凡的星期日。我处理了工作，看了电视。我身体有些疲惫，但绝对没感觉到我昨天几乎空腹喝了 15 杯酒。

我发誓以上的叙述是真实的，没有夸张的成分。谢谢你让我参与到这个有意义的项目中来。如果有任何其他问题还请告诉我，还有那颗神奇的琥珀药片里到底是什么见鬼的东西？

那颗神奇的琥珀药片里都是上好的乳香，而且我为这目前看来似乎最有效的三号疗法感到非常自豪，它是我亲手调配的，主要成分是 N-乙酰半胱氨酸。自从意识到它不是上次我的头肿成沸水鱼缸的原因，每次测试它都给我留下更深的印象。

不过也不是所有疗法都这么有效，其中当然也有风险。你试着帮朋友找点乐子，可即使尽了最大努力还是把整件事搞砸了。疗法奏效时他们会感谢你，当它不起作用时他们肯定也会谴责你——这也情有可原。下面我们看看兰迪·贝克尔的情况。

从各种意义上来说，他都是个独特的测试对象。他是一群人中唯一喝葡萄酒而没喝啤酒和威士忌的，也是 11 号疗法的唯一被试者。11 号疗法是一款草药产品，含有山柑、菊苣籽、龙葵、阿江榄仁树皮、菁草花和柽柳。我并不十分确定这些都是什么东西，但可以肯定地说，我不会再使用它们了。以下是贝克尔先生不得不报告的内容：

我想我这辈子从来没有喝完酒后这么难受过……从来没有。从晚上八点到凌晨一点，我喝了一瓶葡萄酒、三小杯威士忌，吃了一顿饭，然后喝了几杯水。没喝太多。我大约凌晨一点离开杰夫家，酒精测试只吹出0.1，觉得微醉，但不算很糟糕……回家路上，我先是走路，然后打了车，因为我不确定自己能不能走到家。我似乎越来越醉，整个世界"更模糊"了，让我神志迷乱。我终于进了家门，但我不记得我刷牙了，也不记得我是怎么上床的……我上床并闭上眼，这种天旋地转的感觉我从来没经历过……我跌跌撞撞下了床，踉踉跄跄地走到浴室，花了十五分钟清空我的胃，大部分都在马桶和水槽里解决了。在那之后吐无可吐，我感觉好了点，于是撤回卧室并昏迷过去。

我大概九点醒来……整整一天都觉得中毒、糟糕、疲劳，并自怨自艾。即便周一上午醒来时我还是觉得昏沉又难受。直到下午一两点，我才恢复过来，意识到我的肝脏还没有崩溃，我还活着。至少过了好几天，我才能愉快地面对另一杯葡萄酒。

在和几个朋友以及看着我受这一遭的女朋友乔安妮谈论这次经历时，不止一个人说："所以……你去了一个派对，见了一个鼓励你喝酒的陌生人，他还给了你一些你都不知道是什么的药，还让你自己一个人回家……概括一下就是这样？"

是的没错。

谢谢你，兰迪。

是我的错（以及另一种可能）

兰迪，我很抱歉。真的很抱歉。不管我在圣帕特里克节那天看起来有多油腔滑调，那只是我的爱尔兰口音出来了。我一刻也没有轻视大家对我的信任，也没有轻视我对大家的短暂权力地位。或者说，如果我曾经这么干过，我以后绝对不会再这样做了。无论那可疑的灌木、种子、树皮和龙葵的混合物对你造成了什么影响，我都承担全部责任，我已经把它剔除出试验名单了。

不过，这也有另一种可能。至少值得注意的是，当我们其他人都在豪饮啤酒和爱尔兰威士忌时，只有你在喝红酒。

不论什么时候有人问起我（当我没有被问到的时候也是如此），我会说，如果余生我只能喝一种酒的话，那我会选红酒。我可以用一整章来写它有多美妙（别介意它对你来说有多好）。但是不论我有多喜欢它，我身边也有一些我同样爱的人，他们甚至都不能碰它。事实上，现在似乎每天都有人不得不彻底放弃它，因为不喝红酒的痛苦最终还是被喝红酒的痛苦战胜了，因为宿醉，还有那见鬼的偏头痛。

近年来，红酒引起的偏头痛已经成为发达国家的头号问题。但是与无线耳机和贵宾犬产生的焦虑相反，这绝对值得我们关注。这个现象是个悲剧，也非常神秘，我开始怀疑这也许暗示了更大的事情。

根据最基本的常识，这些对红酒的不良反应（有时只喝了一口就可能产生）要么是硫化物造成的，要么是单宁造成的，也可能是两者的共同作用。

我们之前在英格兰见的那位皮革匠，虽然一直很务实，却用魔法来解释什么是单宁，以及它们在万事万物的"皮肤"上的位置。甘美又醇厚的红葡萄酒主要是由葡萄皮上的单宁酸形成的，它在发酵过程中会逐渐变美味。它们就是引起即时偏头痛和偏头痛型宿醉的罪魁祸首。但那些几乎不接触葡萄皮，或者完全不接触葡萄皮的葡萄酒——较清淡的红葡萄酒、桃红葡萄酒和白葡萄酒——在这方面似乎相对无害。因此，很明显，肯定是单宁的原因。

如果这是真的，为什么偏偏在现在？为什么在数百年甚至数千年的葡萄酒生产相关文件中，我找不到任何关于制作精良的红葡萄酒会引起全身的甚至即时的痛苦的例子，就像它现在造成的这样？难道我父母刚开始喝酒的时候也没有吗？其实，就在我不常见面的亲爱的姐姐卡西迪请我去她家吃晚饭的时候，我才厘清这一切。

"你不用带任何东西来，"她写道，"如果你带的话，红葡萄酒我只能喝有机的。不然我会偏头痛。很奇怪，对吧？我现在是个十足的怪人了。但是说真的，你不用带任何东西来。"

不管是不是怪人，我姐姐都不是唯一一个喝红葡萄酒会偏头痛的人。之后的一段时间，我开始给各种因为偏头痛或令人虚弱的宿醉而戒掉红葡萄酒的人送有机葡萄酒，几乎所有人都不再有不适症状。但这是为什么呢？不论是不是有机葡萄酒，其中的单宁含量应该没有差别才对。

那么，接下来就是硫化物。

虽然硫化物是葡萄酒酿造过程中必不可少的一部分，但有机葡萄酒中硫化物的含量至少是通常含量的一半。实际上，它们必须这样才能被贴上"有机"的标签。可以理解的是，就像对单宁起反应一样，有些人对硫化物严重敏感，会导致过敏、哮喘和类似偏头痛的症状。

但还有另一种理论，在我和制革工人、肠胃研究人员、酿酒师、我亲爱的姐姐以及其他善良的人交谈时，这个理论逐渐在我的脑海中形成……我开始想，这也许能解释为什么醇厚的红葡萄酒会是这种痛苦的来源，为什么它似乎是一种纯粹的现代现象，以及为什么经过恰当加工并小心饮用的有机红酒可能根本不会造成痛苦。

未来可期（几乎一路畅通）

"那么，想知道罪魁祸首是谁吗？"我说着，在桌子前举起酒杯，感觉就像一束醒目的聚光灯，照在这座壮丽、宏大、辉煌的舞台上。这家哈克玛法式餐馆就是阿姆斯特丹市中心最好的新餐厅之一。

我相当漫不经心地把这个有点令人讨厌的反问句抛给了米希尔·克莱斯（除了我，没人问过这个问题）——他是这家我们落座的华丽餐馆的老板，我们能有这样丰盛的肉食大餐都多亏了他，我们正在喝的酒也是他带来的（一瓶用巴罗萨谷百年的葡萄藤制成的歌海娜葡萄酒，这瓶酒虽稀有，但也不是不能搞到，他是在一次拍卖上得到的，并称其为"打了类固醇的教皇新堡"）。也是因为他，我来到阿姆斯特丹，希望能学到各种各样的知识。

"好吧，"他说，"罪魁祸首是谁？"

我闻了闻，又抿了一口，接着喝下一大口，并把杯子放下。

"农药。"

我脑海里已经出现了其他用餐者一言不发地把椅子推到后面准备打我的画面，而克莱斯冷静地挥挥手，让他们坐下了。

"我相信你们都知道，"我说，"世界上很少有水果比酿葡萄酒的葡萄含有的农药更多了。它们非常有价值，整个经济都取决于保护它们，对吧？它们的表皮很重要：一层果皮包裹着一团充满汁水的果肉。而果皮富含酶，有了它才能发酵。所以它们在被捣碎之前不能被冲洗。生产白葡萄酒时，人们会给葡萄去皮，但是红葡萄酒在制作时需要和果皮泡在一起很长时间，并用不同方式来处理，这取决于人们想要使葡萄酒达到怎样的醇厚程度。"

"所以，真的，人们把红葡萄酒导致偏头痛和严重宿醉这种近来才有的现象归结于单宁（一直以来都是葡萄的一部分）和硫化物（在大部分有机加工过程中会减少50%），难道我们不应该关注一下有毒的农药吗？农药种类就算没有几百种也有数十种，它们就附着在一瓶葡萄酒的上千颗葡萄表层上。"

好吧，也许我的口才不是很好，这段喋喋不休的话也没有按照押韵对句结束。而且也许当接待你的主人带来一瓶从竞拍中买回的葡萄酒时，这不是段漂亮的祝酒词。但是在过去的几个月里，我已经练习了十几次这段演讲的不同版本：对收藏着知名葡萄酒的受人拥戴的神经外科医生说过，对一位曾任西班牙葡萄酒协会主席的国际法官说过，对英属哥伦比亚大学的葡萄酒研究负责人说过，还对十几个大型葡萄酒厂商说过。他们大部分人对此的反应和米希尔·克莱斯一样：既有不耐烦的怀疑，也有温和的轻蔑，还有发现自己面对的是个"疯子"时的懊恼。但我觉得我在做一件很有意义的事。

"但是你……"克莱斯那极有教养又可爱的女朋友插话说，"你有这个问题吗？喝红酒会引起偏头痛？"

"谢天谢地，我没有。"

"那就不用担心这个啦！"她举起酒杯，"我们再来一瓶。"

和我们三人共进晚餐的是埃拉德——"红灯区宿醉之旅"的主管和经营者。他是一个聪明的年轻人，对我们的东道主有点敬畏。克莱斯的确是个完美的人，可以说是个传奇人物。奇怪的是，虽然克莱斯的新生意是埃拉德宿醉之旅的主要目的地，但是他们之前还没见过面。

米希尔·克莱斯经营的第一个生意是一家举世闻名的夜店。"罗克西"（The Roxy）之于浩室音乐，就像"54俱乐部"[1]之于迪斯科，或"朋克地下城"[2]之于朋克。热衷派对的人们仍会去原址朝圣，而克莱斯则继续在红灯区开了两家最时髦、最让人想去的餐厅。现在，在这座既是堕落又是进步的代名词的城市，从夜店老板转型为餐厅老板的克莱斯已经以他健康却享乐主义的、潇洒的老男孩形象，成为城市振兴项目的代言人。

项目"1012"以红灯区的邮编命名，是一项由市政府主导的计划，旨在让这个世界上最臭名昭著又令人喜爱的旅行目的地变得"更安全，更具吸引力，更宜居"，同时也不失去太多元素。该项目的一个关键部分包括对性交易进行更严格的监管（据称为了保护卖淫者），并收购三分之一的临街红灯区妓院，将其改造为其他店铺。

"因为他们觉得我是'1012'的正派、正直的企业家，"克莱斯说，"于是，他们打电话问我：'我们想给你一家妓院用来改建成其他店铺。你有什么想法吗？'他们自己没有主意。"这可有点狡猾。这儿百分之九十的店铺都是妓院、酒吧和咖啡馆，所以开书店或者男装店的话生意应该不会太好。不过最终，他还真有了个主意。"我觉得这个想法其

---

① 20世纪70年代在美国纽约市的传奇俱乐部，也是美国俱乐部文化、夜生活文化等的经典代表。

② 美国纽约的一个酒吧，被公认为是朋克音乐的诞生地。

实出自'1012'项目自己的宣传文案，"在另一瓶酒送过来时，他说道，"他们的一些宣传标语写着'一个更光明的未来'，就在这时，一个想法闪现——宿醉！"

起初，他只是想开一家友好的小店，能为人们提供一些缓解宿醉的产品：阿司匹林、"我可舒适"泡腾片以及其他任何克莱斯能想到的东西。他把这个想法告诉了市议会。在会上，他们都很喜欢这一提议。但后来，在经过几天可能过于冷静的反思后，他们退缩了——他们说，这一计划本应制止放肆行为和恶习，而这一提议却将助长歪风，与原来的目的背道而驰。克莱斯这时沉不住气了。

"我谴责他们的'trurrig'。他们的……我不知道——'没骨气'？'过于武断'？不对，不是这个意思。这是个荷兰语单词……"

"没错，"埃拉德说，"有点像'软弱又有点愚蠢'，但这么说也不完全准确。"

"'懦夫'？"我说。

"应该就是'懦夫'！"克莱斯说，"但是更……更……我不知道。但它是个恰当的词，而且被这么形容可不太舒服。"

我跟他们说我会再查一查。

"但关键是，"克莱斯一边倒酒一边说，"他们想做的这件事非常棘手：改变这个独特的地方，把它粉刷一新，变得更安全，足够促进经济发展，但又不能让这里彻底改头换面，不能变成一个无聊且人们不会再来的地方。他们想怎么实现呢？开鞋店？蛋糕店？"

所以克莱斯就被惹毛了，称这群人都是"懦夫"之类的。"显然，这招奏效了，"他说，"但那时候，这个想法已经在我脑子里发展成了更有趣的东西……"

到这里，克莱斯踏上了我已经走了很长一段时间的路——寻找难以捉摸的解药。"我找了又找，找到很多东西，但没有一个有用——要知道，我可是作为一个受过医生训练的人在寻找解药。"

"你还是一名医生？"我对着面前这位夜店老板、餐馆老板、企业家说道。

"并不是，但是我曾经受过专业训练，"他回答道，还是很令人困惑，"重点是，那个我在整个世界思索、寻找的唯一东西，那个'可能真的有用'的东西，居然就是荷兰产的。不止如此，而且它……怎么说呢……人人有份！"

克莱斯说，瑞赛特（Reset）由一名荷兰化学家和他富有的朋友们发明，起因是为了在为期一周的帆船赛中不必担心是否能喝酒的问题。很显然，这药非常有效，于是他们投资了这款产品。但这并不意味着他们卖得动它。

克莱斯说："他们和其他人一样，经营想法同样无聊：买两瓶朗姆酒就可以免费获得这种药。但它看起来很糟糕，尝起来就更糟了，没有人买它。我是说根本没人买。投资人也想退出。"所以事情是这样的：这位准医生在全世界找的唯一一个可能起作用的解药——恰好能被抢走。

于是克莱斯买断了赛艇会投资人的股份，并且和化学家一起，成为瑞赛特公司持股50%的股东。他重新设计了包装，把药的味道从"难以下咽"提升到"还算能吃"，并打算把药名改为"洗脑"，他也要把这家店取名为"洗脑"。然而，对于想要清洗当地文化的市议会来说，这个名字可能太直接了，或者说太不服管教。所以他们最终用的还是瑞赛特这个名字。

事实证明，他们无论如何都不可能用产品来命名这家商店。荷兰和大多数欧盟国家一样，关于宣传宿醉疗法的法律极其严格——至少现在你不能这样做。不过，你还可以"告知和教育"[①]。

"最后，那就是最好的一点运气了，"克莱斯说，"我们不能只是开个商店，然后用老办法推销这些东西。这是一款复杂的产品，如果不是被逼无奈，我们还想不到如何完美地向人们解释呢。"因此，红灯换成了蓝灯，橱窗里摆满了瑞赛特而不是半裸的女人，"宿醉信息中心"就这样在崭新的一天开门营业了。

欢迎来到猴子屋

我查过那个单词了：娘娘腔的、多愁善感的、挑剔的、邋里邋遢的、悲惨脆弱的、过时的、蹩脚的、无趣的、浑蛋的。把这些形容词放在一起，你就得到了"trurrig"的意思——一个荷兰词，在这个以勇敢为官方标志的国家里，它显得很刺耳。

"荷兰人的勇气！"加里·金在《世界尽头》里一边说，一边举起酒杯把蓝血的外星人打倒在地，"就像英国士兵们上战场前会喝荷兰金酒一样，它能给他们带来超强的力量！"当然了，事实并非如此。

荷兰人一直在为我们创造可服用的"勇气"。荷兰是欧洲第一个发展大规模蒸馏的国家。虽然外国人声称荷兰是因为恶劣的天气才把酒精融为低地生活的一部分，但这可能也是他们性格中的一部分。

---

① 西方对广播媒体的作用定义为"to inform, educate and entertain"，即告知、教育和娱乐。——译者注

"荷兰人有着与生俱来的创造力和对实验的热爱，"Gintime.com网站上写着，"这意味着对他们来说，几乎没有不能用来酿造烈酒的东西。"东印度公司（英国）和西印度公司（荷兰）的船离开荷兰时满载着各类酒水，回程时带来各国财富——以及许多猴子。

"In 't Aepjen"可以被翻译为"猴群中"，这也是阿姆斯特丹最古老的酒吧的名字——或者至少是一家比周围其他酒吧更早提供荷兰金酒（Jenever）的地方。荷兰金酒以谷物酒精和杜松制成，是我们现在所说的金酒的荷兰前身。如果上酒的方式正确的话，酒会盛在一个冰冷的郁金香形状的玻璃杯里，酒水与杯沿齐平，你最好不要把它拿起来喝。你要低下头去，直接从桌上啜饮。如果接下来再续一杯啤酒，这种喝法就叫作"头锤"。

在In 't Aepjen酒吧，人们以这种"头锤"的方式喝酒已经有五百多年了。这里仍然是离老港口最近的一家客栈，从前水手们上岸休息期间就住在这里。显然，他们花光了钱之后，有些人会用从东南亚带回来的猴子付钱。这就是这家酒吧名字的来源。除此之外，有些人可能会被拐卖到这里，也就是被强迫或被拐到船上工作。这一刻，你还在用"头锤"喝荷兰金酒，下一刻，你就带着宿醉在楼上醒来，被猴子身上的跳蚤吞没，你发痒的胸口上还放着一张为期一年的海上劳动合同。

因此荷兰有句俗语是"in de app gelogeerd"，意思是"和猴子待在一起"。你可以用它来形容自己陷入的各种麻烦，但是最能勾起人遐想、最精确的还是那种像猴子身上的跳蚤咬你的屁股，用"头锤"的方法喝下一打冰冷的烈酒，然后把你流放到海上宿醉一年。

举例来说，你可以说史蒂夫·珀金斯曾经"和猴子待在一起"。他喝了好几个小时酒之后，开始在深夜进行买卖，不知何故买了七百万桶石油，推动全球石油价格飙升，然后被老板打电话叫醒，问他公司5.4亿美元的资金去哪里了。

也可以来形容保罗·赫顿，他因为喝醉之后偷偷开（虽然很慢）女儿的粉色电动芭比小汽车而被吊销驾照，而他的酒量超过了法定上限的两倍。赫顿，这位前航空工程师说："你得像个柔术演员那样才能坐进去，然后你就出不来了……退一步说我那时真是个傻帽。"

接着还有艾莉森·魏尔兰，她喝兰波瑞尼喝醉了，有人听见她一边大喊"我是杰克·斯帕罗①"一边解开了45英尺长的双层游轮的缆绳，然后开着它撞坏了好几条昂贵的双联小船，最后船在上游一英里处搁浅。

2002年，荷兰研究人员总结道，即使轻微醉酒也会降低大脑检测错误决断的能力。不过，近来，密苏里大学的布鲁斯·巴塞洛博士对这些发现提出质疑，他提出的问题是，有没有可能喝酒的时候，你发现错误或不当行为的能力依然不变，只不过喝酒之后，你就不再在意了。他的研究表明这一想法是正确的。

"这并不是说人们做一些喝醉才会做的事是因为他们没有意识到自己的行为，"巴塞罗说，"而是他们似乎不太在意影响或后果。"

因此，如果此刻你真的想成为杰克·斯帕罗、石油大亨、一个芭比赛车手，或用猴子换酒喝，你会觉得喝得越醉，可行性就越高，不过明天就要倒霉了。好吧，也许诀窍就在于接受你醉酒后做出的决定，就像山姆·史密斯那样。

---

① 《加勒比海盗》系列电影的男主角。

史密斯先生碰巧和某个有点烦人的流行歌手同名，有一天晚上他和朋友喝醉了，于是决定改名叫"培根·双层·芝士汉堡"。他填好了相应的申请表，结果等几周后文件到达时，他又特地喝醉，并完成了所有手续。"我一点都不后悔，"芝士汉堡先生对记者说，"我妈很生气，但我爸觉得这很好笑，他已经欣然接受我的新名字了。"

不管他自己有没有意识到，培根·双层·芝士汉堡先生沿袭的正是古代波斯人的思考和饮酒传统。希罗多德说："如果马上要做一个重要决定，他们会在喝醉后讨论这个问题……反之，任何他们清醒时做出的决定最后都会在喝醉后重议。"同样，历史学家塔西佗也记述道：古代高卢人只有喝得酩酊大醉之后，才能"深思熟虑与敌人和解、家族联姻、任命领袖及最终的和平与战争等问题。可以设想，此刻比任何时候都更开诚布公，显现英雄本色"。

事实上，这种思想贯穿了所有现代哲学思想。伊曼纽尔·康德坚称，饮酒带来的"心胸开阔"是一种"道德品质"。但他也告诫道："单调乏味的醉酒令人羞耻。"这把我们带回到猴子的话题。一位巴西的技工，他的"开放心胸"可能一路延伸到了动物界。

若昂·莱特·多斯桑托斯来自巴西圣保罗，监控摄像拍到他游过索罗卡巴动物园的水池，醉醺醺地和一群蜘蛛猴成了朋友。在视频中，可以看到这些小灵长类动物蜂拥着多斯桑托斯，他被围观者救了出来，身受严重咬伤被送往医院——假设我们终于在现代生活中和真实的猴子待在一起，还要从你身后赶下一只猴子，大概就是这个情景。

未来可期（你必须丢掉阴影）

　　暗巷是如此狭窄，你的呼吸和陌生人的呼吸混在一起。巷子太黑，你根本看不清他们长什么样。这是一种古老的亲密感——野性、臭味、充满神秘感。千年的希望和梦想落在鹅卵石之间，你蹒跚而行，走向街道尽头那座冰冷的蓝色灯塔。门上的标志写着："宿醉信息中心：'向着更光明的未来'。"而踏入其中，真的就像从昏暗的过去进入了一个晶莹剔透、库布里克式的未来：一间宽敞明亮、粉刷雪白的房间，因为镜子的作用而显得更长——白色的长柜台后面的墙上有一千个（也许是一万个）发着蓝光的瓶子，被摆成了无数排。柜台旁的男人和整个房间的氛围十分搭调：又高又瘦，穿着挺括的蓝色衬衫，一头银发，还有一双铁青色的眼睛。"你觉得怎么样？"米希尔·克莱斯说。

　　这不是我第一次来阿姆斯特丹了。这里有一种古老的、层次分明的放荡，随着它从全球各地放浪的心灵中吞噬一个个细小的火花，这种风气变得越发严重。拉斯维加斯的宿醉当然会让人难受，而阿姆斯特丹的宿醉与之相反，它以一种整洁的、现代的方式，与你的骨骼搏斗，抽打你大脑中的杏仁体，就像耶罗尼米斯·博斯的画作一样。

　　我想起前几晚所有的酒和其他东西，二十多家酒吧，一场即兴调酒表演，宿醉之旅，忘记自己在哪里，还在猴屋里待了一阵子——我的大脑感觉还行，或者说至少还在正常运转。我愿意承认，这应该是由于瑞赛特——至少部分得归功于它。不过正如克莱斯指出的那样，这款产品有些复杂。

　　即便只是服用瑞赛特，也需要集中注意力和一点点熟练度：每个装着蓝色液体的400毫升塑料圆柱瓶上，都盖着一个装着100毫升白色粉末的倒置小瓶子。在适当的时候（尽可能接近喝酒和睡觉之间的危险间隙），你需要剪开塑料包装，分开两个瓶子，把它们都打开，将白色粉末倒进蓝色液体中，重新盖上盖子，摇晃它。迄今为止，我在那次酒宴结束后在克莱斯的餐厅里服用过一次。粉末溶解后，它喝起来又苦又甜，有种马屁精的特质：令人倒胃口，让人半信半疑，却意外地有效。

其中的关键成分就是谷胱甘肽，一种存在于真菌、植物、动物和人体内的抗氧化剂。它显然引起了克莱斯的注意，也是在传递流程和口味调整方面需要花这么多功夫的成分。据宿醉信息中心介绍，谷胱甘肽通过降低乙醛水平来缓解宿醉。同时，与其他各类有突破性的疗法截然不同，资料上坚称，服用瑞赛特不会扰乱你喝酒的兴致。

墙上的信息页海报上写着："你会像往常一样醉，但明天会更加光明。"

"所以你挺过来了，"克莱斯说，"你现在要回加拿大了？"

"快了，"我告诉他，"首先我要去一个我不会念名字的小镇和范斯特医生一起喝咖啡。"

"噢，好的，"克莱斯说，"真正的医生。"他给了我一个"我都懂"的表情，还给了我一瓶路上用的瑞赛特。

和米希尔·克莱斯举杯畅饮你就能感到那种乐观的氛围，而和约里斯·范斯特医生一起喝咖啡则是件让人清醒的事。从某些方面来看，这两个男人可以被视为荷兰宿醉研究者的两个极端。

克莱斯毕竟是一个精明而有魅力的企业家，毫不掩饰自己的商业利益。他是自上而下地寻找解宿醉方法的。当他找到一个感兴趣的产品，便开始着手收购和改进它，现在又试图展示并推广它的功效。他为此创建了宿醉信息中心。

而范斯特是一名科学研究学者，他发表过的宿醉研究文章实在太多，多到我本想拜读但放弃了。他被公认为是世界上首屈一指的宿醉研究专家，也是酒精宿醉研究小组的创始人和事实上的负责人。但他对克莱斯和瑞赛特毫无兴趣。

实际上，虽然他们两人都没有提及这件事，但我发现克莱斯一直在给范斯特写信，并寄送他的产品样本来讨好范斯特——这位医生回信给克莱斯的方式，大概和在我见到他并迅速提起这事时的反应一样："没有任何科学证据表明它是有效的。目前还没有相关研究。"

但酒精宿醉研究小组难道不是最适合开展这类研究的实体吗？范斯特可不这么看。他用的是自下而上的方法——从潜在原因的角度来研究宿醉。并且在研究完成之前，他认为关注瑞赛特这样的东西毫无意义。

现在，范斯特认为，我们宿醉时经历的大部分症状都是由自身免疫反应和炎症共同引起的。这与我接触过的许多聪明人的见解不谋而合，包括英国肠胃项目的斯佩克特医生，《证明》的作者亚当·罗杰斯和许多产品营销人员。

我建议范斯特医生研究一些可能对缓解宿醉有作用的特定产品、物质、化学制品或原料，其实可能会得到潜在原因的提示，更不用说对特定症状的排斥作用了。可他拒绝得如此彻底，这让我有一种深夜的宿醉在我大脑边缘爆发的感觉。

在漂洋过海回加拿大的路上，我仔细阅读文献、小册子和自己的笔记，终于意识到克莱斯的谷胱甘肽和我的N-乙酰半胱氨酸（NAC）

几乎是可以互换的。更准确地说，NAC是谷胱甘肽的前体。如果不进行"粉末＋液体＝难喝的药剂"这个有点棘手的等式，就没有简单的方法可以直接让人摄入充足的谷胱甘肽。而你可以服用高剂量的胶囊装NAC，它会在你的身体里形成大量谷胱甘肽。至少，我认为它是这样运作的。

我开始搜寻更多关于这种奇妙氨基酸的资料。但浏览过许多网页，读过各种使用NAC的治疗宿醉的新产品的包装后，我发现人们对NAC或谷胱甘肽如何缓解宿醉的解释千奇百怪，令人困惑。最简单的说法是，如果它确实有效，它会通过保护身体细胞、分解乙醛和清除自由基等方式，将酒精戒断状态下你身体系统的连锁反应减至最小（如果不能完全阻止）。这可被视为解决宿醉起始的开始、中途和结束三部分，或是类似的过程。

至少对于我来说，也许最令人惊喜的事是得知蛋黄中含有NAC。它可能不像我得到的胶囊那样有效，但是这表明了所有那些普林尼的古代秘方中，使用猫头鹰蛋有一定可信度。同时也证实了经典英式早餐的作用。

当然，正如范斯特很快指出的那样，没有人做过研究来证实这种事情。实际上，从目前的情况来看，我开始觉得自己的试验是最全面的。我可以在家人、朋友、熟人身上做实验，但主要还是靠我自己。

一款新产品引起了我的注意，它混合了宿醉补剂领域中所有最新的重量级成分。"派对防护装备"产于底特律，似乎混合了梨果仙人掌、拐枣以及NAC和其他一些东西。所以我想我很快就要去密歇根了。

与此同时，感谢克莱斯，我打算调整我的NAC调制品，在饮酒后和睡前服用更大剂量，而不是像大部分含有NAC的产品所建议的那样，在饮酒后和睡前服用更多NAC。我变得更加确信：

到了第二天，一切就都太迟了。

第七幕间

"杀人派对"

如今已毫无争议，历史学家、人类学家、经济学家、传道者、诗人、政客，几乎所有人都同意美国禁酒运动是一个糟糕的主意，执行得也很糟糕，结果适得其反。犯罪活动加剧并变得有组织性，日常生活变得更为危险，监狱人满为患，经济遭受重创。腐败加剧，分歧加深，人们对政府的信任下降，对权威的尊重降低，更加不受法律约束，街头毒品泛滥，更多酗酒者，以及有史以来最严重的十几年宿醉期——更不用说精神错乱的圣诞老人幻觉了。

1926年的平安夜，一名男子闯进纽约市贝尔维尤医院，大喊圣诞老人要用棒球棍把他们都杀了。护士们还没搞清楚到底是怎么回事，那人就倒地身亡了。接着，又有一个在圣诞节大吼大叫的人跌跌撞撞走进来，一个接一个。圣诞节结束时，数百名纽约的狂欢者在医院里经历了地狱般的折磨，其中有三十多人死亡。

尽管离奇又惊悚，但由于经济学家理查德·考恩（Richard Cowan）提出的"禁酒令规律"，医生们对这类事情已经有些习以为常了："酒精饮料被禁用时，它的效力会变得更强，效力的变化会变得更大，会掺入未知或危险物质，并且生产与销售不受正常的市场约束。"

美国禁酒令实施之初，大部分违禁酒是上等的加拿大老威士忌，通过底特律－温莎边境走私进来。我们加拿大人也有自己独特的、有利可图的禁令形式：虽然买酒或喝酒是非法的，但是我们仍然能生产酒并以走私价卖给美国人。然而到了20世纪20年代中期，在对跨境走私的打击之下，其他更本土的生产方式高速发展起来。但是美国的私酿酒制造商无法冒着风险将他们的产品制成陈酿。所以就如伊恩·盖特利所说："他们在酒里添加死老鼠和腐肉，以取得相同的效果。"

当时还有用工业酒精制成的私酿酒，根据《全国禁酒法》的规定，工业酒精必须被"变性"——这是政府的说法，意思是在其中添加难喝的化学物质，使它无法被饮用，或者至少难以下咽。但是正如《下毒者手册》的作者德博拉·布卢姆（Deborah Blum）指出的那样："私酒贩子给药剂师的钱比政府多得多，而且他们很擅长这项工作。"

实际上，他们"复原"了太多劣质酒，以至于到了1926年，偷来后经过再蒸馏的工业酒精成为美国酒的主要来源。在这种"化学武器"竞赛中，工业制造商在政府的压迫下进一步增加有毒物质的负载量。因此，美国政府以一种只有在疯狂的美国禁酒令中才显得理智的残酷逻辑，开始有效地故意毒害自己的公民。

"到1927年年中，"布卢姆写道，"新的'变质'配方包括了一些著名的毒物——煤油和马钱子碱（一种和番木鳖碱密切相关的植物碱）、汽油、苯、镉、碘、锌、汞盐、尼古丁、乙醚、甲醛、氯仿、樟脑、石碳酸、奎宁和丙酮。财政部还要求在酒精中添加更多的甲醇——增加至产品总量的10%。事实证明，这最后一项最为致命。"

圣诞夜的离奇死亡事件不过是个开始。布卢姆将其称作"联邦毒害项目"，到禁酒令结束时，它已经"谋杀"了多达上万人。虽然人们如今已经几乎忘记了此事，但它在当时众所周知。在1926年的一场记者会上，纽约市法医查尔斯·诺里斯告诉人们要警惕这种威胁，并毫不含糊地斥责：

政府知道在酒精里添加有毒物质无法阻止人们饮酒，但仍然继续下毒，对于有意饮酒的人每天都在摄入毒素的事实漠不关心。美国政府明知这是事实，它应当为毒酒造成的死亡承担道德责任，但从法律上来说它其实没有责任。

或者，正如快言快语、会套绳索的牛仔影星兼专栏作家威尔·罗杰斯所说："以前政府只用子弹杀人，现在则用夸脱①杀人了。"

禁酒令腐蚀了美国人对自身的看法——至少对于那些足够富裕的白人来说是这样，他们仍然对美国底层的情况感到惊讶。绅士私酒商乔治·卡西迪十年来一直为投票支持禁酒令并帮助毒害美国同胞的国会议员提供顶级好酒。他在《华盛顿邮报》的一系列文章中不小心泄了密（但没有透露姓名），虚伪与权力滥用的行为太过确凿，令人无法忽视。就如法医诺里斯所指出的，死去的都是那些"负担不起昂贵的保护而买低档酒的人"。

但是敌对帮派和共和党人并不是唯一举办"杀人派对"的。多亏了美国人的真性情，以及狄俄尼索斯和迪齐·吉莱斯皮②（Dizzy Gillespie）等人物，禁酒时代也是爵士时代，酒精战争就是酒神巴克斯的复生，美国人前所未有地纵情于派对之中。

在每个大城市，地下酒吧的数量很快就比以前的酒馆多了一倍，

---

① 容量单位，此处指酒。
② 美国爵士小号手、乐队领袖、歌手、作曲家。

以一种无所不包、共同犯罪的形式，给人们带来了比原先多得多的乐趣。当喝一杯酒都可能进监狱甚至太平间的时候，你最好痛痛快快地享受它。鸡尾酒成了人们的首选饮品，因为酒吧老板们找到了有创意的新方法来遮盖可疑烈酒的味道。现在，男人和女人，黑人和白人，都一起喝酒，一起伴着那些从没听过的音乐跳舞。风险越高，人们就越会铤而走险。

有了新饮料、新音乐，不同信仰、肤色和阶级的男男女女整夜吸烟、喝酒、跳舞，以享乐主义的方式表达抗议和反叛。现代的纵饮狂欢诞生了——它的后遗症在第一次经济大萧条时大规模爆发。但这种派对的复兴，是一种面对有权有势阶层的民主放荡——从20世纪20年代的时髦女郎到"垮掉的一代"，从蓝调兄弟乐队到野兽男孩组合，再到通宵派对的孩子们，它汹涌地向前发展，直到清晨。

第八幕

屋顶上的老虎

在这一幕中，我们的主人公将渡河跨越边境，在底特律喝酒，然后和一位《花花公子》杂志模特以及一只被惹毛的孟加拉虎一起看日出。客串：棒球界最伟大的传奇人物，美国最富有的印度人以及一只非常大的猫科动物。

每种疾病背后都有一项禁令。那禁令来自迷信。

——亚历杭德罗·佐杜洛夫斯基

从加拿大安大略省的温莎到美国密歇根州的底特律通常是一段令人心神不宁的旅程，就算不是世界末日，也会有不祥的预感。今天也不例外。

我接近边境时，前方的天空里有一条烟柱，然后变成了一片云，冒着浓重的黑烟，这在任何情况下都不是个好兆头。然后我找到了原因：一辆莫名其妙爆炸的SUV被火焰吞噬，倒在高速路一旁；其他车只是驶过，周围没有挥舞着火箭炮的超级大反派，也没有消防车。我停下车走到近处，以确认我是这附近唯一一个人类，然后回到我租来的车里，驶入美国。

我正跨越的这条河①见证了许多古怪又狡诈的事。在禁酒时期，据估计，在美国买卖和饮用的大量非法酒水中，有一半以上是通过这条河，或从这条河下面运输的：用单人的狗拉雪橇在冰面上运送，在午夜用运货卡车车队输送，穿过沉没的游艇房间用电缆吊着输送，甚至从加拿大酿酒厂接几条临时管道来运酒。

更精彩的是，底特律的酒类走私和相关的犯罪财团都由"紫帮"（Purple Gang）控制：这是一群魅力超凡的犹太浑蛋，连阿尔·卡彭②都不愿招惹他们，而是和他们结为伙伴。

----

① 指底特律和温莎两地之间的底特律河。

② 一名美国黑帮分子和商人，在禁酒时期成为芝加哥犯罪集团联合创始人和老大。

其中一部分原因是底特律作为灾难预兆的奇怪地位。衰败、萧条，甚至限制措施往往最先、最猛烈地打击这里。1917年，密歇根州颁布了禁酒令，这主要是亨利·福特的原因，他希望底特律工厂里能有清醒的劳动力。所以当《禁酒法》在全国实行时，这里的黑帮已经走在了前列，而且酒类走私业已经成为密歇根州仅次于汽车产业的第二大产业。

另一部分原因在于"紫帮"自身。不清楚他们因什么而得名，但他们控制这座城市的时间越长，他们就变得越暴力、越痴迷奢华——他们是具有底特律特色黑帮的原型：一只强壮的、满身煤灰的鸣鸟，在街道下唱歌和吐痰。当然，不管事情变得多糟糕，都是为了体育运动。毕竟，这不仅是一个繁荣和破败、酗酒和禁酒的城市，也是一个拥有雄狮队、老虎队和红翼队的城市。

在禁酒期间，底特律发生的暴力事件以及盗匪豪饮比其他地方的人均水平都要高。在美国酒水走私的鼎盛时期，人口为550万的纽约市，有3万家地下酒吧、酒店、小酒馆和秘密藏身处；而在人口不足100万的底特律，这样的地方有2.5万家。这里的私酒还不错——不像那些经过稀释、切割、添加化学制剂后运到市中心和更远地方的酒，也不像甲醇含量比乙醇含量更高的私酒，更不像由工业酒精制成的"复原老鼠汁"。

因此，虽然20世纪20年代是美国历史上宿醉最严重的十年，但是对嗜酒如命的底特律居民来说却并非如此，因为他们在猛灌好酒。这座城市自从成为宿醉隐喻的化身后，就更具讽刺意味了。毕竟就在几年前，底特律宣布破产，市中心的房屋以一美元的价格变卖，新闻广播员在晚间新闻都引用了《机械战警》。

从经济、架构、社会和历史方面来看，这座"汽车之城"被看作对河另一边的一个警告：死亡、终将没落、次日早晨的宿醉。但现在，底特律度过了一个又一个早晨。因此，至少从理论上来说，这里是处理宿醉问题的最佳地点。

最近开车进底特律市中心有点难——不是因为骚乱和佩枪的机器人，而是因为这里建筑林立，指示牌却不够多。这里翻新很快，但却是有意如此的。和阿姆斯特丹一样，企业家、开发商和商人都得到了各种创造性的激励措施，帮助市中心核心地带焕发新生。事实上，我来这里的原因和在阿姆斯特丹一样：和一家开发出新型宿醉产品的公司创始人共进晚餐，一同痛饮并测试新产品。但相似之处也就到此为止了。

荷兰的瑞赛特的瓶子有点未来主义——像水晶般透明，而"派对防护装甲"则装在铁黑色的圆柱瓶里，看起来像是猎枪的子弹壳，包装上写着："今晚的最后一击。"在阿姆斯特丹，我参观的主要是妓院、酒吧、现代艺术，但在这里却全是黑帮、汽车、禁酒运动和职业体育这样的内容。

中间球

阿尔·卡彭和贝比·鲁斯仍然是20世纪20年代美国最传奇的两个人物，这既是禁酒令的遗留问题，也说明了棒球的神奇之处。毕竟这是体育界最不寻常的现象之一，这位曾经在球场上风光过的，最爱酗酒、暴饮暴食、超重、看上去很不健康的球员，也是体育界最伟大的球员之一。"很简单，年轻人，"贝比建议道，"如果你也像我一样抽烟、喝酒、吃饭、做爱，嗯，老兄，有一天你也会和我一样擅长体育的。"

贝比·鲁斯体格强健，似乎宿醉都拿他无可奈何。当洋基队到芝加哥参加巡回赛时，芝加哥白袜队请了他们最喜爱的酒保，让他倒最声名狼藉的强力潘趣酒。贝比很能喝，他能喝多少酒保就倒多少。据他的队友汤米·亨里奇说："那家伙的喉咙就像个长号。"贝比喝得酩酊大醉，一直熬到天亮，把白袜队打得落花流水，然后穿过球场，问他们当天晚上去哪里喝酒。

但这并不是说贝比是唯一一个酒量大的击球手。还有很多选手在最糟糕的宿醉下打出了最好表现。虽然米奇·曼托曾经登上惠提斯麦片的包装盒，但他在《体育画报》中承认，他真正的"冠军早餐"是白兰地、甘露咖啡利口酒和奶油①。有一次，就在他脚踝骨折的三周后，在巡回赛的中途（所以才允许尽兴喝酒），他在巴尔的摩坐板凳时昏了过去，当时他正一边缓解另一场宿醉，一边休养他的脚踝——不如说这都是他那时认为的。其实那天早晨队医已经让他出院了，在第七局下半场，他被叫去代打。

传记作家艾伦·巴拉（Allen Barra）写道："曼托后来说，他当时看见三个球向他飞来，于是决定挥棒击打中间的一球。"然后果然打出了本垒打。

这句引言简直好得令人难以置信，只用一次也太可惜了。保

---

① 指三者混合调配而成的"白色黯淡之母"（Dirty White Mother）酒。

罗·华纳（Paul Waner）是一位在贝比和曼托中间一代的击球手。正如伯特·伦道夫·休格（Bert Randolph Sugar）在谈到他时所写的那样："如果《麦克米伦棒球百科全书》将'宿醉'列入其统计数据，那么那一类目中的史上最佳领袖一定是保罗·华纳。没有人比华纳宿醉的次数更多，他有次被问到，如果常常宿醉，他是如何接球的，他回答说：'我看到三个球，然后打中间那个。'"

华纳有个很棒的酒徒昵称"大毒药"。他也有一个费力但简单直接的宿醉疗法：做很多很多后空翻。据他在波士顿勇士队的室友巴迪·哈西特（Buddy Hassett）称，他会做"15或者20分钟后空翻，然后他就清醒了，准备回球场击出三支安打"。

当然，还有大卫·"呕吐者"·威尔斯——"伟大贝比"的现代化身。不知该说是幸运还是被诅咒了，他们有着相似的心脏、肝脏，对生活的欲望和差不多的体格，他因在投手丘上得意地戴着贝比的旧洋基队棒球帽而被罚款10万美元，不过他仍旧把这种热爱放在袖口上，更确切地说，是藏在袖口下方：他投球的手臂上有一幅精细渲染的他向贝比投球的文身。

为多伦多蓝鸟队、辛辛那提红人队和巴尔的摩金莺队效力过后，威尔斯最终来到纽约，他希望拿到贝比的3号队服，这样他也可以穿上。不过后来他们给了他33号的队服。

威尔斯终于成了洋基队的一员，嗜酒如命、生活节奏快、有点古怪的他把剩下的人格"贝比化"了——他夜夜进城喝酒，其欢快的猛烈程度会让他的英雄觉得骄傲，或者至少被逗乐。到1998年春天，威尔斯出名了，或者说足够臭名昭著，可以主持《周六夜现场》了。他在剧组派对上一直喝到太阳升起，睡了一个小时就跌跌撞撞地走上投手丘，参加下午与双城队的比赛。

不说投出一个好球有多难，更不用说带着宿醉上场了——在一场整整九局的比赛中，几乎不可能投出一个球，传来传去却没人打到，甚至没人上垒，这样的成绩被称作"完全比赛"（Perfect Game）。从1880年直到1998年5月17日那天，在美国职业棒球大联盟历史上，仅有14名选手有过这样的成就。

结果，超越一切可能，超出所有人的意料，大卫·"呕吐者"·威尔斯在一个满是尖叫的孩子的体育场里（由于"豆豆娃"玩具搞促销活动），打出了第15场"完全比赛"。以他的话来说，他当时"半醉半醒，带着充血的双眼，怪物一般的呼吸，和强烈的头骨作响的宿醉"。

房顶上的老虎（栖身森林的夜晚）

我这段时间参加了一些奇怪的晚宴，这一场马上就要开始了。在底特律市中心一家最豪华餐厅的私人包间中，我坐在一张大桌子旁，对面是一位俄罗斯女继承人，她在纽约北部饲养赛马，同时也是《花花公子》杂志的模特，不过她当模特只是为了取乐。坐在她身旁的是一位长得像拉斯普京①一样的文身男，他刚刚把从科罗拉多州运来的笼子寄存好，里面有一只山猫、两匹狼以及一只孟加拉虎。在场的还有野生动物驯兽师、放牧人、另外几个模特，以及我们的东道主、他的随行人员和"派对防护装备"的卡森·索斯比（Cason Thorsby）——

———————————————

① 尼古拉二世时代的神秘主义者，沙皇及皇后的宠臣。身材壮硕，留着浓密的络腮胡。

他看起来跟我一样困惑。

我们是应大卫·亚罗（David Yarrow）的邀请而来的——他是一位国际知名的英国摄影师，索斯比昨晚在一家俱乐部碰巧遇到了他。我们此行也是为了完成他黎明时分的照片拍摄任务。他会试图以某种方式拍摄坐在这张桌子周围的我们，被放在街上的野生动物，以及从被烧毁的废弃底特律工厂上方升起的太阳。

"那，你觉得怎么样？"索斯比一边比画着一边问我。他一直想用一种独特的方式让我来测试他的"派对防护装备"产品。一些想法随之产生：将安迪·沃霍尔的"事件"①以及《宿醉》电影，与俄罗斯继承人、一个屋顶拍摄组以及一只用绳子拴着的老虎放在一起做一场超现实的影片杂糅。

"噢，这样就挺好的。"我说。我们喝完了波本威士忌酸酒，并打算再开一瓶红酒。

亚罗站起来对大家致意。他肩膀宽阔，目光坚定，声音威严。他欢迎我们的到来，并说了几句关于摄影的事，最后结束时说道："请享用你们的晚餐，但是别玩得太过尽兴。我需要你们在太阳升起的时候都保持最佳状态。"索斯比与我碰杯。这还能出什么问题呢？

卡森和他弟弟谢尔顿在即将大学毕业的时候发明了"派对防护装备"，当时底特律快要破产了。"我们大学时也和你一样，经常喝酒，"卡森说，"大部分人都还能扛得住，但是对我们来说，第二天的宿醉太难受了。而且我们也想留在这里，坚守我们的城市。所以我们做的选

---

① 指1968年时一名女性枪击了沃霍尔的事件。

择应该是正确的。"

也许两者之间的联系不是很明显，但卡森一直都很有创业精神，他弟弟是化学专业的，并且热衷于健康和健身，也对膳食补剂非常了解。所以当卡森做市场调研时，谢尔顿负责寻找可以售卖的产品。他发现市面上有很多东西看起来对治疗宿醉很有帮助，想知道如果把它们都放在一起会怎么样。卡森则查看了顾客反馈、市场调研，然后联系了那位现代补剂大师。

"曼诺依·巴尔加瓦（Manoj Bhargava），他就住在密歇根，"卡森的语气带着一丝敬意，好像我应该知道他说的是谁似的，"5小时能量饮料？全美国最富有的印度人？"

实际上，这是巴尔加瓦形容自己的用词——至少最近一期《福布斯》的封面故事里是这么写的。这些小瓶的"5小时能量饮料"几乎随处可见，远销全球，不过没有人意识到他们已经成了一种名叫"追随者"（Chaser）的宿醉解药的追随者。

"'追随者'可不得了，虽然和'5小时能量饮料'不同，但它让巴尔加瓦的事业开始起步。"

所以卡森觉得，要找人聊聊推出自己的宿醉解药的话，巴尔加瓦再合适不过了：他是个本地人，已经投身于这个行业，而且做得很好。"我突然就给他打了电话，然后就开始问他所有我想问的问题。有两件他告诉我的关于宿醉解药的事，已经被证实是对的：每个人都心存怀疑，每个人也都是专家。"卡森放下酒杯，拿起一杯水，"他们都认为这与脱水有关，应该很容易解决。与此同时，人们又都觉得这没法解决——如果产品里真有些什么东西的话，他们应该早就听说过了。它会登上每一个新闻头版，而我也会在《20/20》节目里作为年度最有趣的人出现——否则，这肯定是一个骗局。"

对于卡森来说，比起产品本身，更重要的是消费者的心理和产品的覆盖度："它必须像酒一样容易买到。这也是巴尔加瓦真正成功的地方。他让'追随者'进入了世界各地的商店——沃尔玛超市、沃尔格林药店，以及你说得出名字的各种地方。所以它才成了有史以来最成功的宿醉产品。尽管这样，这也只给他带来了1200万美元的收入，至少报道上是这样说的，这些报道也有可能不对。事实上，他们铺货太多，最后不得不进行回购。所以谁知道他到底挣了多少，甚至亏了多少呢？但无论如何，考虑这些没什么意义。这家伙现在是个亿万富翁了。他把宿醉从这一切中解脱出来，仅仅贩卖五个小时的能量就成了美国最富有的印度人。不管它到底是什么意思，这真的很可观啊，兄弟！"

索斯比兄弟没有被大师关于消费者的怀疑主义和懒惰的警告吓倒，他们在"追随者"空出的架子上摆上了"派对防护装备"。谢尔顿找到了一个办法，把NAC、谷胱甘肽、梨果仙人掌、奶蓟以及各种维生素和矿物质都装进一个2¼液盎司①的瓶子里，而且味道还不算太差。

这就是巴尔加瓦价值十亿美元的"补剂柔术"揭示的另一件事：消费者不愿服用药片，但是不会介意喝下一小杯。卡森就是其中之一，他打算尝试一下——从别人身上吸取教训，开创自己的事业。

吃过晚餐后，大家该回笼子的回笼子，该回房间的回房间，而卡森和我去了市区。我们在一家酒吧里遇到了他的几个朋友。他们都很

---

① 液盎司为容量计量单位，符号为fl. oz，英制和美制的容量略有不同。

友善，发誓说"派对防护装备"每次都很有效。索斯比兄弟还研制了"派对复原装备"——白色瓶子包装，于酒后第二天服用。这两款产品就像一黑一白两颗猎枪子弹，放在我们的酒杯之间。

"这两种药都管用，而且一起起作用，"索斯比说，"不过如果你只吃一种的话，就要吃'派对防护装备'，而且得在入睡之前服用。"

"根据我的经验，"我告诉他，"到了早上那就太晚了。"

"是啊，"他说着，拿起白瓶子，"但这也是个很酷的产品。"

我想问索斯比这药的成分，或者更确切地说，是它的剂量、浓度和百分比。但他没法告诉我太多。这并不是因为他想保密配方，他是真的不知道。毕竟，他的弟弟才是化学专家，而他并不在场。

几杯酒之后，卡森透露说他和谢尔顿因为"派对防护装备"大吵了一架。他不愿透露细节，但显然为此很不高兴。这也和我在阿姆斯特丹的会面一样，当时瑞赛特的真正制造者并没有和我们一起吃晚餐。

我们应该在日出前和老虎一起爬上屋顶。所以卡森建议我们到我酒店的酒吧里喝"今晚最后一杯"，于是喝了另一杯双份尊美醇威士忌后，我们打开小黑瓶，将药水一饮而尽。药水有种柠檬的酸甜味，味道还不错。接着卡森就回家睡觉去了，预计几小时后来接我。

我也应该倒头大睡的，但是由于近来参议院的批准，底特律的酒吧还有三个小时才会打烊，而且这附近可能有一些历史上有趣的酒吧。此时此刻，反正我醒来时应该还处在醉酒而非宿醉状态，不如趁此看看"派对防护装备"的效果如何。卡森给了我一整箱药让我带回去试用，所以以后还有很多机会做那些比较平淡的测试。而且，我确实还可以再喝一杯。最近的情况总是这样。

从阿姆斯特丹回来后的两个月里，我试用的解宿醉产品比去年一整年还要多。家里还剩下半箱普莱托克斯（PreTox）、好饮（Drinkwel）、宿醉清（Hangover Gone）和醒宝。这些名字都是制造商对自己产品的赞美。有些相当不错，有些真的不太行。

与此同时，我也一直在调整自己的调配方法，现在它似乎比别的药都要好。我有段时间甚至怀疑N-乙酰半胱氨酸是种魔法成分，而和克莱斯聊过之后，我明白了下一步该怎么做：加大剂量，并且一定要在饮酒后和睡前这段不稳定的时间内服用它。

我现在几乎每晚都会喝醉——这可能是最能说明问题、最可预见、也有些可怕的迹象，说明我真的发现了一些解宿醉的蛛丝马迹。

自由之味

颇具讽刺意味的是，美国禁酒令最终使酒精被社会广为接受，而那些在历史上绝对被禁止饮酒的人也更容易接触到酒精了。

在奴隶制度下，非裔美国人一旦被发现喝酒，就会面临体罚，甚至死刑。所有奴隶制社会都是这样——除了斯巴达人，他们经常让奴隶喝得烂醉，然后利用他们宿醉的痛苦之状警示众人。

当然，在人类历史的大部分时间里，女性也被视为财产。在美国这片自由的土地上，经历了各种内战、国外战争和禁酒令后，人们才开始承认女性同样享有天赐的醉酒权利。因此可以公平地推测，尽管宿醉对任何人来说都很糟糕，但对女性来说通常只会更糟。

一些科学研究表明，女性比男性更容易宿醉，而另一些研究结果则正相反。但实际上，他们都只看到了生理宿醉这一层。从历史上来看，如果上升到精神层面，二者就完全没有可比性了。因为在大多数情况下，女性连喝酒都被视为耻辱，更不用说喝醉了。所以最好还是把你的宿醉隐瞒起来，至少在那些"虔诚"的厌女症患者面前。

家庭治疗师克劳迪娅·毕普科（Claudia Bepko）和乔-安·克雷斯坦（Jo-Ann Krestan）写道，对男性来说，"与饮酒有关的失控行为自古以来是被接受的，甚至是被鼓励的"，而喝酒的女人则被形容为"病态、使男人和孩子堕落的恶魔"。当然，这总是和控制与性有关："在公元1世纪的古罗马，女性饮酒是一种犯罪。涉嫌饮酒的女人会被认为对丈夫不忠，可能会被处死。"

这种难以理解的逻辑（不一定都会有这样残酷的惩罚）几乎在所有文化中代代相传。13世纪的罗贝尔·德·布卢瓦（Robert de Blois）在一首诗中这样揣度：

她吃得撑破肚皮，肚里塞满
食物和酒水，一下子
她的腰下不再满足于此。

相反，琼·艾玛崔汀于1976年发表的同名专辑中，有一首叫《水与酒》（*Water With the Wine*）的歌。在歌里，她直面过去约会中被醉酒男人强暴的创伤。在痛苦的晨光中，记忆的微光成了一场白日噩梦——她转过头，发现侵犯她的人还在一旁，倒在枕头上打着鼾。

不论这首歌的作者和演唱者多么有才华，多么坚韧，她也没有别的办法，只能记住一点——听从先人柏拉图，下次在酒中掺些水，好像那样会有什么用似的。琼·艾玛崔汀用认命的口吻（找不到更好的词来形容）表达这种自我谴责，显示出在父权社会中，创伤的正常化是何等可怕。

甚至在性暴力这样充满危险的领域之外，我们很难找到关于女性宿醉的准确历史记录或描述。就像我的好朋友（也是一位优秀的作家）塔巴莎·索锡（Tabatha Southey）写给我的一段话："女性很少到处表达，很少谈论世间万物，而且不像男性那样喜欢吹嘘自己的宿醉。男人的宿醉就像是从他开发的土地上得来的纪念品，而这片土地从不欢迎女人踏足。我们蹑手蹑脚地进入，又悄无声息地离开。我们喝醉或宿醉时并不好笑。从来没有一个女版的福斯塔夫[①]。"

就在1987年，才华横溢的法国小说家、电影编剧玛格丽特·杜拉斯描述人们是如何看待她的醉酒行为的："女人饮酒，就如同动物或孩童饮酒。女人酗酒是可耻的，因此女性当中少有酒徒，这是个严肃的问题。这是对我们天性中崇高一面的侮辱。"

因此，难怪很难找到任何形式的宿醉的女性艺术家的自画像。但也有一些由男性同行创作的著名作品，都是精心绘制的。亨利·德·图卢兹－劳特累克是一个跛脚的酗酒侏儒，他整天待在巴黎的酒吧和舞厅里，你大概会认为他可能用自己的容貌绘制了这幅名为《宿醉》的画，但他其实是把苏珊娜·瓦拉东（Suzanne Valadon）宿醉的样子搬到了画布上。

---

① 莎士比亚《亨利四世》中的人物，生性嗜酒。——译者注

《宿醉》，亨利·德·图卢兹-劳特累克，1887—1889年

　　瓦拉东是他的酒友，也是一名艺术家。她15岁从高空秋千上摔下来之前，一直是一名有天赋的马戏团演员。尽管当图卢兹-劳特累克画下这样一个特殊的早晨时，两人都不到20岁，但你可以从她的眼神中看到，她平静地意识到，她高飞的愿望已成为过去，不论前方有什么都难以企及。

屋顶上的老虎（这令人生畏的对称性）

　　当太阳从八层楼上空升起，挂在废弃工厂布满瓦砾的屋顶上时，在半边光亮的光线中，照片的形状显露出来：一个高挑的金发女人，身穿一件束黑色腰带的皮衣，手上拿着粗链子，链子的末端是一只孟加拉虎，老虎的条纹皮毛在黎明的阳光下宛如火焰，它高高地站在她身旁，喘着气。十几个男人头戴棒球帽，他们大多皮肤黝黑，以不同的姿势站在布满涂鸦的烟囱和成堆的水泥和钢筋中，俯视着女人和老虎。女人和老虎正迎着阳光阔步走在这儿的屋顶上。

摄影：大卫·亚罗

我不明白这是要表达什么：种族和性别？支配和无力？约束的链条？性和刻板印象？也可能什么都不是，不过是迷蒙的宿醉狂想罢了。

太阳升得越高，这块地方也就越变化无常，万事似乎都失去了控制，脱离框架。那只老虎变得焦躁起来，随即发怒，准备发出抗议。现在直升机"呼呼"作响——警察和新闻记者们就在我们上空盘旋……

几小时后我回到多伦多，发现每个台的晚间新闻都在播这段故事——如果能称为故事的话："老虎在底特律工厂的废墟中拍摄时被放了出来。"还配有一些视频，有些是从空中拍摄的，有些是从地面拍摄的，还有些是在一个摇摇欲坠的楼梯间里拍摄的，老虎看起来已经厌烦了被人指手画脚。一位有文身的"拉斯普京"向它摇晃着修剪草坪的工具时，一台手持相机记录了它的畏怯和固执。

　　很难说那到底是什么：是日出还是梦境，未来还是虚幻，寻找解药还是渴求事业？我甚至不知道"派对防护装备"是否起了作用。醉酒、清醒和宿醉的记忆都变得模糊。但至少现在，我回到家了。我们还幸存于世。老虎也被关进了笼子。我放下"派对防护装备"的空瓶子，然后拿起了一瓶别的东西。

第八幕间

今早醒来

　　头痛欲裂。我的头栽在地上。脑子里"嗡嗡"作响。心脏火烧火燎。浑身焦灼发烫。阳光刺眼。口中苦涩。门下有一条齿痕。我手上拿着葡萄酒杯。胡子里还有只苍蝇。一个人躺在地板上。感觉很奇怪。现在是十一点十一分。床上空空如也。天空万里无云。再次穿上衣服。麻烦在敲门。黄油和鸡蛋散落在床上。我的狗死了。脑袋里环绕着蓝调音乐。满脸忧郁。我的宝贝已经走了。[①]

　　当然，最后一句才是精髓——最本质也最简单的黎明时的心碎，就像它一直都在发生，永远都会发生。原曲为：

　　我今早醒来，我的宝贝已经走了
　　我今早醒来，我的宝贝已经走了
　　我心碎，宿醉，只留我孤单一人。

　　这十二小节蓝调音乐来自密西西比三角洲的家乡棉花田，它被人

---

① 本段的每个短句都是歌词，出自不同歌曲，且都接在"我今早醒来"后。

们简单地称为"我今早醒来"式蓝调。它步履蹒跚地北上，经历了大萧条，死去的狗，失去的爱，被强制收回的蓝草牧场和小酒馆，一直走到芝加哥和底特律，这音乐像美国式宿醉一样风靡一时——现在人们叫它摇滚乐。

当然，有时在歌曲中，人们醒来时感觉很好，疯狂地坠入爱河，天气还很晴朗。但大多数时候完全不是这样。贝西·史密斯独自醒来，罗伯特·约翰逊找不到鞋子，沃伦·泽冯从床上摔了下来，马克·诺弗勒的按摩浴缸坏了。[①]

毕竟"我今早醒来"的部分意思，是继续接下来一天的生活，通常从吃早餐开始——也可能不吃早餐，就像芝加哥合唱团的那首精彩歌曲《淋浴一小时——一个没有早餐的艰难早晨》。

对于那些只知道晚期的芝加哥合唱团，只知道彼得·赛特拉（Peter Cetera）的热门广播金曲、电影原声的人来说，这首歌可完全不一样。这首嘶吼咆哮、异想天开且出乎意料的歌曲由泰瑞·凯斯（Terry Kath）创作并演唱，他已经过世，成就伟大，常常酗酒。他生活艰苦，最终因头部意外中弹而草草结束生命。他的歌曲任性中透露出不幸，不幸中带着任性。当然，光是阅读歌词还不够，你得听歌的旋律。主要听开头，在他的一天陷入奔放的、天旋地转的、前卫摇滚的混乱之前。

但也要读歌词，看看凯斯都写了什么：歌词极具开创性，在语法上颠覆了传统，呼喊着早晨的忧郁与宿醉，直面它。就像是喝醉的骗子写了首勇敢而滑头的诗，然后用声音和技巧演绎它：

---

① 以上均为著名的蓝调音乐人或团体。

今早醒来时

清晨的忧郁萦绕着我

所以……我直视它的眼睛

我冲进浴室淋浴大约一小时

啊，一切都好了

是的，它总是管用的

它抚慰我的心灵

只为看看这些忧郁

流进下水道……

现在，我经常吃早餐

吃美味的斯帕姆午餐肉

是啊，我可以一天都吃它

谁让我只爱这个牌子

但我没找到它

看来……我只能不吃了

做些肉丁土豆填肚子

你不在可真没劲

噢……好吃，美味的斯帕姆午餐肉

这种对斯帕姆午餐肉的渴望被渲染得很强烈，它也是"我今早醒来"歌词传统的一部分——对热咖啡、糖李子、夹心蛋糕卷、燕麦片……的渴望颂歌（通常委婉地指性、死亡或宿醉引起的渴望）。

在《你的微笑犯法了》中，约翰·普林①这位异想天开的宿醉大师，输给了与其瞪眼对峙的一碗麦片。接着，在《请不要把我埋葬》中，他甚至没能走到早餐桌前——只是醒来，走进厨房，就死了。你可能以为这就是有史以来最短、最致命的蓝调早晨了，但还有一张吉米·亨德里克斯②（Jimi Hendrix）和吉姆·莫里森③的私制唱片，其中一首歌有个令人毛骨悚然的名字《今早醒来发现自己已经死了》。不过在他们喝醉后语无伦次的只言片语中，很难听清实际的歌词。

关于吉姆·莫里森最著名的宿醉歌词，甚至还有一些争论——它是最充满激情却又最虚无主义的"解宿醉酒"的歌词之一。吉姆被发现死于巴黎住处的浴缸中，而在九个月前，吉米·亨德里克斯在伦敦的某个酒店房间刚做过类似的事情④。之后，雷·曼扎克⑤（Ray Manzarek）成为大门乐队实际的主唱。曼扎克说，《旅馆蓝调》（*Roadhouse Blues*）的歌词是吉姆·莫里森昏睡三周醒来后写下的，歌词实际上是"今早醒来／我蓄起了胡子"——乍听起来像是个不现实的玩笑，细想则令人害怕。

蓝调歌手的墓碑上写了什么？

"我今早没能醒来。"⑥

①　美国著名乡村歌手。——译者注

②　美国著名吉他手、歌手、音乐人。——译者注

③　大门乐队主唱。——译者注

④　1970年9月18日，吉米·亨德里克斯在伦敦的一家旅馆死于窒息，而吉姆·莫里森于1971年7月3日因酗酒在法国巴黎住处的浴缸中死亡。

⑤　大门乐队键盘手。——译者注

⑥　关于蓝调音乐的经典笑话。

第九幕

超越火山

在这一幕中，我们突然单身的主人公在地狱边缘醒来，他被痛苦地净化，学会走路，翻越了几座高山，去了一场啤酒节，险些丧命，被活埋，还发现时间是流动的。客串：西勒诺斯、马丁·路德以及一只阔绰的雄猫。

"一瞬间，他喝醉了，他清醒了，他又宿醉了。"

——马尔科姆·劳瑞,《在火山下》

我在一个平行世界醒来——一个奇异的、螺旋形的、明朗的世界——这里就像是某个襁褓中的神祇的梦境。寺庙、尖塔、塔楼和圆顶组成了这个不可思议的建筑，从地底深处升起。周围山间的草地和森林像巨龙宽厚的脊背一样延伸到屋顶上，土地和人造住宅仿佛合为一体。水池、喷泉、花园和地下洞穴通过石头隧道连接，越过泥土小桥——这是一个由蒸汽、阳光和水晶构成的迷宫。

　　水平望去，这个地方在奥地利阿尔卑斯山山脚下，占地不过一百英亩^①。但是竖着看的话，它一望无垠。水流来自远古的深层大洋，经过地核加热，通过沐浴系统流入室内浴池。巨大的热气球载着游客在天空升起，就像伊卡洛斯拎着一个野餐篮子。

　　周围的山丘是死火山，这使得周围的土地异常肥沃、不稳定、具有磁性：是酿造橙酒^②和实现精神联结的理想之地。在这里，你可以像僧人一样伴着柔和的烛光入睡，屏蔽一切科技手段：远离手机、电脑或电灯。在火山池、泉水和桑拿房里，严禁穿着衣服或泳装。人们容光焕发，美丽动人。空气中有紫丁香的味道。仿佛还可以听到笛声。我吸了口气，试着让自己充满希望，虽然我感觉槽糕透顶。

---

① 约为40.46公顷。

② 橙酒的原料是葡萄而非橙子。火山喷发能混合不同的地质和土壤，这种土壤排水便利，含丰富矿物质，能够出产品质优异的葡萄。

过去很长一段时间黑暗而坎坷——就像在某首超现实的、醉醺醺的后现代蓝调歌曲中磕磕绊绊走过，从我乱糟糟的加拿大公寓唱到克罗地亚的作家节，唱着穿过阿尔卑斯山山麓，现在到达炼狱。我弄丢了女朋友。我弄丢了钱。我弄丢了行李。我弄丢了解宿醉药。我迷失了方向，现在我来到了这里：置身于这个奇特的火山世界，这个关于平衡与健康的创意设想中——这是一个由木材、石头、陶土和玻璃建成的村庄。在这里，你很难找到一条笔直的轮廓线。

当然，几个世纪以来，各种各样的极度堕落者、酒鬼和浪漫主义者都把他们的宿醉迫降在小山丘上。就算得不到救赎，他们也希望至少能在这里获得平静。正如克莱门特·弗洛伊德所说："当他们的羽翼因单相思或棋牌室中的不顺而暂时被斩断时，可以退隐到这里来。"

但这个地方远不止于此：它达到了最先进的精神水平，休养生息和恢复活力的能力已经登峰造极。佛登斯列·汉德瓦萨（Friedensreich Hundertwasser）是一位神话般的人文主义艺术家和建筑师，他将这里设计成"世界上最大的可居住艺术作品"，并由革命性的开发商罗伯特·罗格纳打造成"未经开发的自然与满怀希望的人类之间的通道"。布鲁茂百水温泉酒店是一家浪漫的精神疗养胜地，这里汇聚了各种治愈的力量，你躲也躲不开。

指示牌上写着，这些浴池中的水来自一个有百万年历史的海洋，"地壳运动将它密封起来，不受外界影响"。它从地下3000米处流出，水温可达110摄氏度，能"强健皮肤，促进新陈代谢……支撑血液循环，对全身都有疗愈作用"。即使只是在池边躺着休息，这些精华也会对你有益，因为这些泉水存在于"高度敏感的土地上，在这里可以找到许多重要能源点、气血和自然的智慧结晶"。

所以，坠落在这些天堂般的池畔时，我早已做好充分准备，把自己全身心地、彻底地交给这些治愈之力了。我知道"排毒"不再只是"使浑蛋们清醒"的代名词。但我也意识到，像我这样的人，身上往往没有"气血"和"自然的智慧结晶"这样的东西——或者说，至少我们这种人不擅长找到它们。因此，即便是我到达时拿到的宣传手册的第一行，读起来都像一种神圣的告诫："有些人从未有机会改变他们的人生道路，而其他人有这种机会却意识不到。"

"我意识到了。"我说，一边漂浮在瓦卡尼亚疗养湖上，一边听着水下音响传出的排箫的声音。"我意识到了。"我吟诵道，一边坐在"四元素花园"的一棵榕树下，一边小口喝着大麦草和蓝莓奶昔。"我意识到了。"我气喘吁吁地说，在由休眠火山核心驱动的红外线桑拿房里汗如雨下。"我意识到了。"我低声说，我躺在一个盐洞里，这些盐是用卡车从死海一路运来的，然后被塑造成含有晶体的石笋。这里播放着柔和的合成音乐，并配有脉冲灯光。有人建议我在这儿深呼吸。有个女人叫到我的名字。"我意识到了。"我坦白说。然后她带我走出了死海盐区。

海蒂几乎不会说英语，她让我躺在一间方形房间中的一张方形白床上。"这是身体排水疗法。"她小心地咬字发音，然后拉开毛巾，告诉我以下信息：这是一项新的治疗——非常新，事实上，我是在她这里进行这项治疗的第一位男性。到现在为止，她只为女性做过身体排水。不过完成这个治疗后，我会被净化，会达到前所未有的洁净。"可以接受我来为您治疗吗？"

我告诉她没问题。

她放了恩雅的歌，并活动了一下手指。

海蒂不仅双手强壮有力，抓进我满是毒素的肌肉里把我打垮，她还有一件真正的"身体排水"工具：一台体积很小但力道惊人的真空清洁仪，上面涂满了凝胶。她把它压在我的身体上，吸除我身上的残渣，直到我败下阵来。机器的"嗡嗡"声和海蒂的低语溜进我的耳朵，压制着我。这个过程很有侵略性，让人无法抵挡，又疼痛又愉悦，直到死海的水流出我的毛孔，流出我的眼睛——就像我全身开始啜泣……

当我在海蒂的手中被净化，毒素从体内深处排出时，我在一系列画面闪回中旋转，一只中毒的发条橙，大脑空白的片段间闪过被压抑的记忆：和劳拉分手；在克罗地亚崩溃；斯洛文尼亚解体。这么多糟糕的、醉酒的、闪光的时刻，把我带到这里。

海蒂的手向下移动，向下，向下，直到她打到我的肾，就像一堵石墙。"肾。"我上气不接下气地说。她完全不懂这个英语单词，于是我开始胡言乱语，说着芸豆（kidney beans），拳击颈部，加州游泳池……我被海蒂的疗愈之手猛击，淹没在她手下，不断下沉，直到她终于治疗完毕。

"现在你的'芸豆'干净了，"她说，"多喝水。"我也正是这么做的。在穿过大洋，越过国界，把自己悲伤的心脏、肝脏、大脑带到这样一个超凡脱俗的健康胜地后，在我经历过的最专注治疗的一天结束时——我坐在温热的火山水里，喝着冰凉的火山水。

在最近不断失去东西的混乱中——我所有的家当，内心的平静，今生的爱人和残存的一点理智——唯一回到我身边的就是那只被粗暴地丢来丢去的破行李箱。它装满了我打算卖的书和打算穿的西装，破得像从加拿大和克罗地亚之间某处的一万英尺高空掉下来的一样。我的宿醉解药，或者说我终于得到的最接近宿醉解药的东西，就这样丢失了。我指的是一盒真的药片，而不是原始配方。我想象着一个沮丧的做盗版药的人或毫无头绪的拾荒者，正琢磨他拿着的到底是个什么东西。

不过我仍然心存希望。即使没有神奇药片，我应该也能熬过最近这些混乱的饮酒狂欢和漫长的毒物冲击。我想，这种狂轰滥炸的排毒和净化攻势可能会迫使人体保持一种平衡——将滚雪球般的宿醉和伤心转移到一旁，我还没想出适合形容它的名字。我感觉悲伤又疲惫，但莫名乐观。我看着星星，最后喝下一口水，在火山之下入睡。

我在流淌的熔岩中醒来，它随着凝固而发烫。我转不了头，我的肌肉被炽热的石头束缚着，我的血液像沸腾的泥浆。现在，我试图呼吸，但床的引力太强。它就像一个致命的黑洞，就在这个短暂充满希望的宇宙边上。

这时间漫长得好像十亿年，又仿佛只有一小时——缓慢且痛苦地一点点挪动，突破岩浆和沉重的空气——我终于到了床的边缘。我完全没法起床和穿衣，手肘和膝盖都弯曲不了，头半卡在下陷的床垫里，手像从锻铁炉里拔出的钢铁一样僵硬。我举起手放在被紧压的脑袋上，把自己拽到地板上。

穿衣服需要集中精力并滚动身体，但几乎可以肯定，我稍微穿上点东西的时候，还是上午（或至少是下午早些时候）：一个熔化的"铁皮人"穿着布鲁茂百水酒店的浴袍，东倒西歪地走进乌托邦的走廊。踏出灼热且刺激的每一步，都让我的五脏六腑受到冲击。我花很大力气走到火山池，在"几何形感官疗愈小径"蹒跚而行，它们剧烈跳动，把我压倒，就像后背上有几条狗一样。

这个地方到处都是疗愈师、助手、印度教大师和安抚师，都是我需要的人。但我应该怎么和他们解释：我的气有毒？海蒂差点杀死我？我对气血过敏？

我没提这些，而是问了去桑拿房的路，想出一身汗把恶心感带走。但我太肮脏了。我跌跌撞撞地穿过这些幸福情侣——他们手牵着手，平静安宁，在雾气中闪闪发光——我能感受到他们闪烁的目光落在我丑恶的身躯上，我就是一只装模作样、筋疲力尽还宿醉的流浪狗。

我找了个角落躺倒，然后就再也起不来了。所以我只能待在这个形式奇特的炼狱里：感受来自地表下方两英里处火山热气的炽热，周围都是奥地利情侣，陷入一位所谓的人文主义画家的整体设计中无法动弹。此人还在我头顶的墙上写下：

自然中没有罪恶。
罪恶只存在于人心。

毒素冲击

比起现在，直到前不久"排毒"（detox）一词还有着更负面却也更有意义的含义——表示"戒瘾"，一种从上瘾的痛苦中解脱出来的不适过程。

现在，世界上像格温妮斯①那样热衷排毒的人可以把它的重要程度排在任何事情之前，比如水、空气、曲奇饼。我们会花高价购买地球上最简单的东西，或者是让自己忍受许多费解而难受的事——耳烛、灌肠、食肉鱼足疗——来保护自己不被一些人人都曾陷入的未知毒素污染，希望之后能变得更清新、更苗条。

然而，大部分医药专家表示，因为有皮肤、肺和肝脏这些古老的器官，我们的身体本身就具备防御毒素危害的机制。埃克塞特大学补充与替代医学教授埃查德·恩斯特说："人们不需要用排毒疗法改善状况，它也无法带来改善。非正统的排毒疗法的拥护者们从未能证明他们的治疗可以减少体内任何特定毒素的含量。"恩斯特称："当下的排毒观念不仅错误，还很危险。"他的意思是，人们可能会沉溺于对自己有害的事情，觉得一切都能被相应的疗法纠正。

公正地说，这些想法虽然还没有被有效的科学研究证明，但这并不意味着它们不可能。这段时间我一直在看有关宿醉治疗的研究以及其中的不足，至少让我明白了这一点。

但是排毒这一时尚会不会有另一种完全不同的危险呢？比如用某些按摩和身体排水疗法治疗一个喝得烂醉的人时，可能并不能使人冷静和清洁，而会将有害毒素推及乱糟糟的全身？

确实，这是个反问句，但并不只有我这么问。迪恩·欧文（Dean Irvine）在一夜狂饮后去了一家水疗馆，然后在美国广播公司的网站上写了一篇文章，题为《当按摩出了问题》："在感觉放松、达到平静安详的境界大约12个小时后，我觉得难受极了。我头痛得厉害，全身酸

---

① 格温妮斯·帕特洛，美国演员，因推出的养生产品和节目传递错误知识而饱受争议。——译者注

痛，一会儿热得出汗，一会儿冷得发抖。"根据这些症状，再加上他的按摩师的解释——按摩促进你的身体通过汗水和淋巴系统排出血液中的各种毒素来解毒，欧文提出了一个看似合理的假设，即深层组织按摩不过是把那些之前被封锁起来，并不困扰我的毒素给释放出来了。

然而，科普作家兼前注册按摩治疗师保罗·英格拉哈姆认为，即将发生的事甚至可能更适得其反，也更极端：剧烈的按摩不仅不会释放现有的毒素，反而会在体内制造毒素。在他的文章《按摩中毒》中，英格拉哈姆表示，这种治疗实际上会引起轻微的横纹肌溶解症，其本质是中毒性休克（常见于车祸和地震的受害者），当肌肉被挤压以及内脏细胞溢出到血液中时就会发生。依据严重情况不同，它可能会造成类似流感的症状，严重的则会觉得肌肉疼痛，更有甚者会有种被活埋在熔岩中的感觉。

综上考虑，我必须告诉你，不论深层按摩排毒多么有效，它都不是治疗深度宿醉的最佳方式。而且它可能揭示了这样一件事——奥地利阿尔卑斯山的一处温泉是"弄巧成拙"（verschlimmbessern）这个词的起源：它是一座名副其实的巴伐利亚庙宇，在这里你想让事情变得更好，但却会把事情搞得更加糟糕。

超越火山（进入阿尔卑斯山）

我在这座苏斯博士①的"监狱"里多住了一阵，直到能重新走动。

———————

① 美国著名作家及漫画家，以儿童绘本出名。——译者注

然后我继续驱车深入群山之中。

我的最终目的地是慕尼黑啤酒节，它也是我开始此行的原因。不仅如此，我还要去慕尼黑啤酒节宿醉医院：一家大型的、《陆军野战医院》^①风格的宿醉主题帐篷城市旅舍，坐落在慕尼黑边缘。来自世界各地的醉鬼们在这里狂欢和休息，喝酒和继续喝酒，宿醉医院的助手们会打扮成性感的医生和护士，熟练地照顾他们。几个月来，我一直在和主办方制订计划，他准许我出入所有地方，还为我提供了一间单独的媒体人员帐篷——只要我能自己到达那里。

距离啤酒节还有一周时间——从我初次预定这次旅行起，很多事情已经偏离正轨，但我尽量按部就班地开展计划。我之前听说有一种"旧世界"的山顶宿醉疗法，他们会把你放在棺材里水煮，然后把你埋进稻草里，以此治疗宿醉。这就是我要去的地方。碰巧，前往这个特定山顶的路上还有阿尔陶塞的纪念节（Altaussee Kirchtag），这是一个每年都举办的古老的饮酒节，也有很多传说。我猜，这就是我能宿醉的地方了。但阿尔陶塞的旅馆都住满了，所以我会住在对面的镇子上——格伦德尔塞。

车程应该只有几个小时。但这里是阿尔卑斯山，我的车是克罗地亚的车，没有GPS，况且我又喜欢（即使不是从之前那个"炼狱火山"里爬出来的时候）走那些少有人走的路，所以到那里还需要花上一段时间。

我终于到了酒店。我的房间过于浪漫，浪漫到让我有点生理不适：这是一间开放式设计的套房，房间内部依次降低：从厨房到餐厅，再

---

① 美国连续电视喜剧。

到按摩浴缸、沙发、床，大大的落地双扇玻璃门向着湖泊优美的风景敞开。远处的岸边有一座城堡，它的塔楼就像收起的羽翼。我打开酒店赠送的香槟，尽量只想着如何宿醉，把和女朋友分手的事抛在脑后。

楼下是一家延伸到码头的水疗中心，人们可以从桑拿房溜进冰冷清澈的湖中。但尽管阿尔卑斯山有宿醉习俗，更重要的问题是这里是谁的地盘：格伦德尔湖光酒店（SeeHotel）由最畅销的能量饮料的奥地利制造商拥有并运营，所以酒店的小冰箱里一半是酒，一半是红牛。

为了避免醉酒驾车，我决定步行前去饮酒节——从格伦德尔塞的小镇和湖泊，到奥尔陶兹的小镇、湖泊和庆典，中间只隔着一座山。

"如果你一定要走过去，那就得绕着山走，"酒店经理说着，给了我一张地图并指出路线，"要走两个小时，或者两个半小时的样子……"

两个半小时后，我在树林深处一个陡峭的斜坡上，而且已经这样走了很久很久。我拖着身子又拐了一个弯，然后彻底停下了：我站在一座山顶上，摇摇欲坠，离悬崖边只有一英尺。

千米之下就是阿尔陶塞的湖泊和城镇。我屏住呼吸从悬崖边撤回，然后看见附近有一个瞭望塔。我慢慢爬上去，环顾四周。我能看见来时的城镇，和前方另一个镇子的距离差不多。显然，我走错了路，爬上了山，而没有绕着它走。真希望这时候能有谁给我双翅膀……

又经过几小时的迷途跋涉和无处不在的悬崖，太阳都下山了。虽然我能听到远处的庆典声，但就是找不到去的路。我磕磕绊绊地穿过森林，爬下陡坡和悬崖，走出森林的时候已经眼球充血，浑身是伤，汗流浃背。我到了山脚下，到了湖泊的一边——错误的那边。我能看到阿尔陶塞的小镇。我能听见人们在唱歌。但是，是在湖泊遥远的对岸。

我望着湖水，思索着几个选项——直到后来被压抑的想喝啤酒的愿望越来越强烈，战胜了其他想法。我脱掉衣服放进背包里。接着，我除了背上的背包外一丝不挂地蹚进漆黑的湖水中，开始游泳。湖对岸灯光闪烁，一声深沉而响亮的号叫传来。

终于，在离开格伦德尔塞约六个小时后，在离开布鲁茂百水酒店的炼狱约十个小时后，我从漆黑的水里爬出来，套上我的湿衣服，疲惫地穿过一片田野，来到一个巨大且发光的门口。门里是另一个世界：上百个金发的人身穿阿尔卑斯山传统的皮短裤和束腰连衣裙，站在许多宴会桌旁互相碰杯，跟着铜管乐队一起唱歌。

空气中弥漫着啤酒、汗水、干草、德式小香肠、蜂蜜和南瓜的味道。虽然活动场地每年都由当地的消防员志愿者重新建造，这间挤满了奥地利老老少少的啤酒大厅却给人以永恒的、英雄的以及与世隔绝的感觉，仿佛粗鲁的行为和手机被不知何故变成了禁忌。

唯一和巴伐利亚旧世界风格不搭的就是啤酒大厅门外的红牛饮料帐篷和其间潺潺的流水。

红牛崛起

关于宴饮大厅、饮酒习气和宿醉，西方历史中最明显的几个转折点是：蒸馏的发明、工业革命、禁酒令的灾难以及红牛的迅速崛起。

而和其他几个现象一样，红牛的受欢迎程度几乎到了夸张的程度，这是福也是祸，尤其在宿醉这件事上。它能让你在饮酒后的第二天重振精神，并且"给你力量的翅膀"；但是如果前一晚把它和酒精混合起来，你会制成各种全新的鸡尾酒："愤怒的公牛""推土机""深水炸弹""速球""迅速踢裆"……

20世纪80年代中期红牛刚刚出现时，被看作派对小子们彻夜狂欢的前兆和革命。这有一定道理，因为现在就连街头小店和加油站好像都被强制要求销售不少于三百款能量饮料。如今很多饮料也把它激发活力和焕发新生的双重功能直接用于市场宣传，把"康复""修复"和"复兴"等词用闪电字体印在精选的易拉罐上。但是从这一领域的专家提供的证据来看，这些饮料是否使醉酒或其后果从根本上有所不同，这一点尚不明确。

例如，在"宿醉天堂"的网站上，我们的老朋友伯克医生写道："治疗过成千上万的宿醉人士后（比全世界任何医生都多），我注意到，一晚同时喝超过2到3罐能量饮料的人，可以想象会出现最糟糕的宿醉……我上门问诊时，如果在客户的房间里看到12罐空的红牛，往往预示着我的治疗可能不会起作用。"但伯克勉强承认，"我们想要把增长的死亡人数和住院人数归咎于能量饮料和酒精的组合的话，肯定需要更多的数据支持。"

约里斯·范斯特医生是酒精宿醉研究机构的创始人，我曾在阿姆斯特丹和他一起喝咖啡。他一直在努力得出精确的数据。鉴于最近的研究和报告表明，含酒精的能量饮料比传统的鸡尾酒更具风险，他把这归结于两个主要的常识：一是人们混着喝酒精和能量饮料时，会吸收更多酒精；二是能量饮料会掩盖醉酒的感觉。他调研了两千名荷兰学生（这里需要声明一点，该研究由红牛赞助），结果与上述两种说法相悖。

还需要说明的是，红牛从未正式推广过将能量饮料与酒精混合的做法，而其他几家公司已经开始售卖类似的产品了：如"四洛克"（Four Loko）、"火花"（Sparks）和"提尔特"（Tilt）。

然后就是"紫水"（Purple），这款产品把当下的"排毒"风潮推向了一个混乱的新高度。"紫水"的市场定位是一款防宿醉能量饮料/鸡尾酒混合饮料，宣传语是"边中毒边排毒"。其CEO特德·法恩斯沃思放言："你喝伏特加的时候就一起喝它，喝到走不动路为止，如果你之后宿醉了，我可以把它和伏特加的钱一起退给你。"但这种经过肠道蠕动的事务会以什么形式发生，想象起来都令人不适。

超越火山（群山复生）

最后，那是一个破碎而炽热的夜晚，即使在最深的黑暗中，你也飞得离太阳太近了，随着翅膀融化而跌落，接着被某个香槟超新星带走；在那个夜晚，你是一只从黑湖爬上来的迷失野兽，甚至不会说话——接着在一阵喝彩声中，进入黄金时刻，脑子里装着一个火球，突然间夜晚似乎属于你了：一百个新朋友为你的健康在空中碰杯，那个刚刚和你跳舞的女孩现在指挥着铜管乐队；这是一个无比危险的夜晚，但你并不会受伤；你永远不要提起这个夜晚，因为它最终并不属于你。

属于你的是第二天早晨，你醒来感到一阵失落和空洞，坐在驾驶座上漂浮上升，上升，上升，漂浮到阿尔卑斯山的克恩滕地区。

　　我曾看过一些很厉害的东西（也看过《音乐之声》），但是面对如此崎岖而绚丽的阿尔卑斯山，我似乎毫无准备：绿色和蓝色无限扩展，就像置身于一个粗略雕琢的水分子中，就像从月球上看地球。到现在为止，我已经翻过了那么多山……为什么要绕着它们走呢？所以我灌下红牛，直接上路，结果被这世界的广袤和突如其来的重重悬崖震慑住了。

　　这里没有护栏，没有安全措施，没有任何东西能减缓坠落的速度。我一路往上爬，然后直冲云层，现在世界消失了，当我又转了一个弯，出现了新的下坡，我不确定我是在开车还是在坠落。我开得越来越快，然后开出云层，不知何故现在还在路上，在山的一侧，在这个失落的星球上，在太空中旋转；然后又往上走，一直往上走，直到最后我意识到：我已无路可走。

　　这条路曾为绝望的伐木工或者不怕死的雪地摩托车手开设，或者谁知道到底为谁开设，现在路基本消失了：陡峭到几乎垂直，十分狭窄——右侧是悬崖，左侧是一英里高的落差——想要掉头几乎有着致命的危险。不过继续往上爬坡也只会更糟。就在我意识到这一点并开始恐慌的时候，我那辆有四个汽缸、四挡变速、标准换挡的克罗地亚车却开始减速……就要熄火了。所以我踩下离合和刹车。

　　现在我彻底完蛋了。

　　我一松开离合器，就会向后猛冲下山。想要往上开，我就不得不掉头。但是车轮三英尺处就是悬崖，下面几英里除了空气再无遮挡。我的腿在发抖，万一我的脚退缩一下，我就死定了。我慢慢伸出手，拉下紧急刹车。现在我全身都在颤动，肾上腺素融进了血液。我能感觉到自己的心脏像一把大锤子，摇晃着穿透胸腔。老天，我不想死。

我清了清嗓子，大声喊：

"老天，我不想死！"

为了活下去，我预想出所有必须迅速做的事：放下手刹，脚踩刹车以及离合，同时启动发动机转向悬崖边缘；碰到悬崖边但不越过；停下来然后重复这个过程，这次要反向，然后一次又一次，直到前后的几英寸变成掉头向下滑动，而不是摔下阿尔卑斯山某处，变成一团废铁。

在这千钧一发的时刻，我甚至看到了或许多年后我和我的车被发掘的样子：我的衣服里装着一具尸骨，后备厢里有一个破旧的行李箱，里面装满卖不出去的书和旧衣裳，这些都会成为调查者眼中的谜题。我左手紧握方向盘，右手抓住手刹，放松脚趾，并吸了一口气……

几小时之后——尽管我糊涂的手表显示只过了几分钟——我的克罗地亚小车已经朝着下山的方向了，而我浑身是汗。我慢慢往下开，从土地到石子路，到石块，再到马路，然后我在路边停车。我下车就吐了。我仰面躺在地上，盯着旋转的天空，这样待了很久很久。

我终于到达偏远的度假胜地阿姆多尔夫时光酒店，发现这儿跟我设想的一样：是那种在阿尔卑斯山的山顶上，能见到一位隐居的神秘古鲁大师[1]、一位正在训练的富有武僧或是正在休养的间谍的地方。

很多热爱大自然的新婚夫妇也喜欢这里，他们可以自己砍柴来加热双层木屋露天平台上的木质热水浴桶，他们可以在里面喝上一杯当地的气泡酒，眺望山下的世界。但我来这儿只是为了在一口"棺材"里泡热水，接着被埋在一堆稻草里。

---

[1] 印度教或锡克教的宗教导师或领袖。

很难说"Kräuter-Heubad"或草药浴的确切概念来自何处。"从这里来。"说话的女人有着一头漆黑长发、闪烁的绿眼睛，她的手却指向我们脚下暮色笼罩的群山、坡地和山谷。她盘着头发，一边低声说话一边打开门，领着我走下高高的石阶，走进一个烛光摇曳的石墙地下室。

在熊熊燃烧的大火前，放着一个木制的、身体大小的箱子，箱子上有一个铰链盖，里面装满了热气腾腾的水。我脱了衣服爬进去。盖子合上时只到我肩膀位置，我能看到面前有一口黑色大锅，用铁链挂在火炉上，她朝火炉走去。锅里煮着上百种治疗草药，都是用镰刀从周围山坡上割下来的。她从锅里舀出快沸腾的水，从我脚下的一个开口灌进棺材里。我躺在黑暗的火光中——很奇怪，我突然间平静下来，头一次体会到某种永恒感。我闭上眼，让身体自然浮动。

从水中出来时，她指示我躺在稻草床上。她给我盖上床单，然后又铺了很多干草。这重量既沉重又幸福，一段记忆涌上来：我的宝贝儿子睡在我赤裸的胸膛上，我们呼吸时，他温暖的肌肤贴着我的皮肤。在让我想起这段记忆的胸口，无数痛苦从这里释放消散。我任自己被覆盖起来。

她终于把我从稻草中挖了出来，这位黑发碧眼的女人往我身上倒了些油，给我做全身按摩。

"上次按摩，"我跟她说，"我差点就死了。"

"这次会轻柔一些。"她说。

当她手指离开的时候，我感觉自己像是睡着了，但其实我正站着，身上裹着深红色浴袍。我一步步爬上石阶，从地底深处走上来，走进山间的空气。天空湛蓝，满是金色的星星。我头顶着天空，吃晚餐，喝橙酒。这是我在火山的最后一晚，我感觉自己像是一头起死回生的野兽——生龙活虎得刚刚好，我可以回到镇上人们居住的地方了。

喝醉的西勒诺斯

奥维德的《变形记》中有一种即兴的胜利游行，狄俄尼索斯经历了一场盛大的冒险，归来时乘着山猫拉的战车穿过城镇的街道……后面跟着西勒诺斯：

> 山猫为他拉车，身披明亮的缰绳，
>
> 萨提尔、迈那德斯、随从，还有西勒诺斯，
>
> 醉醺醺的酒鬼，在后面蹒跚而行，
>
> 要么拄着一根拐杖支撑他走路，
>
> 三条腿也和两条一样摇摇晃晃，
>
> 要么从他那可怜的小驴子上跳下来。

在形象分明、拥有超能力的奥林匹克众神庙里，西勒诺斯是最不起眼的：一个矮胖又倒霉的暴戾之人，一个古代神话版的加利凡纳基斯[①]。如果你像神一样喝酒，就会变成他那样。但即使你是神，你也不会是狄俄尼索斯。他是胡子拉碴、体重超重的吉姆·莫里森，没完没

---

① 美国男演员，代表作有喜剧电影《宿醉》系列。

了地醉倒在法式浴缸里。他是穿休闲装的猫王，永远只在"雅园"里开枪射击电视。他是宿醉，抗衡着所向披靡的酒神精神。在慕尼黑艺术博物馆凝视着这幅杰作，我不禁产生了一种同病相怜的亲切感。

彼得·保罗·鲁本斯于1618年创作的《醉酒的西勒诺斯》，是一幅多重意义上的佳作，它不仅仅是一幅大师作品。在大部分历史记载中，尽管有很多关于西勒诺斯放荡和堕落的冗长纪事，但他仍保持着相当好的脾气。即使从驴背上摔下来，他也会自嘲地大笑，张开双臂，而不是试图让自己别摔下去。

但是在这张画里，鲁本斯却捕捉到了他私下的窘迫。画家还放大了这种窘态，他把自己昏沉沮丧的脸画到了这位臃肿的神祇身上。西勒诺斯东倒西歪地穿过鲁本斯的密友们的酒宴——画中用宁芙女神和萨提尔来表现。他们带着温和又理所当然的奚落笑容，看着他努力向前走。

超越火山（企图取得进展）

我下山之后就诸事不顺。我本希望能重回正轨，继续寻找现代宿醉疗法。但自从我在加拿大与奥地利宿醉解药"Kaahée"的制造商交流过以后，他们就消失了。德国"Cure-X"的制造商也是如此，就好像从此销声匿迹了一样。

现在，我大老远来到秋天的慕尼黑的全部原因似乎已经化为泡影，或者淹死在一桶比尔森啤酒里了①。

---

① 原文为dead in the water，直译为淹死在水里。

"这很复杂。"朱利亚诺·贾科瓦齐说，他深深地凝视着他的传统德式大啤酒杯，而此时我们正坐在据说是希特勒曾来过的啤酒馆里。贾科瓦齐是意大利裔南非人，他是一个派对承办人，也是宿醉医院的主管——至少直到某次意外发生，他的商业合作伙伴带着帐篷、横幅和性感白大褂逃走或者类似的情形之前，他都是宿醉医院的主管。

事情肯定比我们想的要复杂，但对我们来说最重要的是，宿醉医院不会继续进行——至少，我们的贾科瓦齐已经不再是主管。我已经把租来的车还了，现在没地方歇脚，而在慕尼黑啤酒节开始的时候，想在慕尼黑找到住处几乎不可能。

"我的一个哥们儿说你可以睡他家沙发，"贾科瓦齐提议，希望能尽可能地帮到我，"或者你可以去斯托克托啤酒节（Stoketoberfest）看看。"

斯托克托啤酒节是为热衷派对的年轻人提供的极致营地体验，它应该很像宿醉医院，不过主题完全不相干。贾科瓦齐相信他能给我搞到一个帐篷。

"听起来不错，"我耸耸肩，"有更多冒险机会。"但是实际上，我已经累了，对冒险厌恶到了极点。我现在最不想去的地方就是慕尼黑的啤酒节，没有一个地方能安顿我混乱的大脑，让我小睡一会儿。在这里我最不想待的地方就是这个愚蠢又出名的挤满人的啤酒馆，滴酒不沾的希特勒显然在这里假装喝酒。卫生间里还有一些象形文字标志提醒外国人：在巴伐利亚，男人应该坐着小便。

等到啤酒馆关门，我拖着行李穿过街道，在广场的喷泉里小便——有点期待德国警察出现，然后告诉我要用坐姿。接着我把我愚蠢的破烂箱子扔进了喷泉，把它留在那里，像一具尸体一样半淹在犯罪现场，让人摸不着头脑的那种。

全世界的宿醉说法

我二十多岁的时候，在墨西哥的各个地方都住过。着手写这本书之前，那是我对宿醉了解最多的地方。二十年前，在巴拉德纳维达小镇，我和一位墨西哥医生成了朋友，给他六瓶墨西哥啤酒，他就会往我胳膊上的静脉里注射满管维生素B_{12}和（从当时的抗震救灾中抢救出来的）酮咯酸。这招确实很有效——至少能让我们第二天继续喝酒。

在墨西哥，人们管宿醉叫"cruda"，意思是"生硬"。这说得过去，但从华索医生嘴里说出来，听起来更像"cruz"。在墨西哥西班牙语中，"cruz"的意思是"十字架"。这对我来说非常生动形象，就像是"我今天扛着它，直到痛苦、糟糕的尽头"。（这也许是宿醉的另一个被误解的词根？）

我也在西班牙住过，这里形容宿醉的词是"resaca"，意思是"退潮后留下的东西"——如残骸和弃物、水下逆流或海洋风暴留下的垃圾。除了宿醉，世界上还有什么能如此诗意呢？

此时此刻，我在一间阳光明媚的白色墙壁房间里，这栋环保的未来主义德式建筑更像是一间健康水疗馆，而不是国际知名的广告和传媒集团汉威士环球中心。热带雨林中的瀑布声从看不见的扬声器中传来。巧妙的灯光、窗户和墙面投影将室外的空中花园与流线型走廊和会议室融为一体。我面前的桌子上放着一个黑乎乎、毛茸茸的小方块。我仿佛从没离开过地狱边缘。

"这是最后一本毛绒的……"马丁·布鲁尔一边说，一边指着桌子上的书，"一本样书。你可以看看。"

《世界上最有名的十次宿醉》（*Die 10 berühmtesten Kater der Welt*），

是由布鲁尔和他的汉威士团队为托马普林（Thomapyrin）头痛药打造的广告新方案。在德国和奥地利可以买到托马普林，它是阿司匹林、扑热息痛（泰诺）和咖啡因的混合物。它相当于美国的埃克塞德林和英国的安乃定，是缓解偏头痛的推荐药。

但是就像所有有效的止痛药一样，在宿醉泛滥的时间和地点会有更多需求（比如销量总是在新年时激增）。所以在向人们解释原理之前，布鲁尔想有创意地利用这一诱因，让人们想起在宿醉时，也会想到托马普林。

在德国，宿醉写作"kater"，也有"雄猫"的意思。

"于是这个概念欣然接受了'kater'的说法，然后用一种普遍的方式，探寻它究竟是什么意思，"布鲁尔说，"它是否能在世界不同地方引起同样的感受，有同样的内涵？"

原本的计划是让世界各地的艺术家们描绘他们家乡的宿醉和当地的疗法。但著名德国街头艺术家丹尼斯·舒斯特用一种紧迫又永不过时的木版画风格，画出神智涣散的猫，这件作品与这个想法完美契合——一只字面意义上的"kater"，受世界上十种委婉语的影响而成，而这些委婉语都很真实。

我之前在网上研究过这些画。我喜欢这些画，以及书给人的整体感受。但当我翻译完画周围的文字之后，却觉得有点困惑：这些文字几乎没下定义，大部分都没提到解药。不过倒不奇怪——和我之前查阅的结果完全一致。

但布鲁尔对此仅仅耸了耸肩："这只想让你觉得有意思——让你体会、思考一些新东西。比如，我们知道的大多数宣传活动都很丰富多彩，但这件作品不是。宿醉不是五颜六色的。它有点黑暗。这些图片，没错，它们都有点意思，因为喝酒有意思。但同时它们也很黑暗。所有人都喜欢喝酒的前一晚，但没有人喜欢宿醉的第二天早上。你从这只猫身上就能感受到。"

所以下面就是那只猫，感谢丹尼斯·舒斯特的创作。附带的文字（有些地方令人费解）是从德文翻译过来的，为了节省篇幅，我编辑或总结了这些文字。

Kater ['ka:tɐ]

1. KATER（德国）

起源：一种19世纪的啤酒，名为"Kater"（在英语中意为"雄猫"），深受德国学生喜爱。

治疗方法：新鲜猫头鹰蛋。（和之前提到过的一样，这一"解药"是普林尼发明的。但说明文字机敏地提到猫头鹰蛋中含有半胱胺酸。）

Tømmermænd [tømɐmænd] → Zimmermänner

2. Tømmermænd（丹麦）

起源："Tømmermænd"意为木匠。丹麦木匠每造好一根新房梁就会喝一杯酒。

治疗方法：在一杯牛奶中放些壁炉灰。

Hangover ['hæŋəʊvə] → Rumhängen

3. HANGOVER（美国）

起源：这个解释令人困惑，它涉及第一批定居美国的人、土地和饮酒比赛，最终的奖励是房地产的"屋檐"。

治疗方法：将燕子喙捣碎，与没药混合成糊状，然后吃下去。

Resaca [rrs'saka] → Meeresbrandung

4. RESACA（西班牙）

起源：这个词是一个日常的、平静的冲浪与一些抽象的概念的结合，即海边的用餐者向西班牙服务员错误地挥手。

治疗方法：用半个柠檬摩擦腋窝。

Babalas [babalas] → Der Morgen nach dem Tag davor

5. BABALAS（南非）

起源：很明显，这是一个古祖鲁语单词，意思很简单，就是"第二天早晨"。

治疗方法：用番茄汁腌制羊的眼睛。

6. GUEULE DE BOIS（法国）

起源：这里译作"木制口套"。它不仅指醒来以后满嘴木头和木屑的感觉，也指在木桶中陈酿法国白兰地的习俗。

治疗方法：将大蒜切成小块放到红酒中。

7. SURI（巴伐利亚）

起源：可能是一种口齿不清的道歉方式……？

治疗方法：在汤面里加两个鸡蛋黄和一小杯白兰地。

8. Baksmälla（瑞典）

起源：这个词有点复杂，与肥料和桌面有关。但是说真的，如果翻译正确，就不需要解释了

翻译：对抗性的反应。

治疗方法：鳗鱼和杏仁的经典搭配。

9. POCHMELIYE（俄罗斯）

翻译：醉酒的恍惚和眩晕。

治疗方法：在适量咖啡中溶解香烟。在调和物里加入胡椒粉和盐，用厌恶的眼光看着它，发誓再也不喝酒了。

Pochmeliye [pas'melja] → Pochen im Kopf

10. KRAPULA（芬兰）

起源：由图可知，很明显这是"螃蟹"（crab）的意思，而不是"破烂"（crap）。但是破译书上给出的解释着实累人。所以我想到了一个办法。

翻译：破烂。

治疗方法：把13根顶端黑色的大头针插进让你心慌的那瓶酒的软木塞中。

Krapula ['krapula] → Krabbe

在一个通宵狂欢的德国艺术节上，数百本不是毛皮做的封皮但制作仍然精美的小黑书被分发出去，反响热烈。它赢得了一个设计奖项，书中的插图仍被广泛传播、非法复制和发布。

尽管对附带的文字有些震惊，但我真的是这本小黑书的粉丝。实际上，它的存在就令我印象深刻。我已经太习惯于各家公司尽量避免使他们的产品与宿醉挂钩（甚至有很多产品就是为了宿醉开发的），或是一些禁止主张宿醉解药言论的地方法律——而布鲁尔做了这件事，还如此成功，没有不良后果或是抵制，似乎否定了各种行业常识。

布鲁尔似乎没有意识到这一点。"冲突在哪？"他说，好像真的很困惑，"如果这个产品有助于缓解宿醉，为什么不说出来呢？毕竟，人们最常吃的东西不是羊眼和番茄酱，也不是书里提到的这些东西。阿司匹林最常用。但我们这个产品更好。"

他拿起小黑书，翻到最后一页，大声翻译道："顺便一提，如果你想快速摆脱宿醉，托马普林能帮助你。只想提一下这个。"

他放下书："亲切又简单，对吧？"

超越火山（无处可去）

我试图在宿营地睡觉，但周围全是喝得酩酊大醉的年轻游客。他们呕吐，然后昏睡在别人的小帐篷里。我穿着德式皮短裤，坐在一个大啤酒帐篷里，拿着传统德式大啤酒杯大口喝酒，而阿诺德·施瓦辛格正指挥着巴伐利亚传统铜管嗡姆吧（Oompah）乐队。我敢断定我的旅行、写作、人生到了这个时刻，再没有什么需要从慕尼黑啤酒节领会的东西了。但现在离我飞回加拿大还有好几天。

比起看望我儿子，我更害怕回到我自断退路的地方。但我真的不想待在这里，也不想去其他地方。我的身体和思想仍然处于随时都要爆发的状态，我花完了纸币，信用卡也已经刷爆，任何新想法在现在都不切实际。我感觉自己就像老西勒诺斯，喝得烂醉如泥，跌跌撞撞地穿过大地，直冲下山，在喷泉里小便，与宁芙和萨提尔一起昏睡在净化池中，在眼泪中，在巴伐利亚啤酒坑中。我需要结束这一切。

我带着一把硬币上了公交车，请司机载我出城，越远越好。他挑出几枚大的硬币，开了大概一小时，然后愉快地点点头，放我下车，把我留在一个根本不知名字的小镇。

我用剩下的钱买了一瓶酒、一大块香肠、一条面包和一些阿司匹林，然后沿着路又走了一会儿，走出镇子，我发现了一条通往森林的路。我走啊走，天也渐渐黑了。我离开小路，继续走。

第九幕间

阿司匹林或悲伤

第一例纯净、稳定的阿司匹林样品在1897年制成。在此之前，没有多少东西可以在不让你兴奋的情况下止痛。阿司匹林和宿醉两个词在同一时刻进入词典和大众意识中，也许并非巧合。

直到前一个千禧年的最后一个世纪，在文学中挖掘宿醉场景还如同大海捞针，但从那时起，在过去的一百年里，宿醉成了所有虚构作品中最普遍的主题之一。就像大部分认真讲故事的作家在故事最后会尝试描写爱情场景、死亡场景，或者主人公终于回到家的场景一样，也有了"宿醉场景"。实际上，宿醉在现代文学中十分常见——更不必说"睡眼蒙眬""颤颤巍巍""眼圈发红"和"恶心想吐"——想要编纂一个现代文学中的宿醉清单，你可能永远无法完工。

就像亲吻之于爱，裹尸布之于死亡，童年卧室之于回家一样，阿司匹林之于宿醉也是一种触觉，是一种有象征意义的简写。但即使是这样一个比喻，一旦开始挖掘，也会变成深坑。把文学作品中关于阿司匹林的场景列出来，都足够再写一本书了。所以下面我只举几个例子。

在海明威1927年的经典作品《永别了，武器》中，爱、死亡、回家和阿司匹林的咀嚼声都出现在一个场景里：

"这是奥地利产的白兰地,"他说,"七星白兰地。他们在圣迦伯烈山缴获的就是这些酒。"

"你也上那边去过吗?"

"没有。我哪儿也没去。我一直在这儿动手术。你瞧,乖乖,这就是你从前的漱口杯。我一直保存了下来,它使我想起你。"

"恐怕还是使你不忘记刷牙的吧。"

"不。我有自己的漱口杯。我留着它,为的是提醒我你怎样在早晨想用牙刷刷掉'玫瑰别墅'的气味,你一面咒骂,一面吞服阿司匹林,诅咒那些妓女。我每次看到那只杯子,便想起你怎样用牙刷来刷干净你的良心。"

P. J. 伍德豪斯的《万能管家吉夫斯》系列创作并发表于1918年至1975年,几乎跨越了文学界宿醉的第一个六十年。其中很多场景都有阿司匹林。在《吉夫斯的戒指》中,伍斯特需要厘清前一晚发生了什么。

"吉夫斯,"他说,"我都不知道从哪儿说起。你身上有阿司匹林吗?"

"当然了,少爷。我刚刚吃过。"

他拿出一个小锡罐,递过去。

"谢谢你,吉夫斯。别太用力盖盖子。"

"不会的,少爷。"

《在火山下》是马尔科姆·劳瑞写的一部毫不掩饰的自传体小说。

在这个关于放荡和心碎的故事中，一位英国领事像一只宿醉的流浪狗，在瓦哈卡州摇摇晃晃地徘徊，失去了爱，失去了理智以及一切能抚慰他的事物——除了酒和阿司匹林——直到这些也不起作用。

　　他好像是一个在黎明时分起床的男人，酒精让他的头脑变得迟钝。他喋喋不休地说着："天呐，我是这样一种人，啊！啊！"他看着妻子搭早班公交车离开，尽管时间已经太迟，早餐桌上留了一张便条："原谅我昨晚的歇斯底里，这样的爆发出于你对我的伤害，无论如何都不能原谅……别忘了把牛奶拿进来。"他发现下面有一行大约是后来添上去的话："亲爱的，我们不能这样下去了，太可怕了，我走了！"……又断断续续地记得他昨晚向酒保长篇大论地讲某人的房子如何被烧毁——而且为什么酒保的名字叫夏洛克？一个难以忘记的名字！一杯葡萄酒，水，还有三片阿司匹林，这让他难受。他回想起还有五个小时酒吧才会开门……

　　现在我们知道，阿司匹林与过量酒精混合时，会导致胃痛、内出血和溃疡——布洛芬（雅维）也是如此。即使是少量对乙酰氨基酚（泰诺），与酒混合也能导致酗酒者死于肝脏衰竭。因此，似乎所有温和的止痛药，本来能在不让我们过于兴奋的情况下止痛，最终也有可能摧毁我们。当然，最后这些都不重要了。

　　已故的诗界泰斗布考斯基曾写道：

死者不需要/阿司匹林或悲伤/我想。

但他们可能需要/雨水。

第十幕

当蜥蜴从你的眼睛里喝水

在这一幕中，我们的主人公将不受时间与空间的束缚，穿越到过去，参加一场单身派对，治疗打嗝，在沙漠匍匐行进并观看第一遍和第二遍《宿醉》。客串：约翰·迪林杰、鲍里斯·叶利钦、古埃及太阳神"拉"和一卡车伴娘。

醉酒不过是自愿的疯狂。

——塞涅卡

差不多十年前的今天，我还没有正式踏上宿醉研究的漫长而危险的道路。那时我还比较年轻和无畏，从拉斯维加斯前往图森参加一个单身派对，和我怀着孕的女朋友一起，还有两个扭伤的脚踝。

一周前，在一个野狼保护区举办的音乐节上，我扭伤了第一只脚踝。那时正下着雨，保罗·夸林顿①结束了他最后一场演出，在用氧气瓶吸氧的间隙里唱着歌。他教给我的写作、生活和饮酒的知识几乎和我父亲一样多。我住在多伦多的十年里，他是我最亲密的朋友，在我得知要当爸爸的同一周，他被诊断出癌症四期。

暴雨如注，保罗时日无多，我们节日帐篷里的威士忌也喝光了。但是当我穿过黑暗去小木屋再拿一瓶酒时，脚踏进了水坑。而且是那种水坑——你骑着马，马腿跌进水坑里弄折了，你从它头顶飞出去，重重摔在地上，大哭起来。

扭伤另一只脚踝是几天前，在一家路边汽车旅馆后面进入峡谷的陡峭小路上。我甚至不知道我到那里去做什么——手里还握着在拉斯维加斯买的羊头拐杖。我绊了一跤，受伤的那只脚踝摔到了另一只上面，于是另一只也碎了。所以就是这样，我在汽车旅馆下到峡谷的半路上，两只脚踝撕裂，我怀孕的女友站在上面，看着我在沙漠炙热的

---

① 加拿大小说家，剧作家，编剧，音乐家。

沙子上啜泣。

"换个角度想，"我退回去的时候，她说，"你现在两只跛脚平衡了。"

车开了几百英里，女友把我送到图森市，就在约翰·迪林杰①化名并度过最后时日的酒店。这里有着一种氛围——好像下一场慢镜头的枪战或穿着体面的酒吧斗殴随时会开始。所以本着一种潜逃或参加不靠谱的单身派对的精神，我会稍微修改一下这些到场人士的名字和外表。

和我一起待在酒店里的是"复仇恶魔"②、托马斯·克朗③和泰德。我们和准新郎一起狂饮时，我孩子的母亲会一路开车去墨西哥边境附近的一个度假村，她最好的朋友安吉利卡正准备在那儿结婚。

"复仇恶魔"是安吉利卡的弟弟——他聪明、迷人，还有些范·怀尔德④范儿，众所周知，他很容易得意忘形。他可以由好莱坞叫瑞安的演员里最出色的那位来扮演。他和托马斯·克朗住一间房。我第一次见托马斯·克朗是在他的婚礼上，当时他和"复仇恶魔"的另一个妹妹结婚。克朗先生是一位知名跨国公司的英国执行总裁，生性善良，但有点古怪。想象一下休·劳瑞和理查德·E. 格兰特的样子，但他戴着定制的眼镜，眼睛不像他俩一样凸出——他就长那样。泰德住在他俩的房间和我的房间中间——他是我家里的朋友，既不起眼又极其聪

---

① 美国大萧条时期活跃于中西部的一名银行抢匪和黑帮成员。

② 美国DC漫画旗下的超级反派。

③ 电影《龙凤斗智》中的男主角，一位身为富翁的抢劫集团头领。

④ 电影《留级之王》的主角。

明，是个当间谍的好料子。

我们是被邀请来参加单身派对的男士里仅有的几个非美国人，我喜欢且信任他们——以一种乐观的、世界公民的心态。

酒店里，我们举杯向新郎致意，然后打车到他的一个兄弟的郊区别墅，开始单身派对。客厅里全是龙舌兰酒，它们将会以各种方式被喝光，还有衣着清凉的派对内行和一群当天理过发、喷着实验古龙香水的男人。

几个小时后，一辆豪华轿车来接我们去附近的一家绅士俱乐部，但有些人已经动不了了。准新郎醉倒在羽绒被里，其他人正在宽敞的后院呕吐。克朗先生和"复仇恶魔"决定留下来照顾伤员，而泰德和我冒险走了出去。

等我们在图森的酒店再次碰面时，我吃的那些东西已经"运转"到下面（真不应该在这里写出来），喝的龙舌兰也一样。现在这家酒店的酒吧很热闹，到处都是可爱的女孩。尽管"复仇恶魔"又年轻又有魅力，还有魔鬼般的气质，但他此刻似乎有些不知所措，所以泰德和克朗先生指定我今晚当"复仇恶魔"的僚机。

然后我就打起了嗝。

为了充分理解接下来发生了什么，你需要知道我和打嗝的关系——我觉得这种关系近乎病态。对我来说，地狱里没有酒，只有宿醉、心碎和打嗝。我憎恨打嗝很久了，尝试过上百种治疗方法。我发现只有一种方法管用：在醋里溶解一勺糖，一口气喝下。你的喉咙会有点难受，然后就好了，顺利的话不会吐。

所以这就是为什么我——一个醉酒的、打着嗝的、一瘸一拐的僚机——在图森市深夜两点的时候点了一份醋和糖。我打着嗝，费了好些力气跟酒保解释，但最后他还是给我倒了一杯酒——然后又一杯。这时我眼前开始模糊不清……

屋顶上的厄尔皮诺

"是酒引领我继续前行。"荷马笔下的奥德修斯如是说道，当时他正在卧底执行一项可疑的任务。"狂野的酒令世上最智慧的人高声歌唱，笑得像个傻瓜……甚至会使他说出一些最好不要讲的故事。"这些当然不是勇敢与英雄的传说，而是不幸和疯狂的故事——就像屋顶上的厄尔皮诺。

他是奥德修斯最年轻的手下，随奥德修斯一行人赢得特洛伊战争，灌醉并打败独眼巨人，然后穿越"酒暗色"的海洋长途跋涉多年。但厄尔皮诺的结局出现在《奥德赛》第十卷，在这一卷中，奥德修斯一行人登上了艾尤岛——拥有绝世美貌的女妖喀耳刻和她的仙女们就住在这里。

她用"圣水"（现在被认为是蜂蜜酒、啤酒和葡萄酒的强效混合物）招待士兵们，把他们变成了猪。计划营救他们的时候，奥德修斯得到了一种特别的草药（最终被精通文学的植物学家鉴定为一种类似曼陀罗的东西），能保护他不被这饮料伤害。接着他制服了喀耳刻，强迫她把自己的士兵变回人形。然而在释放他们之后，他陷入了一个更简单的咒语：酒和喀耳刻。被引诱和满足后，这种余兴未尽的感觉和忘乎所以的放肆最终俘获了奥德修斯：这让他产生了放任一切的想法，远离一切，不停喝酒，喝到不省人事。

酒一直存在，在我们生活中的每一个故事里：神的礼物、一个罪恶的陷阱、一个让人讲真话的浆液、魔鬼的酿造、根本的药物、没有味道的毒药、纯粹的镇静剂、稀释灵感、放飞天性、后背上的猴子、一场惨败、地狱之火、文明的标记、与水同在的日光、瓶子里的黑暗、前夜、第二天早晨。我们创造了这些词汇，赞美它，质问它，拥有它，扼杀它，咒骂它——然后周而复始。它塑造了我们，赞美我们，质问我们，拥有我们，扼杀我们，咒骂我们。但是，幸运的话，我们会找到停止的方法。

奥德修斯的手下花了整整一年才把他的脑袋摇晃清醒，让他想回家——回到伊萨卡，恢复理智，和家人团聚。

然而，离开这座酒精和仙女之岛的前一晚，年轻的厄尔皮诺喝得大醉，醒来时躺在阳光照耀的城堡屋顶，被船锚升起的声音惊醒。他惊慌失措，晕头转向，眼看就要错过开船时间，他滑了一跤，或者绊倒了，摔死了——这是宿醉历史上最随意且惊人的失足之一。

这不仅改变了奥德修斯的命运——为了拯救厄尔皮诺粗心的灵魂，他不得不先去哈得斯的冥府走一遭，而不是直接回家——甚至如今精神错乱、毫无头绪的人也会被诊断为"厄尔皮诺综合征"：一种由睡眠障碍或"深夜醉酒—早起宿醉"状态导致的狂躁症，严重的会造成定向障碍、妄想症和极端危险的行为。

当蜥蜴从你眼睛里喝水（同时电话一直作响）

我终于在响个不停的电话铃声中醒来。

"喂。"

"喂？昨晚发生了什么？"

"一些蠢事。但还不算太糟。怎么了？"

"因为看起来这些本该载你过来的人昨晚被赶出酒店，然后开车到这里来了。而你竟然还在睡觉。"

"什么？"

"就是这样。"

我让泰德仔细讲讲。

据他说，醉倒过后一会儿，"复仇恶魔"起身去小便。过了一会儿，有人敲门。克朗先生打开门，发现是酒店经理和两位警察：一位拿着手铐，另一位拿着手机。他们在找视频中的这个人，并把手机屏幕转过来，让克朗先生看：这段视频从下方拍摄，一个年轻人，光着身子站在阳台上，朝下面院子里正在开派对的人头上小便。他长得很像好莱坞的瑞恩。

警察们看出面前这个穿着内裤的英国男子不是他们要找的人。"但这就是同一个阳台。"酒店经理说着，走进房间。

"但是，"克朗先生比任何人都更惊讶，"这里应该没有其他人。"

警察四处查看——找了浴室，又找了那个伤风败俗的阳台——最后是酒店经理发现，有只浅绿色的脚从克朗先生的床底伸出来。他们拽着他的脚，把"复仇恶魔"拉了出来——他除了脚上的绿袜子什么都没穿，还保持着胎儿的姿势——就像是新生的大个子爱尔兰精灵。

"该死。"我说。

"是的，"泰德说，"还好他们没逮捕他。"

所以现在计划有变，新郎的另一位兄弟——他不喝酒，所以昨晚没来——他会来接我们，然后把我们带到往南六十英里（约96.5公里）的度假村，参加婚礼彩排晚宴。但是他还要几个小时以后才能到。首先，他要开车接准新郎，以及其他一些婚礼需要的东西。所以我让泰德到时候叫醒我，然后就回床上睡觉了。

当然，这些都是过去的事了。后来发生的事才是重头戏——亚历克斯·萨卡尔（Alex Shakar）在《光体》（*Luminarium*）中描述过这种转折：

> 他陷入了无梦的沉睡，数小时的时间宛如一瞬，醒来时还宿醉着，他头骨内侧不停地跳动，就像是一根巨大的神经被某种反刍动物咀嚼一样。

我喘着气醒了过来，感觉有牙齿在咬我的头骨。不知怎么世界变了，变得痛苦、灼烧以及倾斜。我得紧靠着墙才能离开。室外的空气不可思议地冒着火气。这就好像走进龙的嘴里，更准确地说，是两腿一瘸一拐地走进巨龙的嘴里。我祈祷它能把我脑子里的动物烧成灰烬，还有我内脏里的那只。我正侧着身子爬进一辆空转的SUV里，里里外外都是刺耳的声音。

准新郎坐在副驾驶座——他上百个兄弟中的一个坐在他身边。"呲呲！"这位兄弟说，随着"软饼干"的歌的节奏敲方向盘。他踩下油门，而泰德还在摸索安全带。

"呲呲"在我们上高速前还得去几个地方。最近的是一家啤酒厂，要买一些桶装啤酒。我在这儿吐了第一次——卫生间的啤酒花味过于浓郁，我一喘气就像在吸进黑啤酒。在下一站买桌布和餐巾纸时，我又吐了；然后就是在上高速之前，打开车门的时候我又吐了；车提速时，我又吐了一次，就吐在打开的窗户外边。它就像发光的浮油一样飘到我们身后，"呲呲"按了一下喇叭，这群家伙都在欢呼。"你昨晚到底喝了什么？"他说。但我根本没法回答。那只令人头晕又痛苦的反刍动物的尾巴在我的喉咙里翻腾，一只毛茸茸的爪子伸进我的嘴里。

"喝了好多龙舌兰。"准新郎说。那天晚上他很快就吐了，成为当晚第八个平静昏睡过去的人。

"而且很明显，"泰德面无表情地说，"还有不少醋。"各种"挖洞的啮齿动物"开始在我体内蠕动和抽搐，我刚想喊停车，我们已经放慢了速度，靠边停了下来。

"该死的。""呲呲"说，我打开车门叫了一声，把一身醋和龙舌兰浸泡的野兽赶到灼烧的沙漠。我擦了擦嘴，关上车门。空调好像停了。

"该死的。""呲呲"又说了一次。我表示歉意，伏着身子，靠着发烫的车门。

"信不信由你吧，"泰德平静地说，"现在问题不在你。"

"该死的，该死的，该死的！""呲呲"说。

"车好像没油了。"

"该死的，该死的，该死的，该死的，该死的！""呲呲"说，"我明明知道还有一站要去。"

一时间所有人都陷入了沉默，接着车里热得受不了了。我们下了车，希望至少卡车能投下一些阴凉，好让我蜷缩着等死。但现在太阳就在我们头顶正上方——上天真是可怕又无情。

"有水吗？"我试着问了一句。明知就算有，我也难以下咽。

"没有水，"泰德说，"但有四十加仑啤酒。"我一瘸一拐地走向沙漠的时候，他们开了一桶酒。但我的腿撑不住了，于是我跪在地上，爬过刺眼的、炙热的土地，想寻求一点阴凉。

我走近一株仙人掌，倒在它旁边，抬头望着它带刺的手臂划过燃烧的天空——挥舞着许多有力的刀剑保护我，只为抵挡太阳神亿万道无情的光芒中的一百道。拉。太阳神拉啊！我感到身体里的动物像是在沸水里一样扭动。我突然觉得很奇妙，我会比保罗死得还早，死在这棵勇敢而充满希望的仙人掌下。但我又想到：我再也见不到我的儿子了——我的孩子，他释放天赐的光芒，却没有这么热——都怪那该死的打嗝。这时我晕了过去。

你从有沙漠和魔鬼的梦里跌落，陷入半梦半醒的状态。你满嘴都是沙子。远处传来一个声音，好像回到了那个朦胧的沙漠。它在向你讨水喝。你想动，却动不了。

新一种野兽般的抓挠声出现了，不过这次不是在我身体里面，而是从外面传来。这一定是巨龙了，我想。我睁开眼，抓挠声停止了，但只停了一瞬，一阵抽打或者蛇以迅雷不及掩耳之势袭来。我的眼球想挣脱出去。我的大脑陷入爬行动物的愤怒。我是蜥蜴之王。我什么都做不了。用我的国土换浴缸。让我溺在巴黎的水中。除了这个什么都行。他们在喝我眼睛里的水！他们在喝我眼睛里的水！

接着，蜥蜴一瞬间不见了——太阳也消失了。一个影子落在我身上。"咔嚓"一声，"哔哔"一声，然后是太阳神拉的声音。"我的天啊，"它说，"现在我都不知道在婚礼彩排晚宴上放哪段视频好了。是他对着人小便，还是你在沙漠里胡言乱语。"

"你这个间谍，才不是太阳神。"我想讲清楚，但是话说出来就像是龙的喘息一样。

论中暑和宿醉

有时候一场糟糕的宿醉和一次危险的中暑之间的界限很模糊，只是隐约可见。从某种程度上来说，这种划分完全没有意义，它们同时发作时可比两种症状相加要严重得多——就像是亚原子反应。

我现在意识到，在被蜥蜴舔舐那天之前，我甚至还经历过类似的连锁反应——实际上，我经历过两次。两次都发生在去南部边界的路上。两次都与大量龙舌兰和酷热天气有关。

其中一次发生在瓦哈卡的沙滩上，那是我人生中的一个特别时刻。在那儿，我第一次和一个女人分手。后来为了她，我还搬到一个到处都是法拉利跑车的意大利小镇。当时正值雨季，我能想到的是，在所有事情的强度中——此地氛围独特，以及沉浸在酒精和激情刺激下做出的、不可能的决定——我的大脑和身体都过度发热，自我破坏，基本上崩溃了。然后，那个刚和我分手的女人照看着我浑身是汗的"尸体"，从海滩到医疗站，到医院，再到昂贵的私人诊所——从那时起，我对情侣关系、水合作用和人类的弱点有了新的认识。

另一次是几年前，我的一位好友在卡门海滩附近的一个美丽海滩上顺利成婚，之后大家都回家了，除了我。我多待了一天，打算在镇子上转转。然后,第二天,我像厄尔皮诺一样,在暑气蒸腾的屋顶上醒来,下面是一片大海——不过我没摔倒,也没摔断脖子。我带着为瓦斯科买的巨大墨西哥阔边帽,坐上一辆去机场的巴士。那时快到他生日了,我觉得自己喝醉了,又很大度。可是现在,到了早上,坐在酷热的巴士里,我觉得身上湿乎乎的,还想吐,热到冒烟且浑身是汗,浑身湿透简直要挥发掉——接着,巴士启动了。

想要全方位挑战人体的极限,可以坐上一辆又热又挤的双层巴士,周围是穿着得体的墨西哥人。他们非常有礼貌,你一次次呕吐时,他们几乎不会往后退缩——放在你大腿上的阔边帽已经盛满了呕吐物。

当蜥蜴从你的眼睛里喝水(不过你还活着)

晚些时候,英勇的准新郎带着一桶汽油从图森搭车回来了,泰德把我拽回SUV。等我们上了高速,空调又制冷了——就好像整个燃烧的世界都不足为惧。我能感觉到体内的动物在慢慢苏醒,但是又不想让“呲呲”再停车。所以我钻进车里,蜷起身子,听着周围的声音。

看来又有新问题了:准新郎好像直到现在才去取结婚证,而办事处马上要关门了。这一疏忽有许多条导火线——主要是因为他兄弟忘了给SUV加油。但是在前座的抱怨声和各种接打电话之间,我能预见要发生的事:我本来就奄奄一息,现在又要被抛弃了。除了这样,还有什么原因才会让他们打电话处理危机时一直嘀咕我的名字呢?我决定随它去吧，牺牲我的宿醉，成就这对幸福新人的未来。

新的计划是开下高速去一家马具店，顺利的话能成为新娘的人会在那里和我们碰头，并把我替下来，全速赶往办事处。我究竟会是什么下落，还完全不清楚。

SUV开走了，我在马路边的一百袋干燕麦中坐了一会儿，直到最后，在亚利桑那州的热浪中，一辆载着伴娘的面包车终于出现了。

你最糟糕的宿醉

著名的莎士比亚戏剧演员曾在舞台上呕吐。鲍里斯·叶利钦曾被发现清晨只穿着内衣裤站在白宫外面，想拦出租车去买比萨。还有几篇很难核实的报告称，一个印度男人在一夜豪饮后醒来，发现自己被一条巨蟒消化了。

还有一些事就另当别论了：倘若他们宿醉得太重，可能会改变世界的命运。苏珊·奇弗的新书《美国饮酒史：我们的秘密历史》，重新审视了约翰·菲茨杰尔德·肯尼迪死亡的分分秒秒，特工们视力模糊、布满血丝、缺乏睡眠的眼睛，草丘、黑手党、放慢的脚步和步枪枪声的回响，都揭示了一个简单的可能性：大部分经过训练并发誓保护总统的人，在那个性命攸关的时刻，都处于宿醉状态——或者可能还醉着。

在达拉斯暗杀事件的前一晚，许多特勤局的人在酒馆打烊后还在继续喝酒。他们从市中心的酒吧去了一家名叫"地窖"的深夜酒吧，这里提供酒精纯度高达95%的违禁烈酒。其中有六人直到凌晨三点才离开，还有一人至少待到凌晨五点。他们对这位领导者以及充满希望的未来化身的保护任务在早上八点前就要全面启动。结果午餐时间还没过，肯尼迪就被杀身亡。

我们无法得知是否有某个人的宿醉改变了历史进程。但就像首席大法官厄尔·沃伦本人对特勤局的领导所说的那样："难道你不认为如果一个人明智地早早睡觉，前一晚不喝酒，比他熬夜到凌晨三点、四点或五点，在垮掉派风格的小酒馆一直喝酒，能更警觉吗？"

在这样的见解下，这些可怕时刻的脚步慢动作似乎变得更为缓慢。那辆车本应向前行驶，转弯，而不是成为一个等待命中的靶子。精英们本应迅速采取措施。在书中，奇弗指出那些前一晚去过"地窖"的人，"有几个时刻似乎都行动迟缓"。克林特·希尔也是其中之一——你可能看到过他爬上豪华轿车后座的照片。他向第一夫人伸手，而她的双手沾满了脑浆和鲜血。

"这是我的失职，"希尔后来如此坚称，并在20世纪60年代的某次电视采访中泣不成声，"如果我的反应再快一点就好了……直到死我都会背负这个罪过。"而且并非只有他一人如此——他的许多兄弟每天早晨醒来都会进入一个全新的世界，并伴有无法摆脱的宿醉。

与作家、主厨和士兵一样，酗酒早已成为特勤局文化中不可或缺，甚至老生常谈的一部分——不过现在即使没人受伤，酗酒也会有更严重的后果。就在最近，一位特工因宿醉被遣返回家的消息上了头条——人们发现他的时候，他没在酒店门前站岗，而是昏睡在门厅地板上。

奇弗用一种认真又严肃的讽刺语气指出，特勤局成立的初衷是为了保护美国总统，而这项决议被亚伯拉罕·林肯批准的当天，他就被刺杀身亡——当天夜里，他在剧院的看台上被枪杀，而他的贴身保镖正在街对面的酒吧里休息。

迄今为止，我花了数年时间向人们询问他们最糟糕的宿醉情况。而这些故事都不简单。它们与受惊的鸡群、撞坏的宝马车、监狱里的虐待和婴儿防护公司有关；与录像带、武术、战争罪行以及慈善独木舟比赛有关；与离婚法庭、冷冻呕吐物、学术论文和毒葛有关。他们或令人悲痛欲绝，或极其暴力，或让人深感羞耻，还有些只是单纯的搞笑。

我听过的最糟糕的一次宿醉经历来自一位了不起的姑娘，我叫她珍妮。她从朋友计划不周的生日派对回来，第二天早高峰开车上班，强忍着一波又一波的恶心控制着方向盘。接着发生了两件事：她的肠子开始痉挛，车流停止移动。这时离下一个岔路只有一英里，但是当你的车只能以一分钟一英寸的速度移动，而你的肠子就要爆炸的时候，一英里外的地方简直遥不可及。好几分钟过去了，什么事都做不了。她环顾四周，看了看坐在别的车里的人，然后目视前方，让自己的肠道顺其自然。

过了一阵，她到了岔路，开进一家加油站，小心翼翼地下了车，弓着腿一瘸一拐地冲进卫生间。在小隔间里释放完毕后，她用一摞厕纸裹住她沉重的内裤，扔进了垃圾箱。然后（可能就是因为这样的细节，让我崇拜了她好多年），她找到一支笔，在一张纸上写下"我很抱歉"，并在里面加了一张二十美元，放在这包裹起来的大便上。

我最爱这个故事的地方就在于，珍妮本可以永远保密——就像她本不必补偿某个陌生的管理员一样。但是为了让我们开心，也可能是

308

作为一种劝诫，她善良地坦白了这段故事。这是我开始征集宿醉故事之前的事了。

想要寻找史上最糟糕的宿醉，很少有比急诊室的病例报告更好的来源。我最喜欢的一个是"周六晚上瘫痪还是周日早晨宿醉？一例酒精引起的挤压综合征报告"，讲的是一位病人在喝了五百毫升伏特加和四品脱啤酒后，右臂疼痛麻痹，然后昏迷不醒，手臂笨拙地耷拉在手提箱上的事。

从主治医师的报告可以看出，这种通过睡觉来醒酒的特殊方法会导致一种急性而剧烈的肌肉衰退，常见于"挫伤、骨折，或被埋在废墟下"时（或者比较少见的还有身体脱水按摩），通常会导致肾衰竭和死亡。有种快速且复杂的手术救了他一命，它是为"治疗自然灾害或战争受害者"而发明的。

然后还有"遗落的刀片：酗酒后头痛的一个不寻常原因"。在这起事件中，一名22岁的男子被亲戚送进急诊室，他们提到在家畅饮了朗姆酒和啤酒，但除此之外毫无帮助。他浑身酒气，沉默寡言，只发出一种咆哮声。给他注射了静脉补液和多种维生素后，医护人员检测了他的睡眠情况，"希望他能清醒过来"。

八小时后，男人终于醒来，他抱怨说自己头痛得厉害。接着经历了大量的神经科检查和包括吗啡在内的静脉止痛药注射后，疼痛持续存在，原因不明。因此医生扫描了他的头骨，发现了注定造就这场最糟糕的宿醉的东西：

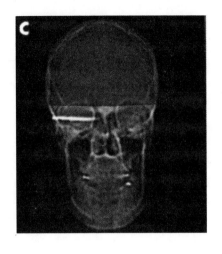

如果你不确定你在看的是什么，可以参考病例报告的题目，而那条长长的白刃就在眼睛后面。

当蜥蜴从你的眼睛里喝水（伴娘们来接你了）

在所有糟糕又羞耻的情况中，发现面包车里是漂亮的伴娘们，而自己病得无可救药，浸在自己被晒得发臭的呕吐物中，这真是个下地狱的独特方式。

这些嗝似乎是为了见证它们亲手酿成的灾难，所以这会儿来了个平淡返场。当然，这在伴娘们看来很搞笑——直到我开始大喊让面包车停下。然后我试着走到路边，脚踝似乎消失了。我摔进水沟，躺在沟底，吐出胆汁和呕吐物。

等我终于回到面包车上时，再也没有人咯咯笑了——只有一阵沉默又惊愕的嫌恶。剩下的路程很安静，直到最后——离开图森市的酒店六个半小时后，我终于到了度假村，就在酒店北边仅六十英里处。

上天保佑我未来儿子的母亲，她决定不杀我。也许与希波克拉底的誓言有关——毕竟她是名医生。在房间的床上，她给我量体温，读出数后倒吸一口气。她给浴缸蓄好水，解下我的袜子，脱下我的衣服，听我的心脏跳动。我和她讲蜥蜴的事的时候，她用光照了照我的眼睛。接着她扶我进到浴室和装满冷水的浴缸。我身体发热，呼吸急促。

她在床上用湿毛巾包住我，喂我水和阿司匹林，然后开始准备婚礼彩排晚宴。我告诉她她看起来很漂亮。她朝我翻了个白眼，拍了拍怀着我们宝宝的肚子，然后把遥控器递给我。

"那个《宿醉》的电影是付费点播的，"她说，"你可能会喜欢。"

《宿醉》做了什么

简要回顾一下，《宿醉》是一部2009年的电影，讲述了一个倒霉的单身派对和新郎的一帮外地朋友的故事——包括一个新娘的古怪兄弟，一个衣冠楚楚的专家和一个平庸得可以做间谍的人。他们在酒店向新郎敬酒后，接下来就是疯狂和混乱。

这部电影里出现了色情舞者、刚出生的小婴儿、跑车和一只孟加拉虎；酒店经理，拿着手铐和犯罪录像的警察；一个只穿着袜子保持蜷缩姿势的疯子，车在沙漠里出故障，中暑，屋顶……还有，别忘了那只老虎。

这是一部优秀的、可以说是有先见之明的电影，但它这番颠覆人们想象的成功，并没有一个清晰的、可预测的原因。这不是什么开天辟地的新主题。毕竟婚礼前放纵饮酒的后续故事是好莱坞擅长表现的内容——从《费城故事》到《光棍俱乐部》，从《坏东西》到《婚礼傲客》——实际上，它已然自成一种类型。但没有什么可以使托德·菲利普斯导演的这部杰作失色，就连它糟糕的续作也不行。

《宿醉》不仅打破了R级喜剧电影的所有票房纪录，使布莱德利·库珀、扎克·加利凡纳基斯、艾德·赫尔姆斯跻身一线明星之列，它提醒制片公司伟大的喜剧作品需要冒险，从而引发了好莱坞的复兴，甚至为迈克·泰森提供了他急需的一点轻浮形象，它还改变了现代宿醉文化。

拉斯维加斯"宿醉天堂"的伯克医生认为，我们现在对宿醉的关注源自三件同时发生的半新不新的事情：国家资助的关于宿醉对经济造成的损失的统计数据，新奥尔良的杰弗里·威斯医生的一项研究发现了梨果仙人掌的治疗功效，以及——当然还有《宿醉》。

如果不是《宿醉》对我们大众的意识产生了势不可挡的、不可否认的、有点令人惊讶的影响，人们可能都注意不到前两条新闻。电影上映后的一年内，关于宿醉的统计学研究比整个20世纪的还多，市面上的宿醉产品数量也打破了纪录。除了曼诺依·巴尔加瓦发明的"追随者"和威斯医生发明的"呐夫"，至少一段时间内最成功的产品之一是"宿醉乔的补剂"——标签上号称自己"拥有电影《宿醉》的官方授权"。

这部电影的另一个影响是，在心理上间接地使宿醉正常化。它不仅设置了一个高得（也可能是低得）不可思议的障碍（尽管是虚构的），以至于相比之下大多数人的宿醉都显得那么无害，而且现在已经过时的宿醉题材的故事也有了一个全新的、无所不包的参考。

十多年过去了，现在在网上搜索任何关于宿醉的内容，仍旧是一个过滤一大堆《宿醉》三部曲的营销宣传、热门话题列表和博客的大工程。剩下的是无穷无尽的宿醉产品和忏悔自白——其中大部分仍然参考这部电影与自己的经历做对比，那些没完没了的婚礼宿醉报道合辑就更是如此。可以肯定，历史上就没有比这更全面的人们在教堂里呕吐的记录。

另外值得一提的是，《宿醉》能取得如此巨大的成功，在某种程度上也取决于影片的圆满结局和被挽救的婚礼。但是生活并非总是如此。尽管日常生活中有许多悲惨的事，英国小报《太阳报》刊登过的最令人沮丧的故事之一，肯定是西沃恩·沃森的婚礼。

这一天以西沃恩在一家陌生的经济型酒店房间里醒来开始，时间是下午十二点半，离她的婚礼开始还有半小时。她突然意识到这个可怕的问题，跌跌撞撞走向浴室，呕吐起来，然后又昏倒了一个小时。在这六十分钟里——她红润的脸颊贴着卫生间的地砖，形成一滩婴儿般的口水——西沃恩的整个人生都改变了。

你只能想象这是什么感觉：再一次醒来，摇晃着起身，然后看到并意识到床头电子钟上的数字意味着什么……

多年来，西沃恩的父母一直在工作和攒钱，为了让她有一场梦幻的婚礼——那是快乐的极点，是她对未来的所有想象。过去几个月她总是失眠，并不是因为焦虑，而是因为兴奋。她能幻想出一切生动的细节，甚至包括她父亲发言的稿子，以及他得意的蠢笑话。未来似乎有无限可能，如此美好，近在眼前。光是想到那一天她就躺在床上止不住地又笑又哭。

现在未来已经来临。现在一切都没了。

她根本不喝酒，甚至不喜欢酒。但更重要的是，她讨厌让别人失望，所以她才在婚礼前一天晚上朋友求她一起喝单身酒时答应前往。而且这些酒尝起来并不烈……但是到了第三杯，西沃恩有史以来第一次喝醉了。到了第四杯，她昏迷过去。没有人知道之后发生了什么——她最后为什么在那里，在那间房间里昏睡过去，而不是在婚礼现场。

过了一会儿，西沃恩离开酒店，开始走路。震惊感使她一直不停地走，走了整整五个小时，没有休息，没有喝水，也没有任何方向感。她的家人、朋友和当地警察都在城区四处找她。虽然她最后出现了，不过那时太阳已经下山，圆满的结局也没有发生。

她的未婚夫和她分手了，她的父母花了很长时间才允许她搬回家住。一场美好的婚礼和未来像魔法一样出现，然后又轻易地消失了。

"我不敢相信我就这么毁了它，"西沃恩告诉《太阳报》，"就因为喝了太多椰林飘香鸡尾酒。"

当蜥蜴从你的眼睛里喝水
（而你还是回到了拉斯维加斯）

看过《宿醉》就像是经历了一场巴甫洛夫式的厌恶疗法。我在湿毛巾下面发抖、大笑，咳出剩下的胆汁。等我女朋友从婚礼彩排晚宴回来，我又把电影看了一遍。

"你肯定会喜欢这部片子。"我告诉她。

"你真是该死。"她说。然后我们依偎在一起。

当然，她说得对。正因如此才令最糟糕的宿醉危险振奋人心——

就像是打了一场架，或是一场扑克桌上的惨败。这感觉就像是你本来应该已经死了，但不知为何还活着。有那么一小会儿，在疼痛的余波中，任何事似乎都可能发生。

婚礼结束后，我们沿着66号公路开车回拉斯维加斯，搭飞机回家。我亲爱的女友看《宿醉》时，我的手放在她的肚子上。我这时还不知道，等我再回到这片沙漠时，会变成一名单身父亲——有一个去世的朋友，一本要写的新书，一个要失去的新女友，还有一个在"宿醉天堂"预约的位置。

第十幕间

宿醉的作家

"艺术之所以存在，"尼采说，"有一种生理上的前提条件必不可少：醉酒。"或者就像贺拉斯在几千年前说的那样："美妙的缪斯女神早上干的第一件事就是闻酒的味道。"

这个道理尽人皆知，时至今日更是不言自明、老生常谈，以至于金斯利·艾米斯爵士本人在那篇世上最伟大的宿醉文章里轻蔑地驳斥了它。他认为，作家保持醉意并不是为了艺术气质或是创作过程。相反，这只是因为"他们负担得起，因为他们一般都可以花大半天时间缓解它带来的伤害"。

这一观点也许对于拜伦勋爵、伍尔夫夫人、柯南·道尔爵士以及文坛教父艾米斯来说站得住脚，但是对于布考斯基、派翠西亚·海史密斯、雷蒙德·卡佛这样的作家来说，情况就大不相同了。一个人"能负担得起"什么，也是一个生存问题。这就像是清醒的普林尼的那番巧妙言辞的反面，酒鬼失去的"不仅是昨日，还有明天"。一个酒鬼作家可能会牺牲安全与保障，甚至破晓的阳光，继续潜入夜的深处，用它们换取创作灵感。

"作家晕乎乎地走出他的工作室，"罗尔德·达尔[①]写道，"他想喝一杯。他需要它。事实就是，世界上几乎所有小说家都会喝超出自己酒量的威士忌。他这样做是为了给自己信心、希望和勇气。想当作家的人是傻瓜。他唯一的补偿就是绝对的自由。他没有主人，只有自己的灵魂，我相信这就是他成为作家的原因。"

用心理学术语来说，这种"信心、希望和勇气"可被称为"去抑制"（disinhibition），或是威廉·詹姆斯所说的"说'是！'功能的刺激物"。如果有人需要这样的功能，那他就是试图做一些有意义的事，而接下来的每一步都会引起异口同声的"不！"的可怜人。酒精的功能之一是它否定了对完美的需求，不论你在做什么事都会感到有意义。所以，在这种状态下，你才能写作，至少能写一小段时间。当然，正如达德利·摩尔在电影《亚瑟》中说的："喝酒的人并不都是诗人。我们有些人喝酒是因为我们不是诗人。"

埃德加·爱伦·坡与电影中的主角亚瑟截然相反，他痴迷且精通酒，又被酒所困扰，对酒束手无策。酒精最终杀死了他，也使他不朽。从所有能找到的资料来看，爱伦·坡与酒精的联系就如他与写作的联系一样，强烈又令人不安：这黑暗以及与生俱来的反应使他迅速沉沦，完全无法停止。他没有写日记的习惯，也从未直接写过这些事情，但他描写的永恒世界——关于迫在眉睫的厄运、长久的焦虑以及对活埋出于本能的恐慌——似乎都来自永无止境的宿醉旋涡。

如果说哪位作家能理解这一点，那非马尔科姆·劳瑞莫属，这位《在火山下》的作者才华横溢且经常喝醉，曾解释一篇爱伦·坡仔细描

---

① 英国杰出儿童文学作家、剧作家和短篇小说作家。

写醉酒欲望的文章"在北极覆盖大雪的茫茫荒野，在某个荒无人烟的未知大陆，任自己被野蛮族群俘获"是"一段令人称赞的爱伦·坡关于宿醉的描述"。

关于宿醉的最重要的事实描述，我们只需要重新看看艾米斯的文字。早在被女王封为爵士前，在最早的小说处女作中，他就"唤醒"了《幸运的吉姆》中的吉姆·迪克逊。

迪克逊醒了。他不是慢慢悠悠、恋恋不舍地脱离梦境，而是猛地一下子惊醒过来的，知觉全部恢复了。他四肢瘫在地上，状态糟得不能起身，像一只破碎的蜘蛛蟹被丢在清晨油腻的柏油路上。光线很刺眼，但是看起东西来更难受。他看了一眼，便不打算再看了。他脑中一阵浑浊的轰鸣，眼前的景象就像脉搏一样跳动起来。他感觉有些夜行小动物把它的嘴当作厕所，又被他拍死在嘴边。在夜里，他不知怎的还梦见来了一次越野跑，然后被老练的秘密警察打了一顿。他感觉很难受。

毫无疑问，金斯利爵士在接下来四十年里对这种糟糕的感觉深有体会，他又写了二十余部小说，最后还写了那篇关于宿醉的散文。在他最受喜爱的权威传记中的最后几章，我们看到这位伟人跌入谷底——他变得脚步蹒跚、身形臃肿，说起话来也含糊不清。正如扎卡里·利德所写："酒最终战胜了他，夺去他的智慧和魅力，连健康也没落下。"

不知出于什么原因，继艾米斯之后，仅有的两位用整本书（尽管篇幅很短）讨论宿醉主题的知名作家也是相当贪吃的英国人。

克莱门特·弗洛伊德不仅是播音员、戏剧制作人、英国议会成员、西格蒙德·弗洛伊德的孙子、《宿醉》的作者，还是一位知名的讲究饮食的上流人士。《弗洛伊德论宿醉》的作者基斯·弗洛伊德是一个唠叨又好赌的人——他是餐厅老板、讲故事高手、美食家、寓言作家，而且在还没人把电视上的明星主厨当作一种正式职业的时候，他就已经是个明星主厨了。

和艾米斯一样，两人都过着冒险、不拘一格、有点酒神式的生活。弗洛伊德于84岁逝世时，迎来的是人们的热情和尊敬，而基斯·弗洛伊德比他早二十多年过世，却是以一名真正的宿醉作家那种不幸、混乱且讽刺的方式。

据《每日电讯报》报道："基斯·弗洛伊德，这位烟瘾重，还酗酒的电视主厨，在庆祝肠癌痊愈的午餐后仅仅几小时就死于心脏病。"该报随后列出了弗洛伊德最后这顿庆祝的豪饮早午餐上的每道菜和每笔费用。这与在随附的讣告中贴心地列出他失败的餐厅和失败的婚姻清单没什么两样。

世上的宿醉作家数不胜数，却少有人写过真正关于宿醉的书。而我也不知道我为什么会加入其中。这个问题已开始令我困扰。

二十五年前，当我刚开始喝酒、写作并随心所欲地放纵自我的时候，我愚蠢地以为自己是杰克·凯鲁亚克的当代化身，就像历史上所有那些狂人把自己想象成酒神狄俄尼索斯一样。但是就像本书可以用"这还能出什么问题呢"这个问题来概括一样，它的答案更加简单，而且显然无济于事："当心你想得到的东西。"

不过这么多年过去，年轻的凯鲁亚克追随者们似乎没意识到，与

"下路后"的日子相比,他醉酒狂欢的"在路上"的时光是多么短暂。当《在路上》最终出版时,他已经深陷懊悔和无止境的宿醉之中。

凯鲁亚克饮酒致死的前几年,肚子里满腹的阿司匹林漂浮在威士忌的海洋上——他写了《大瑟尔》,那一年的他和现在的我同岁。故事是这样开头的:

教堂的钟声在风中回荡,好像在吹奏一曲忧伤的《凯瑟琳》,钟声穿过贫民窟的破街烂巷,我满脸愁苦、心焦气躁地醒来……我醉着醒来,难受、恶心、害怕,事实上我是给吓到了,因为那么忧伤的歌飘过屋顶,中间还夹杂着在下面街角聚集的救世军那哀恸的哭喊声……而且比这更糟的是,我能听见隔壁的老酒鬼呕吐的声音,厅堂地板的"嘎吱嘎吱"声,还有无处不在的呻吟声——其中有把我吵醒的呻吟声,我自己躺在凹凸不平的床上的呻吟声,我脑袋里呼呼作响的声音也让我呻吟不止,还把我像个鬼一样扔到枕头外面去了[1]。

这就是最终成为一名宿醉作家最可怕的地方:它并没有实感——这不是那种黏糊糊的让你呻吟不止的恶心感。这不过是呼呼作响的声音转移了,而且永远没有解药。它会让你从睡梦中惊醒——像鬼魂一样在白日醒来。

---

① 引文出自《大瑟尔》,刘春芳译,上海译文出版社,2015年。

第十一幕

大洪水之后

在这一幕中，我们的宿醉作家来到新奥尔良，探寻宿醉的极限——最终勉强透露了解药。客串：吸血鬼玛丽塔·耶格、米尼奥娜·玛丽医生和伏都教祭司曼波·玛丽。

我喝酒是想把痛苦淹没，但这该死的痛苦学会了游泳。

——弗里达·卡罗

我坐在"缪里尔的杰克逊广场"这家餐厅的二层户外阳台上，啜饮着"吸血鬼之吻"。这里因为一个人的自杀而出名，是他建造了这一切：会客室、休息室、卧室、酒窖、花园、娱乐厅和酒吧，这儿本该成为他的家，但他一个晚上就把它们赌光了。

　　楼下喧闹的广场上，有一个女人在拉小提琴，一个男人用钢琴弹着拉格泰姆音乐。他们的手指飞舞，纷飞的头发上闪着光环，一同唱着歌剧般跳跃的里尔舞曲。几步之外的另一圈人里，一个人打扮成变形金刚，然后不可思议地完美地变成了一辆四轮吉普车——随着音乐向前滚动，朝我驶来。我感觉昨晚的苦艾酒和"中毒宝宝"像鬼魂一样混在血液里，也能感受到阳光照在脸上的温度。

　　当然，这整座城市都在"闹鬼"：那些两百年前被带来当奴隶的人，处于水深火热中。阴魂不散就是这里的全部面貌：深刻又恶毒，美丽又残酷——躁动不安的灵魂重返派对，在人间的酒与音乐中重生。

　　白兰地和霍乱，苦艾酒和鸦片，科学和奴隶制——这么多改变了宿醉的进程，以及人类和酒的关系的东西，都从新奥尔良港口进入，它就像一个近代版的阿姆斯特丹。这座城市是世界如何陷入醉酒的活生生的历史：所有来自大洋彼岸的仪式、庆典、疾病和垃圾。两百年间，来自全球各地迥然不同又同样绝望的灵魂在河口游荡，在沼泽地播种，最有力也最奇异的东西开始在那里生根发芽。是它们把人带到这里——带到一座座善恶花园①和日升之屋②。

如果用一句近乎平衡的话来总结我最近很长一段时间的工作，那就是：我找到了我一直寻找的东西，却几乎失去了其他一切。

其中这本书和解药属于幸存下来的东西。当然，我现在就可以把解药配方打出来——然后就此结束本书。如果你从头看到这里，毫无疑问，你值得拥有这份配方。但是我还有几件事要做——完成这个故事，完整了解宿醉的历史，完整地理解宿醉解药。此外，我觉得这解药可能被诅咒了……

"先生，您的餐点已经准备好了。"一个声音说。我被领进屋，店里在放迪克西兰爵士乐，桌上摆着乌龟汤、草莓沙拉、奶油虾仁玉米粥和山羊奶酪薄饼，以及一排含羞草鸡尾酒。这些食物都有如人所愿的功效：镇定身体，安抚鬼魂。

昨晚我在海盗巷喝醉了，那里的烈酒三美元一杯。"'中毒宝宝'里都有什么？？？"我读着吧台上的瓶子上的标签，"它由性价比最高的原料充分混合而成……只要三美元，你就不需要知道里面有什么了。"这里尽是些神秘的合剂。

吃过早午餐，我沿着洒满阳光的街道走到了"吸血鬼精品店"的黑色门前。这里有各种吸血鬼的奇装异服，店主玛丽塔·耶格有着完美的尖牙。我问她吸血鬼是怎么对付宿醉的。

"嗯……"她似笑非笑地说，"比如从酒鬼的血管里吸了太多血的时候？"

---

① 指电影《善恶花园的午夜》，故事发生在美国南部城市萨凡纳。

② 原本是传统英国民歌，后来移民到美国的英国人将此曲落根到美国的新奥尔良。

“没错。”我说，然后她给我指了指“能量血液”——一种装在医用输液袋中的红色黏稠物质。它富含铁、电解质和咖啡因——喝起来应该就像热带风味的潘趣酒。

接着，我在旁边的货架上看到一件更诱人的东西。一排玻璃瓶上写着：

切斯特·古迪医生的万能灵药

适用于夜行动物。

我认出了标签下方的图片：是威廉·霍加斯那幅奇幻的《金酒街》，画下面有一行注解：此药解千愁！仅供医学目的使用！

接下来我却大失所望，我发现那些瓶子都是空的。

“这样做的目的，”耶格女士的舌头在尖牙之间游移，她告诉我，“是要你找到自己的灵药，然后把瓶子填满。”

给夜行生物的万能灵药

当然，这就是我从很久以前就开始寻找的解药。而且在某种程度上来说，我仍在寻找。并不是因为我没找到解药。我已经找到了，只是我找到的“给夜行动物的万能灵药”只有在晚上服用才起效。为了免受宿醉之苦，人们确实需要在前一晚加以预防——只要有一点先见之明就好。

解药在手，我前去拜访“新奥尔良诊疗所”的创始人米尼奥娜·玛丽医生，想听听她对我的解药的专家建议，看看我现在都有些什么，又该怎么使用。但我的蜥蜴大脑里仍有个声音：*但是那些忘记服药的生物——他们喝得太醉又太傻，在深夜的森林中昏睡过去的话，该怎么办？他们还有什么办法？*

所以我来到新奥尔良，也是为了探寻"当夜行生物忘记服用解药"这最后一个问题的答案。在穆里尔餐厅吃的周日早午餐也许能奏效——总比一个空瓶子要好。不过在阻止宿醉开始之前，我还有几个地方要去，还有几个关于宿醉的问题要确定。

大洪水之后（解宿醉酒和鸡尾酒）

过去几年，我试过太多宿醉治疗方法：从韩国泡菜到康普茶，雅维到针灸，还有羊杂碎等。但是人各有异，每场宿醉也不尽相同。乌龟汤今天可能有效，明天也许就不起作用了。

即使某样东西有效，它也不是那种瞬间起效的万灵药，它的作用是加快治愈过程：减轻炎症，平缓胃酸，确保身体能重新保持水分平衡。由于宿醉很少持续，至少不会剧烈地持续二十四小时以上，所以把这段时间分解成半衰期，就像分离解宿醉酒一样——这仍然是消解那段难熬的宿醉时间的最流行的方法。

虽然解宿醉酒经常出问题，但它确实也经过了实验和一部分科学的验证。而且没有什么地方比新奥尔良更能检验这种鸡尾酒了，新奥尔良是鸡尾酒的诞生地，或者至少是培育和发展成熟的地方。这在一定程度上要归功于糖料种植园出产的朗姆酒，还有汗水与甜蜜，但更重要的是路易斯安那州的冰。毕竟，鸡尾酒最初只是一款别致的解宿醉酒——谁会想喝一杯热的呢？

在人类历史上的大部分时间里，往杯子里加冰的唯一途径就是把冰从冰川或冰湖上凿下来——或是由别人来做这件事，然后用船或者火车送来，放在铺有锯末的房间里，然后在冰融化前把它放进所有的饮料里。按照世界和天气的运转方式，冰的收获每年只持续六周左右。其余的时间里，人们都只能喝一些温热的东西——夜里喝着还很平常，早晨喝起来就糟透了。

1840年，第一家商业冰室在新奥尔良开业。很快，法国区的每家酒吧的吧台后面都放了一堆摇酒器，摇晃拉莫斯金菲士[①]和"亡者复活"、法兰西75和波本酸酒。那时它们被称作"开眼界""提神剂"或"狗毛"。现在人们就叫它鸡尾酒。

那么，它们有用吗？当然有用。用芭芭拉·霍兰德的话说，它们主观而富有诗意地工作，阻止令人不适的酒精突然大量离开身体。就像亚当·罗杰斯解释的那样，它们的工作方式客观且科学，通过吸收更多乙醇来抑制副产品甲醇的产生。

但宿醉酒是否在哲学上也有用呢？或者更准确地说，在伊利亚学派（Eleatically）方面？如果你不知道这是什么意思，没关系，只要乔希·帕森斯明白就行。帕森斯在圣安德鲁斯大学的主研究院做研究员时，写了一篇可能具有开创意义的论文"伊利亚学派的宿醉解药"，于2006年发表。在论文里，他试图纯粹从理论上证明"有一种方法可以用解宿醉酒彻底治愈宿醉"。

---

① Ramos Gin Fizz，一种需要持续摇动10至12分钟的鸡尾酒。

论文开篇假设：饮酒量与影响持续时间之间有一种简单而直接的关系，其中每杯酒会引起一小时的醉酒，随之导致一小时的宿醉，因此他指示说："在你既没醉酒也没宿醉的时候，开始喝酒。"然后先喝下半杯酒，再等半个小时——直到你刚要宿醉的时候——接着喝下四分之一杯酒，等十五分钟，依此类推，直到喝下最后一滴酒（按秒计算），你这杯酒就喝完了，这样本该发生的每次宿醉就都被进一步地喝酒给治愈了。

当然，有很多方法可以反驳帕森斯的论点。但他在论文中用一系列具体的反问和善地直面这些问题，到最后，人们可能会承认这是真的，至少从哲学角度上看是真的——尽管用这种方式喝酒极其讨厌。

绿仙子和苦涩的真相

如果没有苦艾酒和野格牌利口酒这两种最受诋毁的酒，宿醉的历史就不完整。而且讽刺的是，了解了它们，也许就可以把"吸血鬼"耶格女士店里的空解药瓶填满。

新奥尔良药学博物馆里有一大瓶古老的马齿苋。附文上写着："一张大约公元前1300年的埃及纸莎草提到，它是一种舒缓胃部不适的成分。"我纳闷纽顿医生是否知道它是在哪个垃圾填埋场里被发现的。它也许能和那些缓解醉酒头痛的亚历山德里亚莪花配合使用。同时，据博物馆介绍，马齿苋被认为是苦艾酒的一种原始成分。

传统上，苦艾酒由多种植物制成，包括八角、茴香、牛膝草、柠檬薄荷、马齿苋、甘草、白芷、牛至以及艾草。在现代历史上，没有比苦艾酒更被神化或诋毁的补药了。从药草中释放出的叶绿素的绿光看起来就像巫师的魔瓶，有人称，喝下它感受到的不只是醉意。

苦艾酒又名"绿仙子"（la Fée verte），它是拜伦、爱伦·坡、凡·高、图卢兹-劳特累克等一众放荡不羁的创作者的缪斯和创作主题——哈里·芒特在《每日电讯报》上如此描述劳特累克："他的画有种宿醉感，就像最糟糕的那种宿醉：苦艾酒宿醉。画作精心设计了恶心反胃感和充满懊悔的对前一晚的过度自省。在他的画中，舞者和顾客的皮肤是黄色、苦艾绿色和惨白色的。"它先是成了巴黎之酒，后又被引入新奥尔良。

正如药房博物馆的苦艾酒展览所写："据观察，因饮用苦艾酒而住院的人会表现出癫痫、胸腔积液、尿液发红、肾脏充血、幻视、幻听和高自杀倾向等症状。"而罪魁祸首就是苦艾。科学家指出，苦艾中含有侧柏酮——这是一种化学成分，如果大量服用会扰乱你的大脑、神经系统和肾脏。而非科学专业人士指出，苦艾也叫"蠕虫木"（wormwood）——听起来令人毛骨悚然。因此苦艾酒和任何含有苦艾的东西在大洋彼岸都是违法的，封禁时间长达九十五年。

但在那段时间，新奥尔良始终手持火炬、清扫源头、坚守信念，就像它一直做的那样。当然，现在我们知道，和马齿苋一样，包括苦艾在内的大多数苦艾酒成分都大有益处。而且实际上，"严重苦艾中毒"的原因很可能和禁酒运动期间由于中毒引起的悲惨的精神失常一样：将化学污染物加入便宜的原料中，使酒的颜色和风味更吸引人——这就是当你喝下大量70度的酒时会发生的情况。

事实是，如果你在寻找可以放进解宿醉的补药中的东西，苦味草药也许是个不错的选择。但苦艾酒被禁止的一百年间，也可能正因为这一百年，我们似乎不再了解它们的益处，以及它们是如何与酒精有机结合的。

几个世纪以来，苦艾蒸馏一直是一架终极的链接桥梁——从药物到酒饮，从大地到水中，成为人类处理天然神奇药剂能力的广泛与局限的根源。在苦艾酒之后，再没有哪种药酒能像野格利口酒（Jägermeister）一样弥补我们对这些酒的现代认知了。

那位街边店铺里的"吸血鬼"耶格女士一定会解释说，Jäger的意思是"猎人"，而Meister的意思是"大师"。野格利口酒是为当地守林人酿造的：它能在人们杀死野兽后，治愈身体，活络筋骨并抚慰心灵，还能在宴会前镇静肠胃。现在这款酒远销109个国家和地区，它成为世界上最具辨识度却也最受误解的酒水之一。

野格利口酒的原料包含56种草药、水果、根茎、香料和花卉，只有25种曾被少数人知晓。与此同时，喝野格酒的人都有种蛮横的感觉，还喜欢傻里傻气地称兄道弟。当然，这在很大程度上是把它和红牛混合而成的悲剧"野格炸弹"，以及狂欢纵饮那些本该小心服用的药酒而造成的印象。

因此，当人们指责像苦艾酒和野格利口酒这样复杂的精酿苦药酒造成极其严重的、糟糕透顶的宿醉时，可能是由于人们把原本有效的治疗方法看得过于理所当然，而且喝得太多了。

大洪水之后（一切东西都太多了）

过去的很长一段时间里发生了太多事，我失去了很多东西：爱人、朋友、家人、工作、家、简单的自我意识，以及对于时间流逝的坚定理解。我也做了不少事：去柏林和墨西哥旅行，还通过排毒、戒酒和各种各样的疗法回到了过去。我经受了一些临床试验，也创造了自己的实验。实际上，我已经以多种方式测试、调整并尝试了自己的配方，现在我可以自信地说，是的，我找到了治愈常见宿醉的解药——或者更准确地说，是一种解毒药，也可以说是预防剂。但本质上它是一种解药。

我有一种混合物和一种方法，如果在恰当的时间以恰当的方式使用，应该可以预防宿醉的各种急性症状——反胃、胃痛、呕吐、头痛和肌肉疼痛——只留下一些不太明显的症状，如疲劳和嗜睡。

实际上，我从没想过我会找到解药，从没想过。而且我找到它的时候，我的生活正巧也处在崩溃状态，以至于我不知道该拿它怎么办。我变成了一个惧怕自己而不惧早晨的人。这很危险。

但探索之路不就是这样吗？最难的是知道抵达终点之后要做什么。除了亲身尝试，我还在其他几十个人身上做了测试。但是我知道，就缓解疲劳方面，还需要做很多尝试，不过即使我解决了这个问题，我也不确定该拿它怎么办。我是不是应该公开自己的发现，生产一款产品，然后坐在一旁看这个充斥着酒水的世界瓦解，对宿醉无所畏惧？

那时我十分害怕自己的发现，以至于有段时间戒了酒。但当然，这解药还在那里，等着我回去。

用杰基尔医生的话来说：

我信守自己的意志。这两个月里，我过着从未有过的艰苦生活，唯一的补偿就是良心的赞扬。可时间慢慢消磨了我的警觉……最终，在一个意志薄弱的时刻，我又合成了一服化身药剂吞了下去……我身体里的恶魔被关押已久，现在咆哮着冲出了牢笼。甚至我喝下那药水的时候，就感到心中有一种更放肆、更狂暴的作恶倾向。

与不靠谱的医生再次被征服、小说里的科学家被自己的研究摆布一样，我看着自己再次屈服于内心深处对实验的渴望，屈服于改变的可能性。

我喝酒，吃药，然后搞各种破坏。我"席卷"全球，丢了护照，跌进运河。我在地下酒窖开了一家酒吧，并给它取名为"内幕"。我预定了特别棒的乐队和了不起的DJ，兜售酒水，发明了几款新的鸡尾酒，并用汤姆·威兹的歌给它们命名。我和大家一起喝酒，从没宿醉过。我想念我的女友，非常想念，而一切都在破碎，变成一块块更小的碎片，碎成星星点点的失落，直到我连记下它们都做不到了。

蛇油悖论

当然，"蛇油推销员"已经成为各种骗子的代名词——我听说几乎所有卖过宿醉解药的人都被这么称呼。但如果蛇油真的有效——我们现在基本可以肯定它确实有效——这意味着什么呢？

中国蛇油的使用历史长达千年。中国人用它缓解因严酷的体力劳动引起的疼痛和发炎，于是它被引入了新大陆。它的效果非常好，好到引起了专利药品制造商的注意。

它的坏名声来自"响尾蛇王"克拉克·斯坦利（Clark Stanley）这

样的行商，他是个牛仔，像套索一样在空中甩蛇，在各个城镇贩卖"斯坦利牌蛇油"，直到1917年美国食品和药物管理局查获他的货品，发现里面含有矿物油、牛脂、红椒和松节油，却没有一滴蛇油。所以"蛇油推销员"变成投机取巧的骗子的同义词，并不是因为卖蛇油，而是因为卖的根本不是蛇油。

纵览大部分现代历史，至少在西方，药品宣传巡回展出是集马戏团表演、科学实验、畸形秀、医药讲座与电视购物于一体的组合，常令观众看得目瞪口呆，且十分受欢迎。展会上的产品又名"专利药品"，大部分都很苦，通常是充满维生素、矿物质，有时还有牛血的药酒。

这些合剂的名字有"神经活力水"（Moxie Nerve Food）、"基尔默医生的沼泽根菜"（Dr. Kilmer's Swamp Root）、"德罗姆古尔的苦味酒"（Dromgoole's Bitters），它们被当作不论什么毛病都能治疗的万灵药售卖。不过它们在治疗"爱尔兰流感"①时最有效。实际上，举办药品宣传巡回展出的时期可能是宿醉解药的最后繁盛时光。它就在新奥尔良这儿结束，结束于杜德利·J. 勒布朗之手。

在成为"哈德考（Hadacol）维生素补药"背后的卡津裔②经理前，勒布朗作为士兵参加过第一次世界大战，当过旅游鞋推销员，做过熨裤服务公司的老板，后来又开了一家丧葬保险公司，还卖过烟草。然后他进入政界，成为一名参议员，把眼光放得更高了。他多次竞选路易斯安那州的州长，同时也制造专利药品。竞选活动正是他兜售产品

① 英语俚语，指宿醉。

② 即法裔路易斯安那州人。

的绝佳机会。

他的第一款产品名叫"天天快乐头痛粉"，这个接地气的名字似乎暗示着一个更美好的早晨，但它并没被真正售卖——很快就和其他类似的产品一起，成了终止专利药品的FDA（美国食品药品监督管理局）新法规的牺牲品。法规要求，所有的药品成分都得列在标签上，即使最烂的药品销售表演活动也需要有执照的医生在场。因此在新产品"哈德考"（一个更新奇，也更具科学感的名字）中，勒布朗不仅把成分列了上去，还到处宣传这些成分，并在看似无尽的员工名单上加了一大批医生的名字。

勒布朗的药品宣传巡回展出堪称壮举：不仅有着人们熟悉亲切、喜闻乐见的复古感，也是今日明星云集、带产品赞助的展会先驱。露西尔·鲍尔、鲍勃·霍普、汉克·威廉斯和几十位一线演员乘坐哈德考的大篷车全国巡演。不论它到哪里都是最棒的派对，而且只需买一瓶哈德考当门票——它喝起来就像沼泽水一样，但能给你带来一些活力。

哈德考的蓝调和爵士烧烤一直持续到夜里。到20世纪40年代末，你可以买到哈德考的六响手枪皮套、烈酒杯和一本《哈德考队长》漫画。而且那时的确有几十首关于这种药的小酒馆爵士乐、蓝调和蓝草歌曲。当格劳乔·马克斯在他主持的电视问答节目《和人生打赌》（*You Bet Your Life*）中问到哈德考有什么好处时，杜德利·J. 勒布朗打趣说："去年它给我赚了五百万美元。"

但是1951年，美国医学会发布了如下声明："我们希望没有医生会不加批判地参与推广哈德考。没有什么比这个更伤害他自己和他的职业的了。"

此后不久，勒布朗宣布将"哈德考帝国"以八百万美元转手给托比·马尔茨基金会，而他会以十万元的身价继续担任销售经理，并将最后一次参选路易斯安那州州长。

不过就如药房博物馆介绍的那样：

购买者很快发现，哈德考企业的核算不准确：利润被严重夸大，隐藏的旧债务再次浮现。勒布朗还面临着来自联邦贸易委员会的投诉，称哈德考的广告有误导的嫌疑，同时美国国家税务局指控他欠了60万美元的税务。这些丑闻彻底断绝了勒布朗竞选州长的希望。几年后，勒布朗发明了一款名叫"继续前行"（Kary-On）的补剂，希望重振他的财富，但它再也没能流行起来。

勒布朗的"继续前行"被FDA查获时，他们发现它的成分几乎和哈德考一样，只是不含酒精——也就是说它的原料只有一堆维生素B，包括烟酸，还有各种矿物质，包括镁——这些原料基本就是后来许多宿醉产品兴衰的基石。就连"Kary-On"这个既矫揉造作，又有着拼写错误和多重含义的产品名，都像是后来所有宿醉产品商标的一个模板。

勒布朗的努力终成幻影——在新奥尔良的背景下，他们所有乐观的狂妄、可疑的科学、吸满了酒的维生素和民粹主义的政治，都被吸进了"蛇油沼泽"——现在留下了一种东西，它盘旋在空气中，让人难以察觉却无处不在，可能很古老，但比以往任何时候都更强烈，而且闻起来很像一个诅咒。这诅咒就是：没人会相信。

人们会相信我们已经乘着火箭登上月球。或者这一切都是伪造的。

人们会相信积极的想法可以让好事发生。

人们会相信在无垠的宇宙网络中我们的世界不过是沧海一粟。

人们会相信爱。

人们会相信反物质——如果我们创造出足够多的反物质，就能去其他星系旅行。

人们会相信资本主义、共产主义、虚无主义、英雄主义、医学、法西斯主义、艺术、法制、诗歌、多样性、辩论术和优生学。

但是没人相信有一种解药可以治愈常见的宿醉。

大洪水之后（进入治疗室）

"他总是走在时代前列。"米尼奥娜·玛丽医生一边说，一边调整着绑在我手臂上的管子，然后坐在我对面，但离我很近。她的一举一动都给人一种亲密感。在法语中，她的名字的意思是"可爱"，这形容得太保守了。实际上，她长得很像劳拉。她的声音也很低沉，带着路易斯安那腔。她正在讲她父亲的事。

"我这一辈子，都在看着人们醒过来，然后终于听进去他说的那些话。他一直在说那些话。"

查尔斯·玛丽医生32岁时成为新奥尔良一家医院的院长，他提出了一些理念，实践了一些治疗方法，特别是与镁相关的治疗方法，且远在它们被标准医药协议认可之前。他在很多领域都是一位具有开创性的经常引起争议的先驱——尤其是与酒精影响相关的领域——直到1998年，他酒后行医，被路易斯安那州医学考核委员会吊销了医疗执照。

米尼奥娜·玛丽医生的哥哥也是一位新奥尔良的医学士。她真诚而亲切地讲述了她的事业以及她对这一切的兴趣。每天，她都在利用她父亲的研究、发现和惨痛教训——帮助人们感觉舒服些，也是为了谋生计并继续推进实验。

现在我输的药液和在"宿醉天堂"的伯克医生那儿输的药液没什么不同：一份梅尔氏鸡尾酒，只不过加了查尔斯·玛丽流传下来的镁。我想起数百年前，悉尼·史密斯为自己前一晚喝酒而造成一连串祸事而后悔时写道："在经历了这一切之后，你还在谈论思想和生活中的罪恶？这种情况下你需要的不是冥想，而是氧化镁。"

"镁就是魔法，"玛丽说，"它能舒张血管、放松神经。它能对抗焦虑，快速扩张血管并放松肌肉壁，从而防止哮喘。它能阻止孕妇宫缩。它很强大，服用得当的话就能帮你解决问题。"

当然，从求真务实的角度来看，我没法将现在得到的治疗与在"宿醉天堂"的治疗进行对比。这不仅是因为我搞砸了上一次治疗——我那时正醉酒而非宿醉。在三天无可比拟的疯狂重力实验后我又试了一次，才发现也许这种治疗是有效的，不过我已经神志不清——而且那已经是几年前的事了，那时我的肝脏还没有现在这么多脂肪，我的身形更匀称，我的头脑不那么混乱，宿醉就像是件荒诞的事。而且那是在拉斯维加斯。而这里是新奥尔良，在这里，宿醉就像阳光和涨潮那样自然。不过话又说回来，阳光和涨潮都可能造成巨大的破坏。

在"治疗室"待了大约一小时，打点滴，喝茶，听着录制的笛声音乐，我感觉比来的时候好多了——足够让身体更全面地运转。不过也许我本来状况就不是很差……

不管真假，我不得不说，不论是在"宿醉天堂""治疗室"还是如今各地兴起的类似场所，静脉注射疗法一般都很有效。实际上，我已经尝试过许多次这类疗法了，包括在狂欢后的第二天，让一些下了班的医生在他们家的客厅里给我治疗。

我认为，也许除了大剂量的肾上腺素，这可能是在宿醉已经开始时遏制它的最有效方法。不过除非你是医生并且/或者有所有必需的设备、原料和专业技能，否则你还是需要到这样的地方来，或者让他们上门服务。至少这样比从平流层跳下去更简单。

但是，当然，这些事都不应该是必要的——这就是我想和米尼奥娜·玛丽医生讨论的问题。

"有件事，"我用透露秘密的口吻说，"我想听听你的见解。"

"好呀，"她微笑着说，"那你不妨告诉我内幕吧？"

内幕

以下是我迄今为止为自己设计的最好的宿醉家庭疗法。但我不是医生，所以我不能建议你在没有获得一个合格的医疗专业人士的建议之前尝试它。我甚至不能说这个疗法是新的。所有这些成分都已经存在很长时间了，而且许多都是为了这个目的而一起使用的。但测试过我的药方和我能找到的所有类似产品或方法之后，至少目前我得出的结论是——对我来说，没有比它更可靠且一直有效的治疗方法了。

我认为其疗效是由于以下原因：（1）高剂量的 NAC 和抗炎剂；（2）在正确的时间以药片的形式摄入的方法；（3）基于知情的意见，

相信它可以起作用。

但我相信这种混合物还可以改进。毕竟，这就是我来这里和玛丽医生谈话的原因。

现在，我要回过头来讲讲我得到的治疗方法和我使用它的方法。首先，我会准备以下原料——所有原料都很容易获得，相当便宜且"天然"，因为它们都存在于自然中：

维生素B_1、B_6和B_{12}。虽然我为了省事，可能会忍不住只用复合维生素B或者复合维生素。但我不会这么做。维生素是一种强大的、有潜在干扰性的物质。维生素B_3更是无须赘述（顺便一提，我发现在喝酒前服用雷尼替丁，能预防一喝酒就脸红的症状）。

奶蓟。我渐渐相信，这就是在十二家酒吧喝了十二品脱酒之后最终救了汤姆和我的东西——别管最后我们到底喝了多少吧。两千年来，德鲁伊人、印度宗师、巫教教徒和自然疗者将其制成治疗药水和药膏，它可能仍然是英国最强效的宿醉解药，当然在博姿药房也是这样。

N-乙酰半胱氨酸（NAC）。关于它，我说得可能已经够多了，至少目前是这样。这种原料非常关键。而且我发现，为了达到理想的效果，我需要服用比推荐剂量更高的剂量，一般至少1000毫克。我的药瓶上写的剂量是每天500毫克。也许我服用这么多NAC太鲁莽了。官方健康建议警告说，NAC应随餐服用，它有可能导致恶心、呕吐或过敏反应。警告上还说，如果我怀孕了、正在哺乳或有胱氨酸尿症，就不要服用它。如果我正在服用抗生素或硝酸甘油，也不要服用它。到目前为止，没出什么问题！

乳香（乳香属）。虽然这是第二重要的成分，但我有时会把它换成别的消炎镇痛药。我更倾向于选择不给肝脏造成负担的天然原料，而且它得强力有效。

我发现我需要这些原料的最大推荐服用剂量，只有NAC需要按照我上文说的那样服用。不要在止痛药上面节省，预防发炎至关重要。所有这些成分加起来应该有六到十颗药片或胶囊，这取决于剂量和我是否用了复合维生素B。我不是那种不愿意吃药的人。比起我的内脏硬化、肠子痉挛、脑袋灼热、口干至极，所有吞下肚的东西都翻涌上来时，我还是选择吃药吧。

我也明白，对消费者而言，喝小瓶补剂比吃大药片更有吸引力。我已经从每一位销售奇才和他们的母亲那里知晓了。我完全了解大家内心对喝东西的深切渴望，毕竟这一切最初就是由它开始的。不过我又不是在做产品的营销工作。至少现在不是。我只是想解开宇宙的秘密罢了。

我发现服药的时机十分重要，但也不必太有压力，事事求全。这很简单：你需要在喝醉和睡觉之间，差不多的时间内，把它们都吃下。通常那是在我最后一杯酒之后，在昏睡过去之前。但也可以在这之后或之前的几个小时吃药。当我有些醉意，想起这些药片，且之后可能再也想不起来吃药这件事的时候，我就告诉自己：现在就吃下它们！或者我昏睡过去，然后醒来，还没觉得宿醉的时候——现在就吃下它们！再之后的话，我就会错过它生效的关键时间点，并且陷入另一番天地。

现在，如果我豪饮之后正确地服用了这些药，醒来时可能还是觉得口干舌燥、摇摇晃晃，担心药物没起作用。我会喝杯水，慢慢起身，然后四处走动，环视四周：我可能还是感觉有点累，甚至筋疲力尽，但除此之外就不会有别的难受感觉了，一切都会好起来。

大洪水之后（探索解药的核心）

米尼奥娜·玛丽医生不住地点头微笑。等我说完内幕，她拍拍我导液管下方的胳膊。"你说了不少NAC的事。"她说。

"我认为它是关键。"我告诉她，"所有添加了它的产品都没标明剂量。但我认为需要服用这么多。这药量不小，不过你觉得这会有什么危害吗？"

"不，"她说，"应该不会有害。你还可以省去奶蓟——这样就能少吃一种药。"

"你不喜欢奶蓟？"

"我喜欢奶蓟，"她说，"长久以来，它被用来治疗宿醉是有原因的。但有了这么多NAC，它就多余了。奶蓟之所以起作用，是因为它能产生谷胱甘肽。"

这有些颠覆我的想法。过了这么久我都没想到：为什么在我所有的测试和试验中，奶蓟最终会在起作用的东西那一栏——以及为什么现在我可以把它删掉，至少可以不加在这次的调制品里。

"坚持用NAC，"她说，"没有什么的抗氧化和修复免疫系统的能力比它更强大了。它还能活化维生素C。面对严重的宿醉，没有比它更好的东西了。我认为你在NAC方面做得很对。其他方面也是。"

"你觉得我还缺了什么吗？"

"嗯，还缺了镁。你可能需要三种镁，包括苏氨酸镁。它能穿越血脑屏障，它还能帮你解决嗜睡和疲惫这两个大问题。但请记住，就算你找到了有效的解药，也不意味着它对所有人都有效。比如说，你要加的维生素，是甲基化的吗？"

"呃……不……是吧？……我不知道。"我本应该十分肯定她所说的意思，"这是什么意思？"

"很多人都有一种基因变异，他们不能分解B族维生素。如果它是甲基化的，也就是说它已经被分解过，这些人就能吸收了。"

"这正是我想知道的，"我告诉她。我感觉宿醉好多了，还认真记着笔记，"还有别的问题吗？"

"嗯，你有 B_1、B_6 和 B_{12}，这些都很好——那 B_3 呢？"

"烟酸，"我说道，但更像把这个词咬牙切齿吐了出来，"不适合我。"

米尼奥娜·玛丽医生马上就理解了我的意思。"有这么一种东西，"她说，明亮的眼睛里闪着光，"它叫NAD，是一种烟酸衍生物。有个叫威廉·希特的家伙在20世纪50年代提出了它，他在提华纳做了一些惊人的研究。"

尽管米尼奥娜·玛丽医生有着天生的、北美中产阶级贤妻良母一般的美貌，但是她很快就暴露出了她对秘密的、违背科学的事物的欣赏。"他用它帮人们戒酒、治疗创伤后应激障碍、焦虑、抑郁……而且你知道吗，就在最近，他们在麻省理工学院做了一些测试，发现让一个喝醉的被试者通过静脉注射NAD，可以在几分钟内将他血液中的酒精浓度降低一半。他们三次停止然后重新开始滴药液，并记录了结果。这东西直接分解了酒精，并把它运送出去。它居然降低了血液酒精浓度！这太不可思议了。它还能改善线粒体的功能。它居然增加了线粒体数量！我在想办法搞到一些NAD用于静脉注射，但它还是很贵。不过，它会是解毒剂的未来希望。我很肯定这点。而且它可能也是解决剩下症状的关键——它和镁都是。嗯，而且NAD不会让你泛红又发痒。不过我相信它能做到的是——如果你服用的次数足够多，它能有效地改变你的大脑，让你不再渴望酒精。这难道不是一个治疗宿醉的有趣方法吗？"

"呃……是的。但为什么我之前从没听说过？"

遇事谨慎是我的职责。而且我也意识到，近来最精明的江湖骗子不再留着打蜡的小胡子，也没有吓人的昵称和推销蛇油的夸张游说了。他们牙齿整齐，有着"格温尼斯"或"米尼奥娜"这样的名字，他们吹捧排毒、新型中枢神经"通道"和镁的奇迹。

"因为，"米尼奥娜·玛丽医生又美又有耐心，"我只告诉过你一个人。"

这真是太有道理了。

在这漫长又混乱的探索过程中，我逐渐对盲目的怀疑态度变得极其警惕。我们好像已经普遍养成了这种不相信某事的习惯，完全不相信宿醉解药这种东西存在，甚至意识不到自己的这种怀疑。这让我觉得费解又困惑，似乎暗示着某种根本的事物。一种需要为无形的罪恶而受苦的潜意识？或者是一种能超越逻辑和想象力极限的进化机制？这样我们就不会每天都喝得烂醉，不会把全世界搞得一团糟，让最危险的疯子拾起对权力的掌控：一个有着过长的头发和小小的手，喜欢撒谎，热衷于制造壁垒，滴酒不沾的自恋狂。亨利·孟肯有言："从谋杀亚伯到签订《凡尔赛条约》，历史上所有的大恶行都是由清醒的人，尤其是那些滴酒不沾的人造成的。"

假如我那缺失的神奇原料能从提华纳的某种超级烟酸中找到，岂不是很有诗意——如果反复使用的副作用是会降低原本高尚的心灵对危险饮酒的欲望，那就更有诗意了。事实上，这可能是一种既能治愈宿醉，又不会毁灭世界的方法。

价值百万的想法

我仍希望能在新奥尔良这儿找到杰弗里·威斯医生——这位杰出的宿醉研究者发表的关于刺梨的研究，与电影《宿醉》一同引起了人们对宿醉的新兴趣。他创造了新奥尔良最畅销的产品"呐夫"，然后在"卡特里娜"飓风袭击那阵子消失了（和他的灵药一起）。

但是到目前为止，我只收到了迈克尔·希利帕克医生的回复——他是威斯医生的合作研究员以及几篇宿醉研究论文的作者。他告诉我，他们从大约2004年开始就停止接受有关宿醉的采访了，因为它抢了自己职业发展的风头。

我建议，我们不妨就聊聊这个——就聊聊抢风头这方面，以及不再被抢风头之后会发生什么。毕竟令我最感兴趣的是这个想法（因为威斯对此闭口不谈，这几乎是个谜）：一名医生将其职业生涯中如此长的时间投入宿醉研究之中，根据自己的发现来开发、营销和销售一款极为成功的产品，却又因为所有人都只想跟他口吻肤浅地聊这个，他觉得很沮丧，然后放弃了一切，去帮助飓风后"溺水"的新奥尔良市。这听起来就像个传奇，这些也是我想从他那里了解的内容。

希利帕克医生觉得，如果能加上杰弗里·威斯医生，我们三人会谈，肯定会很愉快。但杰弗里·威斯那边还是毫无消息。

另外，我终于找到了大卫·纳特医生——不是在新奥尔良，而是在伦敦的哈默史密斯医院，这位前英国禁毒官员似乎就躲在那里。他同意与我谈话，隔着海，通过Skype的神力。

"很高兴终于见到你。"一连接成功我就说道。没想到一张喜洋洋的、通红的脸填满了我的笔记本电脑屏幕。

"嗯，为了也能和你说出同样的话，你有多余的一百万美金吗？"

"抱歉。我没有。"

"啊，好吧。我见谁都这么问。我们继续吧……"

我可以说纳特医生名副其实①，但刚刚这表现有点太明显了。他太迷人了，不可能只是疯疯癫癫；太尖刻了，不可能只是心血来潮；太直率了，做不到高深莫测。难怪新闻媒体都拿他没办法。将纳特难以捉摸的个性和人类面对宿醉一贯的无能相结合，就有了无限的误导能力。多年来，报纸一直如此报道纳特医生的最新声明：他发明了一种药能让你喝醉，另一种药能让你清醒，这将是宿醉的终结。

---

① 纳特的英文为Nutt，Nutty有疯疯癫癫、古怪之意。

但纳特医生说他们理解错了。实际上他的两项所谓的突破之间并没有内在的联系。"除了一点，"他笑嘻嘻地说，"它们，都是，纯粹的天才发明。"不知怎么我就很想相信他。

他把一种药命名为"分子伴侣"（Chaperone），另一种药叫"合成酒饮"（Alcosynth），它们的作用都是使醉酒更安全，方式却截然不同：

"酒精的毒性不是线性的，"纳特说，"理解这一点很重要。如果你一天喝三杯酒，你死于酒精相关疾病的风险将增至五倍，而一天喝六杯酒，那这风险将为二十倍。所以，我们真的希望人们一天不要喝超过三杯酒。"所以其概念是，服用"分子伴侣"实际上会让你喝三杯酒时感觉仿佛喝了六杯——从而减少达到醉酒状态所需的饮酒量和毒性。"酒精对人体的影响不会有太多改变，但你能从中获得更多的愉悦，更多的满足感。它会缓解你想要喝更多酒的欲望。"

这种方法是否能对那种异常沉迷酒精的酒鬼生效尚不明确，也许这就是"合成酒饮"出现的原因。

"这才是真正颠覆你想象的东西。'分子伴侣'没那么激进，但'合成酒饮'就很激进。"纳特认为，酒精除了有毒之外，最大的问题是它的影响没有极限值：你喝得越多，影响就越大，直到最终它要了你的命。世界上总有人饮酒致死。使用"合成酒饮"的目的就在于，它能将酒精替换成有极限值的药物。他们被称为"部分激动剂"。

"它们是有益的药，因为它们不会杀死你。吗啡就是这样的药——一种替代海洛因的合成剂。尼古丁也有这样的替代品。使用'合成酒饮'，前几剂药就能积累效果，然后在那个最合适的点稳定下来，且不会再继续增加。你再也不会醉到摔倒，或是变得有攻击性，或是忘事，或是呕吐，总之不会再发生诸如此类的事。而且你永远不会宿醉了。"

当然，这听起来好得不像是真的。

"嗯，这并不容易，"纳特说，"酒精差不多是世界上最复杂、最混乱的药物。它以不同剂量进入不同的受体部位。低剂量影响 γ-氨基丁酸，也许还影响多巴胺。增加一剂量，则会影响血清素和谷氨酸。所以为了仿制酒精，你需要找到一种有如此复杂的药理作用的药物。"

"你们找到了一个？"

"我们找到了很多个。"纳特眨了眨眼。

我之前读到"合成酒饮"是一种苯二氮䓬类衍生物。实际上，最近有三篇文章都是这样写的。但纳特对此表示怀疑："苯并衍生物？我不打算告诉你它是什么。但它肯定不是苯并衍生物。"

我对自己并没有理解他这一番轻蔑之词而感到很难过。但我承认了这一点，这似乎令他把秘密说了出来，至少透露了一部分。"好吧，"纳特叹了口气，"它是 γ-氨基丁酸A型（GABA-A）受体的正向变构调节剂。我们还有些其他想法。不过我不打算全部告诉你。它可能不是最终的结果，但我们目前正在研究它。"

"你觉得你已经进行到什么程度了？"

"大概还差一百万美金。"

"好吧。我真是爱莫能助……"

不过纳特刚刚说的有一点一直困扰着我。"谷氨酸，"我说，"你知道一种叫'谷氨酸反弹'的现象吗？"

我在研究之初就遇到了这个术语。而如今，在最后，我想它或许可以解释为什么我的宿醉疗法还没法解决那些挥之不去的次要症状：睡眠障碍、焦虑和疲劳。但是现在我不知道最初我是在哪里发现它的了。

"谷氨酸反弹和长期酗酒有关，"纳特医生说，"但这个过程在喝了三杯酒之后就开始了。这时酒精开始阻碍谷氨酸受体。谷氨酸是产生能量的关键，而你的身体从来都不喜欢被阻碍，所以喝醉过足够多次后，日复一日，谷氨酸受体开始大量增长来保持平衡。但如果你突然不再喝酒，体内就会有过量的谷氨酸，就会引起多动、不安、焦虑……这是关于急性戒断的部分。我不确定你们每天的宿醉是不是这种情况。"

所以即使目前谷氨酸反弹对我个人而言是个问题，但在睡觉和休息方面，它可能不是一般饮酒者的问题。

"这更像是……我们就叫它GABA反弹吧。"纳特说，仿佛我们正在一起发明新的术语，"酒精是种镇静剂，它能使你入睡。如果喝得够多，你甚至能陷入深度睡眠。接着，酒精戒断会破坏GABA的影响，然后你会在早上六点突然醒来，再也睡不着了，因为你的大脑正处于补偿模式，极度活跃。"

"那我能怎么办呢？"

"也许少喝点酒？"纳特说，狡猾地耸耸肩。

"或者你加快点研究速度，我就能喝上'合成酒饮'了。"

"那也行。"

"感觉真的一样吗？"我说着，用手指着屏幕，"醉酒的感觉是一样的？"

纳特医生点头。"肯定是。我是说，我们还没精确地量化过喝它和喝酒的感觉有多相似。但确实如此。不用怀疑。它和酒精够像了，大多数人都分不出来。好吧，也许非常老练的酒徒能感觉出不同。"

我不确定这是什么意思。不是品鉴苏格兰威士忌、香槟或者比尔森啤酒的内行，而是能分辨不同醉酒感觉的行家？如果是这样，我也许还算见多识广。

"也许，"我对纳特医生说，"我还是可以帮到你的。"

大洪水之后（解药的诅咒）

在新奥尔良喝醉的感觉就跟我年轻时一样。就像我希望的那样。就像它应当如此。这感觉很酷，很冒险，仿佛任何事都可能发生——就好像酒是由模糊的分子、混杂的化合物、神奇的药水制成的。这里是一个蓝调梦幻岛，晃动着上千个摇酒器，有着调配完美的鸡尾酒、苦艾酒喷泉、香槟金字塔，闪着光的大口酒杯里激起龙卷风，整晚音乐不断。

而在新奥尔良，醉后醒来的感觉是形而上的——早晨醒来不觉得那么难受和空虚，反而觉得开阔而轻松。穿梭于街道间，仿佛置身于某种固有的精巧设计之中：所有这些哥特式的庭院喷泉和树荫遮蔽的闪光池塘；所有这些长满常春藤的格架和垂柳，令阳光斑驳洒下；所有婉转愉悦、深情动人的迪克西兰爵士乐在街巷中蜿蜒穿行；所有这些十足完美的当地食物，法式甜甜圈和橙汁香槟酒，奶油虾仁玉米粥，牡蛎和秋葵，还有上百种好喝的解宿醉酒——仿佛这里一直就是最大、最容易获得宿醉的美丽地方，宿醉在这里都不像一种紊乱，而是事物天然的状态。

此行的最后一天，我离开法国区，走在更直、更宽阔，两侧房屋更新、更密集的街道上。我穿过一条林荫道和一块墓地，进入特雷梅街区。在一个孤独的、不显眼的角落里，有一栋淡绿色的混凝土平房，这就是伏都教堂和女祭司曼波·玛丽的商店——这在旅游地图上可找不到。

在新奥尔良的这段时间，我也找过其他伏都教信徒。有些人令人不安，有些人很可笑，还有一位非常残忍——我看到她折磨且嘲笑一个刚刚失去亲人的女孩。但曼波·玛丽和善又异想天开，她的笑声好像热带风暴。而且她是唯一一位就宿醉而言，有些趣事可说的伏都祭司——关于一种虱子。但是我到的时候她正要关门，并让我今天晚些时候再来。

她的店没有法国区许多百货商场那种俗气的，会引起幽闭恐惧症的威胁感。当然，这里充满了古怪和神秘感，但更宽敞明亮。"又是你。"我走近狭长的玻璃柜台时，她说。她坐在板凳上，扬着下巴，一动不动，一个女人站在她身后，把她的头发编成几股辫子。我询问是否可以录音和拍照。

"录音可以，但不能拍照。你没看到我正打扮到一半吗？"她的笑容令人陶醉。我打开录音设备。

"玛丽女士，你说你知道一种宿醉解药。"

"啊，是的。好吧。你准备好了吗？"

"我觉得我准备好了。"

"好的。首先是一种草药。他们叫它'bois sur bois'。"

"木上之木。"

"没错，没错。这是一种长在树上的粗大藤蔓。你把它加进酒里，然后取一只虱子，一种海地虱子。我不知道它的名字，但是我知道这种虱了，而且它必须是活的。这就是为什么我不能把它送到这里。你明白，这是不被允许的。"

"我懂的。好的。"

"将活虱子浸在'木上之木'和深色的朗姆酒中，这样就做成了药酒。然后把它给饮酒者——饮酒者，你明白我的意思吗？他得是个酒鬼，一名酒徒，这会让他很开心。这就像给他钱一样，他会收下。然后他会开始呕吐，之后会变得更糟糕。我曾经见过这种场面。会变得特别特别糟糕。他会难受得要命，最后再也不想喝酒了。然后他就真的再也不喝了。"

"好吧，这可真是绝了。"我说。我这话要不是发自真心，那就天打雷劈。

很明显，伏都祭司曼波·玛丽无意解决宿醉，而是像普林尼时代的许多智者、学者和治疗师一样，把这个问题看成用强烈的厌恶疗法教训人的机会，以此展现醉酒能让人多么痛苦。

告别曼波·玛丽前，我问了她最后一个极其愚蠢的问题："我听说伏都教徒会把某些人的宿醉转移到别人身上。你听说过吗？"

"什么鬼想法！"她说，挥舞着双手，打乱了她的辫子，"但这就是人们的所作所为，不是吗？人们直到死都在不断尝试各种愚蠢的想法。当然，不管怎样，人们终有一天会停下来。"

出于对宿醉的爱：

有些结尾之意

　　宿醉有许多好处。尽管一些研究者称，不可否认的是，它们通常是一种阻止人们喝得酩酊大醉的强大抑制因素。但对一些人来说它们确实具有逆反效果，解宿醉酒成了他们沉重的负担。不过即使如此，它有时也能让你屈服，从而救你一命。

　　在某些方面，宿醉与我们感知痛苦的能力类似。我们知道，至少从理论上讲，它是一种警戒系统，如果我们睡着了，一只脚在火里，我们会在大火烧身之前把它撤出来。但当你深陷一场可怕的宿醉，你会感觉它的杀伤力和折磨实在过分，很难调和——它真的有必要如此极端吗？为什么我们已经注意到它的警告，它还会持续这么久？

　　但事实上，从进化角度看，我们对宿醉持续的，甚至可能是在不断增强的敏感，是有道理的。确实，适度饮酒能将不同的群体聚集起来，提高出生率，抵御某些疾病，激发新的联系、新的想法和新的艺术，还能增添生活的乐趣。但过量饮酒会起到相反的作用——人们死于街头，世上不再有新生儿，社会基本结构也会崩溃。

　　至少长远来看，人们对宿醉的近乎普遍的认识似乎确实能调节人类与酒精之间的平衡。而且，与物种的存续相比，一点个人的痛苦又算得了什么？这也能解释为什么我们与生俱来地，似乎毫无逻辑地抵触宿醉解药这一简单概念。我开始相信它是真的了。这不仅是通过回顾历史，读了一大堆稀奇古怪的书籍，还和医生、哲学家、心理学家以及其他各种各样的人交谈而得出的结论，更是通过我的自身经历得到的确切感受。

发现解药后，我一次又一次服用它，在这个过程中，我长久地、不规律地领略到大量饮酒而没有明显身体反应的人会很快变成什么样子。我经历了一个激烈而戏剧性的坠落过程——从朝阳的弧线变成岩石崩落，从不受束缚的潜能变成流着口水的野兽。我体会到，如果除去宿醉中最具攻击性和最急剧的身体症状，而留下更隐蔽的疲乏、嗜睡、焦虑、空虚、抑郁，那就像溜进了另一个世界，一个充满恐惧和问题，但你感觉不到它们存在的世界。你的生活和肝脏被伤疤和酒吧束缚着。

所以现在，即使我努力改进配方——加入不同种类的镁和甲基化的维生素B，了解NAD——我也不确定自己是否在为更大的利益而努力。而且可能还有更简单的原因能让我继续宿醉下去。

最近我和一位自由撰稿人同行一起吃晚餐，很快我们就聊起了宿醉。她没有照例抱怨宿醉，反而说起宿醉的种种令人惊讶的益处，她的用词几乎和理查德·史蒂芬斯博士聊起周六上午在利物浦的"即席演奏"时用的术语一模一样。但是我这位又专业又有才华的同事举的例子，是用录音信息这一微妙的技艺呈现的："这就是它的特点。我的声音更冰冷且沙哑，而录音里的声音听起来更吸引人，就像'嘿——你已经接通了萨拉的电话，你知道该怎么做，什么时候做……'我喜欢我宿醉时的声音。我是说，宿醉当然很糟糕，但它也有有用的一面。它就像另一个改变了的维度，在这里，我更成熟也更放松。就好像我需要担心的只有这么多。"对我来说，这听起来就像《闪灵》与《选择的悖论》的混合体——而且可能成为解决各种问题的关键。

据英国《商业内幕》报道，总部位于伦敦的音乐票务应用"骰子"最近推出了"宿醉日"的措施，员工如果在演唱会玩得太晚，第二天可以旷工，完全不受影响。"骰子"的CEO菲尔·哈琴表示："我们彼此信任，希望人们能坦诚相待……没必要假装生病请病假。"他们可能是意识到了一些事情：这样不仅能避免宿醉搞砸工作，还能巧妙地摆脱宿醉的阴影，甚至拥抱宿醉。这看起来是个好主意，至少对某些工作来说是。但话说回来，想想那些保护肯尼迪的特勤人员吧。哪种情况最终更糟糕：在场，还是不在场——是惨痛地打一场败仗，还是在酒店电视前看到这一切，然后无力地大喊，要求过"宿醉日"？

这么多年来，和其他所有事一样，我就是没搞明白这件事。宿醉到底是好是坏？它们对我们的影响比以往更严重，这是出于某些必要的原因，如进化的需要，还是只是一种遗留下来的无意义的祸害？是否有什么合理的原因，让我们甚至在举手投降，吐出这么多酒，吐在床边的时候，还假装不懂这些技能？或者我们只是内心深处毫不在乎这种疾病，直到病入膏肓？

也许有一种全身心投入的豪饮，只持续一天，就能减轻我们最深埋的恐惧——一种针对不可避免的疾病、崩溃和黑暗的心理预防针，我们无法从这些事情中恢复过来：这是一种甚至比性爱或睡眠都更有力的死亡准备。谁知道呢？但我真的相信，宿醉可以以微小但有时有益的方式带来更大的影响。

就在最近，在我的祖国加拿大，我们的国家新闻发布了这样一条有人情味的头条标题："宿醉的顾客给艾伯塔省的一家艰苦挣扎中的炸鱼薯条店带来了大批生意。"故事大致是这样的：

一个名叫科林·罗斯的男人光着脚在艾伯塔省莱斯布里奇城的街道上游荡，像前一晚喝多了那样——既漫无目的，又寻找着合适的去处。他在停车场的尽头发现了一家餐馆，紧挨着蒂姆·霍顿咖啡店，黑番茄旅游公司以前就在这里，而现在招牌上写着"惠特比的炸鱼薯条店"，罗斯慢慢走了进去。

他点了大比目鱼和薯条三件套，套餐端出时闪着金光，热气腾腾。它像魔法一样奏效。就像加拿大广播公司的撰稿人丹妮尔·内尔曼所写的那样："罗斯狼吞虎咽地吃完饭，宿醉开始减轻。等他恢复意识后，他发现店里空无一人。"

所以就像人们恢复神智时会做的事一样，科林开始和旁边唯一的一个人说话。那个人就是约翰·麦克米伦——一位时髦又老派的男人，还有几个月就要七十岁了，他开的这家干净又好吃的炸鱼薯条店恰好治愈了罗斯的宿醉。但几乎没人知道这家藏在停车场角落的店。麦克米伦坦言，店里平常很冷清，他甚至连自己的工资都付不起。

因此，就像有时你宿醉后想做点善事一样，虽然只是用大拇指和手机。罗斯给这家店拍了一张照片，写了一小段话，讲述这位好心的先生帮他缓解了严重宿醉的故事，然后建议所有他认识的人都来尝尝这位好人做的炸鱼薯条。而罗斯认识不少人，这些人又认识许多其他人。

所以现在，如果你在艾伯塔省宿醉，需要金黄酥脆的解药，你可能得排队了，这队伍一直排到了停车场外面。但显然，这队值得排。此外，在报道所附的照片上，我不禁注意到，在那个加拿大柜台上，就在惠特比炸鱼薯条闪着光的碟子旁边，有一瓶苏格兰饮料——伊恩·布鲁的磨砂玻璃瓶。因此，看来我也可以报告：我们的达特又成了一个任务。

在其他相关新闻里，有三起莫名相似的犯罪案件：三起案件都是最近发生的，都发生在我住的街区内，都与最严重的宿醉有关。实际上，每起案件都涉及突然的异常行为，强烈的报应，以及最后的忏悔。

第一起发生在2016年10月4日，加拿大广播公司的撰稿人安德烈·迈耶称之为"世界闻名的一掷"。巴尔的摩金莺队与多伦多蓝鸟队在一场紧张的外卡晋级赛进行到第七局时，有人从看台上向巴尔的摩金莺队的外场手金贤洙扔了一个啤酒罐。啤酒罐像子弹一样落在他身后的草皮上，金贤洙不知怎么仍然保持了足够的注意力，完成了接球。

但即使这么多镜头都拍下了这一举动，也没人知道是谁扔出了啤酒罐。寻找被戏称为"啤酒罐二传手"的肇事者的工作立即开始了，谩骂、震惊和讥讽的言论也随之爆发。

第二天上午十点，肯·帕甘在朋友家的沙发上清醒过来，迷糊的梦境和恐惧笼罩着他。这一事件已经登上了各大新闻媒体，有人悬赏征集信息，连史蒂芬·金都在推特上表示难以置信："嘿，礼貌的加拿大人怎么了？"

讽刺的是，帕甘似乎正是这样的人：不仅是一个说话温和、体贴他人、慷慨大方的典型的有礼貌的加拿大人，还尊敬并热爱体育运动，对此有着天资和独特的领悟，特别是在棒球和曲棍球方面。如果不是他对人类境况和我们如何了解它这件事有能力和兴趣，他可能会成为一名专业的运动员。帕甘作为一名记者，所属的媒体公司现在恰好在悬赏1000美金，寻找有关卑鄙的"啤酒罐二传手"的信息，可以说，那天早晨在沙发上醒来的帕甘，入睡时还醉着，现在要遭殃了。

帕甘承认他当时喝醉了，现在他也只能用困惑的加拿大人常用的措辞，来解释那一刻极其愚蠢的行为。"说实话，如果要我一五一十地把这件事讲清楚，那我也只是在猜而已。"他最近告诉安德烈·迈耶，"那是一种冲动……我觉得它跟，如果你曾在曲棍球赛中被罚球，然后意识到'我刚才干了什么？'的感觉差不多。"

他干的事情影响了棒球比赛，影响了啤酒在体育馆售卖的方式，也影响了他未来的方方面面。

最终，是违法行为和后果之间的不对等（愚蠢的醉酒时刻和持续的精神宿醉）挽救了帕甘，至少在法律上是这样。法官在认识到他行为的严重性的同时，也意识到"啤酒罐二传手"已经遭受了严厉的惩罚。他失去了热爱的工作，失去了自我意识，失去了他的事业和骄傲，还在社交媒体上被公然羞辱——在脸书上套着"城镇枷锁"，在推特上身披"酒鬼斗篷"。因此法官释放了帕甘，但附带了各种条件，他也被处以缓刑，从此背负无尽的痛苦。

2017年4月26日，酒吧关门后不久，多伦多出现了一起更公开的宿醉。马里萨·拉索那时喝醉了，独自一人，无所顾忌……就在这时，她看见了一辆施工起重机，在一栋半完工的公寓大厦的三十层楼上隐约可见。

尽管这一举动需要比扔啤酒罐更大的力气，它仍然只是一起醉酒引起的冲动事故——一种突然想得到更真实的存在感的冲动，令23岁的拉索越过铁丝网，登上了那辆巨大的起重机。

爬上吊车并不容易，但她坚持不懈地攀爬，直到登上这钢铁制作的庞然大物的最顶端。而且，嗨，这感觉超乎她的想象。站在黑暗中，周围是旋涡般的气流，在明亮、灿烂又广阔的世界之上，她也许会发出几声野性的号叫。至少，她拍了一些自拍照，然后终于开始往下爬。就在这时，马里萨·拉索在离地面四百英尺的高空滑倒了。她随即落下。

那天早上6点17分，太阳从多伦多市中心升起，一名女性的渺小身影出现在悬空的小栖架上——那实在是太高了，就像栖架挑着一只云中的燕子。

早高峰时，整个城市的人都站在警戒线外仰着脖子朝上空看；路都被堵上了，通勤者纷纷靠边停车，电台播音员都困惑不已，紧急救援人员正向上攀爬。

不过尽管市中心麻烦重重，但网上到处是煽动性的文章，"吊车女孩"这一桩公共场合宿醉事件的展开，不知何故与帕甘这位"啤酒罐二传手"恰好相反。一张拉索离奇地停在半空的长焦镜头照片出现在社交媒体上，捧在人们的手心（手机）里。而且不可否认，这还挺浪漫——照片与城市的倦怠和危险的孤独有关，她的长发在不同气流间飘舞。

那张使站在看台的帕甘现身的照片拍摄于那次臭名昭著的"啤酒罐事件"后，并于第二天晚些时候公之于众。照片上帕甘的表情，每个人都很熟悉：一个愧疚的年轻人想要隐身。大众对这两张照片的态度截然不同。"啤酒罐二传手"嫌疑人的脸的图片点燃了人们的极度鄙视——就好像没人能想象这种事一样。与此同时，"起重机女孩"那远处的面容却成了一张即时传递的、让人很有同感的梗图。这表情是一种自嘲的缩影，表达了我们所有人常有的感受。

拉索的受困事件与对帕甘的悬赏追捕形成了鲜明对比，它变成了一个实时救援任务：就像一个孩子被困在井里那样牵动人心，但更具悬念、更危险、更能被人们看到。两小时的救援惊心动魄。接着，消防员成功救下女孩，抱着她降落到地面。消防员说话也很有意思，他对记者打趣说，既然现在她安全了，他现在最关心的就是准时赶到冰球场——他的啤酒联盟队进入了季后赛，而他是首发守门员。全国人民兴高采烈——尽管看到"起重机女孩"被戴上手铐，面临多项刑事犯罪指控时，多少有些懊恼。

九个月后，这起案件开庭审理时，拉索认罪了，她发自内心地道歉，并尽力解释当时的情况。她的描述让我想起了那次从平流层下落的经历，以及那种瞬间的重启。但是，当然，拉索坠落时身上什么也没绑。不过她还是在半空中设法抓住了一根缆绳。接着她又飞速下滑了一百多英尺，落在一个摇晃的小平台上。

她体内的肾上腺素激增到了一个从未有过的数值，那数值几乎绝对可以引发瞬间清醒。接着，她悬挂在半空中时，肾上腺素会不停涌出，直至用尽，而她也无能为力，这时黑夜变成了白天。这就仿佛是，她悬在城市上空时找到了从未有人发现的宿醉的根源，或是宿醉的……全新定义。

拉索越来越沮丧与绝望，几度想跳下去，但最终决定"我不能这样对待自己或家人"。

法庭上，人们得知拉索小时候曾遭受虐待，家中还有两个严重残疾的弟弟妹妹，说到底她还是得负责照顾他们。

法官理查德·布劳因宣读判决时，表示拉索危险的醉酒行为属于轻视公共安全，但对于她意外曲折的人生，有时也应给予宽恕。"这起事故发生时，拉索小姐显然处于危险之中，"他说，"她摆脱危险的表现令人惊叹。这起非常不寻常的事件，也许能让她看清楚生活中那些被遗留和未解决的事。"

因此，当拉索认罪，说"爬上起重机是个可怕的主意"时，她也将永远不会忘记此事，地面上的官方审判成了一种救赎——也是对所有人的每一项罪名的彻底释放。*"起重机女孩自由了！我们都是起重机女孩！"*的欢呼声冲破了屋顶。

最后一个报道关于"流浪耶稣"，以及他的神秘失踪事件。这个故事是对"啤酒罐二传手"和"起重机女孩"的呼应，至少在精神上是如此。尽管这些事件已经发生了一段时间，它们仍以特定的形式延续着。迄今为止，无论在精神上还是地理位置上，它都是与我关系最近的故事。

在离我住的地方两个街区远的多伦多市中心，有一座美丽的老教堂，教堂周围环绕着浓密、盘曲的橡树。这间圣史蒂芬田教堂到我过去经营的夜店，与到我过去拥有的酒吧正好等距。街对面是消防站，半个街区外有一家日托班，我儿子泽夫小时候在这里待过一阵。

那时，有一尊暗青铜雕像就伫立在教堂一角和周边的人行道之间。那是一个披着斗篷的男人形象，坐在地上，伸出一只手，仿佛在乞讨。如果你更仔细点看，会发现他的手掌被切开了。虽然最初原作者雕塑家蒂莫西·施马尔茨（Timothy Schmalz）将它命名为"悉听尊便"，但最后人们都叫它"流浪耶稣"。

几乎每天，每当我们路过它，泽夫都会骑在我肩膀上，或者牵着我的手——我们每次都会停下来，这样他就能放上一些硬币，把它们放进坚硬却又很像皮肉的刻痕里。每次我们回来时，硬币都不见了，泽夫喜欢猜测硬币去了哪里——有人拿它们买了什么酷炫的小玩意儿。

然后，有一天，"流浪耶稣"和这些硬币一起消失了。没留下任何蛛丝马迹。你根本分不清哪件事更奇怪：为什么会有人做这种事，他又是以何种方式偷走了一件这么重的雕像。

人们摇摇头，感到纳闷。泽夫猜了一百种原因。我知道这些街道上大多数不可理喻的流氓，所以我也有几个猜想。

四天后，"流浪耶稣"奇迹般地再次出现，上面还有一张手写便条。"昨晚下了雨。"玛丽·赫尔维格牧师告诉《多伦多星报》，解释字迹为何会被弄脏。但这番文字应该出自一个宿醉未醒的人：

对不起。我只是一时兴起。

至于我，我已经从新奥尔良回来有一段时间了。而且我还没有写完这本书。引用我的一个混账朋友之前说过的话就是："你当然还在写那东西。一旦停下来，你就再也没有借口了。或者它们只会更难卖。"他说的还不只是喝酒。

我最近收到了之前送去"英国/美国肠道微生物研究"配套测试的检测结果。测试结果里有一系列对比图表和饼状图，但没有太多指导或注释。我并不知道我在看什么。即便如此，它看起来也不太对劲。

从我为数不多能理解的内容来看，我肠道内的微生物群和一般肠道内的微生物群比起来，在某几个方面迥然不同。有两种常见的细菌类型，在我体内完全没有，而有一种细菌的数量则超出常规25倍之多。但我完全不懂这是什么意思。所以我把数据发给了研究老鼠与奶酪的蒂姆·斯佩克特医生，是他最初让我参加研究的，问他能不能帮我看一下。

他的评估简短、模糊，还有些令人气馁。他说我的微生物群组"多样性低，看起来不健康"，说这意味着我"更容易得病，但不一定是病了"，接着还用一句你永远不想从医生那里听到的话作为落款："抱歉。祝好，蒂姆。"

我不知道该怎么想这件事。"不一定是病了"是个微妙的预后——考虑到我这几天的感觉就更是了。我感觉不舒服。我全身上下都被塞得满满当当，所以有时候坐下，站起来，或者穿过街道都困难。而且我讨厌这种无法摆脱的感觉——每天都会迎来新的宿醉。永远不会有新的开始。

为了健康着想，我回到温哥华，和家人一起待了些时日，看了很多医生。又一次赴诊后，我穿过马路去等公交车。车站旁边恰好有一家小小的古书店。我走了进去。

这里跟你想象中的那种古书店差不多：安静，书架上摆着一排排书，地板上的书直摞到天花板。书店前方，在用作柜台的大木桌后面，站着一位女士，她有一头银色的长发，体态优雅，脸上布满皱纹。她至少比我年长二十岁。她面前的书桌上摆着三本打开的书，互相点头示意后，我走向书堆。

我看了一会儿书，手在书架上摸索。我不知道去哪儿，可能只能一直这样下去，摸每本书。我和那个女人互相看了一眼，最后她问："你在找什么？"

"关于酒的书，"我说，"还有关于喝酒的，关于喝醉的，关于宿醉的。"

接着她说了一句话，让我停下手来。

"我爱宿醉。"

"你说什么？"我转身走向她。

"我爱它们。"

她在照片上看起来可能更显老一些。她温和而审慎，但很有魅力。就像看到一个年老的灵魂，随着年轻的身体以某种方式变老，它也以某种方式变得年轻。她很美。

"能告诉我为什么吗？"我问她。

她点了点头："我几乎可以喝倒所有人。但之后就会陷入严重宿醉，有时候长达好几天。但问题是，我太喜欢它了。比起喝醉，我更爱宿醉。"

我告诉她这可能和做选择，以及不被要求做任何选择有关。她让我详细讲讲。

"这就好像你把自己的身体置于一种危机状态。但你知道这种状态有时间限制。因此你的大脑会短暂地进入休息状态。因为这是你必须解决的，而现在没有其他待解决的事了。"

"就是这样。"她的眼睛散发出光芒。然后我们聊了起来。

我一方面意识到现在这一刻，或者更确切地说，这种极端的叙事惯例是如此奇怪。毕竟这里是一家布满灰尘的古书店，而银发的店主像先知一样讲述着一件和我仍有联系、无法割舍的事。

但另一方面，我想起了曾经的感受——我年轻、精瘦又贪杯的时候，每天都过得像演电影：人们互相关联，醉生梦死，然后第二天依然如此。

她喜欢我讲的关于时间限制的解释。她说，读过克尔凯郭尔的作品和他关于"有意义的改变"的概念后，她将其改造成三年周期的形式，这就是她一直以来的生活方式。因此，每三年她就会开启一场新的旅程。最近几个周期关于佛教，然后是酒吧，现在她又在关注贵格会："这是我去各地旅行的方式，可以花上很长一段时间，但又不必走得太远。"

我问她介不介意我记笔记。她想知道为什么，于是我告诉她，我正在写一本关于宿醉的书。她神态自若地看着我，然后我们都笑了。我又问了她的姓名，她说她会告诉我，但我既不能写进书里也不能告诉任何人。"那可以告诉我的出版社吗，只是为了核查事实？"我问，"万一你讲了什么真的很令人难以置信的事呢？"

她点点头，表示理解。我写下她的名字，然后问她去酒吧的那些年如何。

"我每天都会去一家不同的酒吧，从优惠时段开始喝。我喝酒，和那里的人聊天，听他们的故事。很多时候，我会去'军团'。实际上，我经常这样做。我的父母都是军人。我是战争时期的孩子，所以觉得自己和这些老人有共鸣。即使他们幸存下来，他们也为此献出了大部分的人生，而酒精是他们唯一的退休计划。酒吧的凳子上都沾上了尿渍。我就是在这里爱上了宿醉。"

我记笔记的时候，她看着我的手。

"当然，像这样的人群和地方有很多。我还是会去见他们，一起喝上一杯。这就是这三年旅行的特点之一：我可以把之前做的一些事带进下一个三年。我还在修行佛法，我还是差不多每周去一次酒吧，不过现在我在做这件事：我是个在书店工作的贵格会教徒——你需要读一读杰克·伦敦写的《约翰·巴雷库恩》(*John Barleycorn*)①。"

她不带一秒停顿地提出了这个建议，仿佛她笃定我应该马上听到似的。这不仅是刻不容缓且合适的推荐，还有些冒昧。毕竟《约翰·巴雷库恩》是一部经典作品。如果我真像自己说的那样在写一本关于宿醉的书，要是没读过这本书的话就太蠢了。但是，当然，我就是很蠢。而她就是知道这一点。

"它拥有一部关于饮酒的故事应有的所有元素：有错误，有缺陷，真实又有启示性，辞藻优美，且非常惊悚。"我们现在一起穿过书堆，寻找那本书。这会儿也许她走到哪儿，我都会跟着。

"我一向爱酒，"她说，"但是，哦，你可要小心对待它。杰克·伦敦学到的就是，你惹上这么猛的东西——彻底喝醉，且醉了又醉——就是在邀请死亡上你的床。接着你就没法摆脱它了。"

我脑海里浮现出一幅我现在睡觉的画面——常常是独自一人，衣着整齐，突然惊醒而且大汗淋漓，仿佛床上有幽灵：一边是解药（cure），另一边是诅咒（curse），中间只隔了个弯弯曲曲的"S"。

她找到了那本书——一本薄薄的、饱经风霜的平装书。我告诉她，我想买这本书。

"等你写完书，"我付完款时，她说，"再来这里，我们在店里喝一杯。有时，一天到头，我会开一瓶葡萄酒喝。"

我说我会的，她到时候可以给我讲讲她的宿醉。

她摇摇头。"我的宿醉故事很无聊。"然后她微笑着把书递给我，"但我觉得那样就很好。"

---

① 意译为大麦约翰，是制酒的麦芽或啤酒等含酒精饮料的拟人化名称。

于是现在我知道今天可以做什么了。我可以开始读这本书。但我走出书店的时候还是不知道该在哪儿读这本书——是在公交车上，在街角那个充满阳光的公园，还是在街边的酒吧。

正是一个个这样的选择决定了次日清晨。

致谢

　　如果没有杰奎·毕晓普、鲍勃·斯托尔、詹妮弗·兰伯特、萨曼莎·海伍德、罗布·法尔林、安吉拉·麦克唐纳和扬妮克·波特布瓦，也许不会有这本书，也许连我都不会存在，或者至少我和我的这本书都不会像现在这么好。我发自内心地感激你们，也爱你们所有人。

　　同样感谢迈克·瓦斯科、罗素·史密斯、乔纳森·达特、布兰登·英格利斯、安妮·柏杜、塔巴莎·索西、德里克·芬克尔、迈克·罗斯、马克斯·兰德曼、格雷格·哈德森、大卫·莱特福特、杰夫·利利科、迈克·麦克罗伯、比尔·罗杰斯、丽莎·诺顿、李·高恩、布雷特·莱弗勒、克雷格·阿普尔加思、弗雷泽·比尔、基思·达维尔、玛西·德恩尼修克、雅尼内·科比尔卡、萨斯基亚·沃尔萨克、卡茜迪和赖利·毕晓普-斯托尔、乔希·斯托尔、奥利芙·毕晓普-格拉度、罗茜·特鲁德尔，还有伽罗·因诺森特，是你们让我坚持下来。

　　这本书我花了很长时间才写成，正因如此，我有许多想感谢的人——包括帮助我完成一些章节定稿的人。至于细分的官方致谢，以及他们与本书各部分之间的关系，请继续阅读详细的"来源注解"。如果你的名字没有出现在这部分，就有可能被列在那里了。如果我忘记提及你，那么日后以啤酒代为谢过。

　　在此我要感谢我最好的家人：毕晓普们、斯托尔们以及毕晓普-

斯托尔们；麦克唐纳们和所有的格林韦们，不论你们有多少人；还有斯托-巴奎特们、泰茜耶-斯托尔们、罗丝们、特鲁德尔们、川柏林们和哈尔们。撰写这本书的时日里，我们也失去了几位亲人，包括黛珀、贝诺特、约翰尼、乔西、罗丝和玛利亚。我多么希望我们有机会再喝上一杯。

说到这儿，我真应该答谢这些传奇的酒吧老板，他们是：克里斯蒂娜·锡伯杜、安德鲁·迪·巴蒂斯塔、萨利·吉莱斯皮、卡拉·科鲁兹、丹尼·博伊·莫哈罗、莫利·威尔森、马尔科·尤凡那维奇、克里斯·斯蒂文斯、劳拉·毕替、阮方、杰夫·肯奈斯、马库斯·班库提、梅丽·麦凯克恩、劳伦·摩特、克林顿·帕特莫、雨果·达莱尔、尼尚·钱德拉、达伦·琼斯、佐伊·威尔、扎克·华莱士、布莱恩·格兰特、乔希·德雷比特、尼尔斯·博泽、帕蒂·加拉格尔、奎恩·T、普林塞斯、阿纳米·薇思以及许多遗落在迷思与迷雾中的名字。

各个领域的许多专家都慷慨得无法形容，包括布莱恩·金斯曼、亚当·罗杰斯、大卫·纳特博士、薇薇安·纽顿博士、米尼奥娜·玛丽医生、杰森·伯克医生、蒂莫西·斯佩克特、理查德·史蒂芬斯博士、约里斯·范斯特博士、理查德·奥尔森博士、詹姆斯·马斯卡利克医生、迈尔·什利帕克博士、米歇尔·克里斯、卡森·索斯比、杰森·沃特尔、理查德·奥尔森、扎卡里·里德尔、迈克·丹尼尔森、马萨尔·罗帕、伊拉德·提索特、布朗温·埃里克森、陶德·凯迪克、朱利亚诺·贾科瓦齐、托比·帕拉莫尔、布鲁斯·尤尔特、安德鲁·帕尔、理查德·伍德、查尔斯·查尔克拉夫特、保罗·德·坎波、莉兹·威廉姆斯、玛丽塔·沃伊伍德·克兰德和曼波·玛丽。

有很多朋友、爱人、同事，以及其他人给予我帮助或是提供专业知识，不限于研究、信息、邀请、派遣任务、耐心、善意、临时工作和趣闻等形式。我尤其想要感谢丽塔·吉莉、杰夫·沃伦、艾薇儿·贝诺特、伊比·卡斯利克、克里斯·罗德尔、大卫·亚罗、吉尔·托马克、格蕾丝·奥康奈尔、安德鲁·埃尔金、特雷弗·科洛、玛格丽特·彼得森、杰夫·卡特、汤姆·迪兹、约翰·列克切、艾西亚·玛丽恩、查理·洛克、乔安妮·施瓦兹、简·汤姆森、玛丽亚·特雷斯特雷尔、克劳迪娅·台伊、戴夫·比蒂尼、梅勒妮·莫拉苏蒂、汤姆·弗农、肯·默里、伯特·阿彻、丽莎·内杜尔、安妮－玛丽·梅滕、马克·梅德莱、小川乐、史蒂芬·安德鲁、布罗迪·博瑞格德、约翰·麦克拉克林、纳什维尔·路特斯、萨拉·马斯格雷夫、瑞安·奈顿、李·戈万、简·汤普森、安德里安·川柏林、德瑞·迪、罗伯特·霍夫、珍妮·帕特森、杜坎·谢尔德、艾薇妮雅·洛萨、林赛·雷丁、帕特·费尔贝恩、安迪·利波若珀罗斯、迈克尔·莫里、梅丽莎·万古伦、布鲁斯·李费佛、潘妮·梅森、凯瑟琳·杰克逊、安东尼·亚伯拉罕、菲利斯·西蒙、马克·夏莫、珍妮弗.CK、萨拉·庞弗里、珍娜·巴莱特、菲利普·盖斯勒、弗莱维娅·扎卡、肯·克雷格、尼克·瓦斯科、亚辛·多特里格、朱利恩·博马、德克利尔、布莱尔·威廉姆斯、查尔斯·弗朗西斯、查理·博西、佩奇·弗莱彻、凯瑟琳·威特瑞－寇雷巴巴、蒂娜·西格尔、纳迪亚·沙赫巴兹、安娜·凡·斯特劳本齐、凯西·马丁、艾莉森·斯蔻、那严·苏恰克、马特·爱迪生、詹姆斯·莫伊尔、温迪·威尔森、帕梅拉·可图尔、弗洛拉·王、耶拿·贝尚、马克·桑德尔、瑟伊·斯布伦代尔、莎林·费尔南德斯、凯思琳·博雷尔、尤斯·提斯荷贾普、帕特丽莎·韦斯特奥弗、达丽尔·赫格唐、露西·斯特然、梅勒尼·巴杜、艾瑞尔·Ng、雷尼·贾布尔、迈克尔·麦卡利尔、阿法·穆赫兰德、桑德拉·八莫、萨拉·斯特吉斯、比尔·扎格特、艾米丽·桑福德、菲利普·普列维尔、道格·贝尔、盖瑞·罗斯、迈克·丹尼尔森、斯蒂凡尼·博若伊、艾利克斯·施耐德、马尼·杰克逊、尚塔尔·达维尔、J. P. 多特伊、托尼莎·拜特、贝丝·哈沃斯、利亚姆·威尔金森、尼古拉·布莱泽尔、瑞安·麦肯、丽贝卡·柯恩、金·巴尼亚茨、特雷弗·沃尔什、布莱德利·弗里森、苏珊·格利尔、理查德·波拉克、安娜·本奇克、迈克尔·斯坦、罗伯特·佩里西奇、米利亚姆·泰福斯、蒂莫西·泰勒、约翰·弗雷泽、安娜·卢恩戈以及劳拉·卡塔拉诺。

还要特别感谢艾琳·斯帕达弗拉,一直给我发送关于宿醉的各种事情,即使到了书应该完成的时候。

接下来还有扬妮克·波特布瓦,前面我已经提过她的名字了。而且她的名字在"来源注解"中出现的次数比任何人都多。如果少了她极大的慷慨、毅力、天赋和技能,书中许多内容都不会存在。

我对大卫·亚罗和丹尼斯·舒斯特的感激之情简直难以言表。这两位令人敬畏的艺术家赠予了我一些作品供本书使用。我也对天赋异禀的米歇尔·凯斯心怀感激,她是音乐家、词曲作者泰利·凯斯的女儿,她慷慨地允许我在本书中使用她父亲创作的歌词。

还有一些跨界人士,帮助我解决了重要的许可,包括NBC环球的罗尼·卢布里诺、BMJ病例报告的劳拉·蕾西、费格蒙电影公司的乔安妮·史密斯、派拉蒙影业公司的拉里·麦卡利斯特、汉威士国际传媒公司的约亨·施瓦茨和金伯利·比安奇、《美国民俗学刊》的蒂莫西·劳埃德、20世纪福克斯电影公司的安迪·班迪特、电影集团公司版权部的香侬·菲弗和布鲁姆斯伯里出版社的克莱尔·维瑟海德。

　　我想鸣谢以下员工和经营方，包括医院俱乐部、威客巴顿酒店、格莱兹布鲁克酒店、布鲁茂百水温泉大酒店、公猪城酒吧与牡蛎、三一公共精酿酒吧、超级市场、爱丁堡边缘艺术节、红房子、奥伯迈尔霍芬城堡酒店、格伦德尔湖光酒店、阿姆多尔夫时光酒店和圣马丁酒店，以及以下品牌的好心人：格兰菲迪、野格、拉卡迪酒庄、南溪酒庄、卡拉拉有机酒庄、复生酒吧、美夏酒业酒庄、博蒙特庄园、杰森＋公司、威廉·格兰父子品牌、屋顶代理机构、好饮、宿醉清、醒宝、托马普林、瑞赛特、派对装备、盖亚花园药草店和僵尸生存营。

　　我将永远感激翠西·弗拉迪、南加·朔伊雷尔、亚历山大·"奥莱克"·尤斯蒂诺维奇，以及一些不便提及的人士，谢谢你们在我遇到棘手的情况时伸出援手。

　　还有一些勇敢的人（其中不少是我亲爱的人），他们贡献出宝贵的身体让我做实验。包括上面已经提及的一些人，还有大卫·斯托尔、罗茜·特鲁德尔、凯特琳、杰里米和加百利·斯托尔－帕奎特、尤里和萨沙·泰西耶－斯托尔、亚伦·克拉耶斯基、布伦娜·巴格斯、安妮·格雷瓜尔、卡梅隆·莫里、艾瑞克·高德特、朱利安·伯纳德·考利尔、查尔斯·弗朗西斯、汤姆·阿维斯、杰·格拉度、托比·贝尔内、杰夫·梅多斯、杰夫·托弗姆、竹井正、尼可·奥古奇、尼克·罗克尔、劳伦·施托佩、比尔·阿普尔德和兰迪·贝克尔，同时表示歉意。

　　我还想单独感谢一些人，祝愿他们的善良永存——安妮·柯林斯、欧内斯特·希伦、保罗·威尔森、斯科特·塞勒斯、盖瑞·式谷、艾米·休斯、凯西·麦克雷，以及我的挚友保罗·加灵顿。他们教会我如何成为一名作家。同时向多萝西·本尼和了不起的加灵顿姑娘们献上爱与关心。

这本书能写成，很大程度上要感谢小川乐故居、多伦多艺术理事会、安大略艺术理事会和丘鹬基金会，以及莉莉安·H. 史密斯图书馆与奥斯本早期儿童读物集图书馆的员工们。

加拿大哈珀·柯林斯出版社、美国企鹅出版社以及杜蒙出版社都非常赞。特别感谢诺勒·齐泽、劳埃德·戴维斯、帕特里克·诺兰，以及，当然少不了杰出、善良又超常的珍妮弗·兰伯特。也感谢哈珀·柯林斯出版社的艾瑞斯·塔普霍姆、阿兰·琼斯、丽莎·伦德勒、迈克尔·盖伊－哈德考克、科里·比蒂、梅丽莎·诺瓦科夫斯基、娜塔莉·麦迪特斯凯和罗拉·兰德奇克，以及企鹅出版社的马修·克里斯、克里斯托弗·史密斯、雅玛·比利亚雷亚尔和玛丽·斯通。

我将永远感激跨大西洋文学社的整个团队，尤其是芭芭拉·米勒、林恩、大卫·本内特、肖恩·布莱德利、史蒂芬·辛克莱尔和永远耐心而神奇的萨曼莎·海伍德。

鉴于我已经向一些人重复表达谢意，我想在结尾前专门感谢这些极好的人们，他们在过去几年中的某些时刻突然出现，真正拯救了我：扬妮克·波特布瓦、迈克·罗斯、比尔·罗杰斯、乔纳森·达特、塔巴莎·索西、克雷格·阿普尔加思、格蕾丝·奥康纳、格雷格·哈德森、杰夫·利利科、安妮·柏杜、布伦丹·英格里斯、安吉拉·麦克唐纳，当然还有我的妈妈和爸爸——他们不仅是我能想到的最好的父母，也是两位世界上最棒的编辑。他们对我的恩情，我一辈子也还不清。

最后，泽夫——我刚开始写这本书的时候，你还是个婴儿。你是我第二天早上需要关注的一切。

谢谢你们。

来源注解

以下注解专门针对书中未注明引用来源或引文的段落，或是一些仍需注明出处的地方。它们的目的是与参考文献一起发挥作用，为说明我从哪里找到哪些内容提供尽可能多的信息。

序言：有关一些词的一些话

《摇滚校园》的对白和许可由派拉蒙电影公司慷慨提供，在此我衷心感谢拉里·麦卡利斯特（Larry McCallister）的帮助。还要感谢绕道电影制作公司和伟大的理查德·林克莱特。

克莱门特·弗洛伊德的《宿醉》是一本有趣的小书，同时也是一部内容丰富、很有帮助的信息来源。我每次直接引用的弗洛伊德的话都出自这本书。

芭芭拉·霍兰德的《畅饮之乐》读起来令人愉悦，看过本书你就会注意到我曾多少次求助于它。

正如我在文中所写，我没能找到序言中最后一句引用的原始出处，这句话常被认为出自金斯利·艾米斯之口。金斯利·艾米斯的官方传记作者扎卡里·利德，以及金斯利的儿子马丁·艾米斯，似乎都认可这句话听起来像他说的。不过如果有人知道得更清楚，或者有确定的答案，请务必告诉我。

迎接你的宿醉吧

本介绍性章节是我在书中引用的很多研究的概要，其中包括与医生和各种医疗工作者的几次谈话，他们都非常友善和耐心地回答了我的许多问题。本章还要感谢参考文献中的几篇医学论文，以及播客StuffYouShouldKnow上的一期叫作《宿醉到底是什么？》的节目。

"古老的鱼的下颌骨演变成我们的内耳"的说法，参考了尼尔·舒宾（Neil Shubin）的《你是怎么来的：35亿年的人体之旅》（*Your Inner Fish: A Journey into the 3.5-Billion-Year History of the Human Body*）一书，本书由我机敏的堂兄阿德里安·特雷布林特别推荐。

第一幕 在拉斯维加斯发生了什么

在此，我认为有必要重申致谢中的一些内容以感谢《锐度》（*sharp*）杂志，尤其是编辑格雷格·赫德森。因为他们，我才有机会到拉斯维加斯开展这些活动，接触到很多人，感谢他们的大力支持。格雷格和整个团队都对书中本章和其他章节中的实地研究提供了极为宝贵的帮助。

通过芭芭拉·霍兰德的《畅饮之乐》，我发现了《英国医学杂志》中那篇詹姆斯·邦德的马提尼研究。写作《黎明之后的早晨》这一部分时，我采用的部分信息和学术研究来自许多资料，包括欧内斯特·L.埃布尔（Ernest L. Abel）的著作《神话中的醉酒》（*Intoxication in Mythology*），肯尼思·C. 戴维斯（Kenneth C. Davis）的《你不懂神话》（*Don't Know Much About Mythology*）以及约翰·瓦里亚诺（John Varriano）的《葡萄酒：一部文化史》（*Wine: A Cultural History*）。我朋友萨斯基亚·沃尔萨克向我介绍了恩基的神话。本节中还有金斯利·艾米斯那部对后世影响深远的散文《论宿醉》中的第一句话，这篇散文最近刚刚作为艾米斯文集《每日饮酒》的一部分出版。经英国布鲁姆斯伯里出版社许可，文章内容多次被引用，贯穿全书。

《酒神与双门》参考了狄俄尼索斯神话的多个翻译版本，以及前文提到的一些书中的段落。书中关于柏拉图的学生们的引用出自汤姆·斯丹迪奇的《上帝之饮：六个瓶子里的历史》，这部著作非常棒，在我写许多章节时都提供了有价值的参考。

这里还有一个很好的资料来源，它让我查找到了其他一些内容，但我无法很好地将它纳入参考文献："神话项目"（Theoi Project）中伊卡洛斯的页面，网址为http://www.theoi.com/Heros/Ikarios.html。

所有关于詹姆斯·伯克医生和"宿醉天堂"的内容——不论是采访、通话、邮件还是官方网站——都收集并记录于2013年冬天。

第一幕间　上战场前一杯酒

本章的大部分——事实上，这本书的大部分内容很大程度上都应归功于伊恩·盖特利的《饮酒：酒精的文化史》（*Drink: A Cultural History of Alcohol*）。这是到目前为止我读过的最通俗易懂且最全面的酒精历史，有几条历史途径如果不是他的书中指出过，我可能就不会写到了。亚伯拉罕·林肯和大卫·劳合·乔治的名言出自盖特利的著作，而马可·波罗的名言则出自霍兰德的《畅饮之乐》。

本节末尾的布鲁斯·斯普林斯汀的独白对我来说意义重大。十二岁那年的圣诞节，我得到了一套他的黑胶唱片套装，在青少年时期听了无数次。值得一提的是，斯普林斯汀从不酗酒，在讲那个故事的时候，他从没说过他在喝酒，或是宿醉。这只是我一直以来的听闻。

第二幕　拉斯维加斯上空发生了什么

《饮酒不止》中引用的科鲁迈拉和老普林尼的内容来自盖特利，而历史概要则归功于许多我已提及的出版物和一些在线百科全书。

我第一次知道莱维·普莱斯利的平流层自杀事件是以一种很间接的方式：通过很多杂志上关于《事实的寿命》(The Lifespan of a Fact)的文章。这是一本由约翰·达加塔 (John D'Agata) 和吉姆·芬戈尔 (Jim Fingal) 共同创作的书，它讲述了芬戈尔花了漫长的七年时间，试图对达加塔给《信徒》(The Believer) 杂志写的一篇文章做适当的事实核查的历程，而文章中提到过普莱斯利的自杀。

第二幕间　大量厌恶疗法：普林尼的版本

我对普林尼的研究都来自参考文献一栏中提到的历史传记和百科全书条目。但是更重要的是汇编普林尼自己的原创百科全书《博物志》中的相关条目，该书有几十卷，也有几十种译本。这绝大多数都是我的朋友、杰出的研究员扬妮克·波特布瓦慷慨而奇迹般地完成的。她的名字应该会在这篇注解里出现许多次。

尽管我在这一节略有调侃克莱门特·弗洛伊德、基思·弗洛伊德以及安迪·托佩尔，但我对三位不胜感激。在我能找到的资料中，他们的著作是迄今为止仅有的讲述宿醉和宿醉史的书。虽然这三本书的内容都很浅，而且内容大多有些滑稽好笑，但我还是从他们那里学到了很多——包括一些起笔的点子。

第三幕　至关重要的解宿醉酒

如前一条所述，《以狗解醉》的开篇部分归功于安迪·托佩尔。安提法奈斯的那段话则引用自基思·弗洛伊德。

接下来的几段和本书的其他部分，很大程度上归功于约翰·瓦利亚诺的《葡萄酒：一部文化史》。我在书中找到了许多关于葡萄酒、艺术和死亡的内容，还包括《健康养生准则》的一些内容，都是我在其他地方找不到的。

同样，乔治·毕晓普（他不是我亲戚）那本文笔优美、有点过时而又内容丰富的《酒精读本》（*The Booze Reader*）也给了我很大帮助。尽管唯一采用的只有1667年《伦敦酿酒师》中用人头骨碎片酿酒的内容，我仍对他心存感激。实际上，他的书为本书的好几个章节都提供了资料。

解宿醉酒的种类和名称是我四处搜集得来的，这部分要感谢芭芭拉·霍兰德，尤其是对国家卫生研究院资料的引用。

在《以狗解醉》的结尾，我首次致谢亚当·罗杰斯的《酒的科学》。但我不禁觉得他这本关于酒精科学的好书也为前面的章节提供了信息——回想起来，也许它甚至在《迎接你的宿醉吧》中已出现过。罗杰斯是一名出色的作家，他的书对我帮助很大，就像我某一天突然焦虑地给他打电话，感觉自己很无知一样。后续还有很多内容都要感谢他的专业知识和慷慨分享。

至于"患亚洲潮红的高加索人"医学论坛，它确实在网上存在，具体的帖子也都存在，但我稍微改动了一些发帖人的名字。

《让适度主宰一切！》中的一些想法是由上述的许多书积累而成，但维拉诺瓦的阿诺德的引用是直接取自盖特利的《饮酒》。

阿维森纳医生的这句话，是我从赫伯特·M. 鲍斯（Herbert M. Baus）的突破性著作《酒如何带给你健康》（*How to Wine Your Way to*

Good Health）中找到的。最初我知识渊博的叔叔迈克·罗斯给我介绍了鲍斯，鲍斯在本书更早期的草稿中形象突出。他是一个非常有趣的人物。他曾是理查德·尼克松的贴身顾问，接着成了一位葡萄酒拥护者，在大众理解很久之前和很久之后皆如此——他的著作和感受力仍然影响着这些篇章。

和赫伯特·M. 鲍斯一样，弗兰克·M. 保尔森在本书前一版草稿中也占有更大的比重。尽管这个概述和一些例子保留了下来，我还是很难让这么多真正了不起的田野调查被搁置不用。我建议你去看看美国民俗学刊网站，这些内容就在保尔森的页面下，在《解宿醉酒以及流行习俗中其他的宿醉解药》（*A Hair of the Dog and Some Other Popular Hangover Cures from Popular Tradition*）里。这篇文章非常值得一读。这部分的内容已经通过《美国民俗学刊》的许可。

《特定情况下的合理表现》间接地提到了几项研究，它们的标题在参考文献中已列出。接着这里介绍了理查德·史蒂芬斯医生的研究，后来我亲自对他进行了详细的采访。采访内容在第五幕的开头。此外，他的应用型研究和新书也可见于参考文献。

我在毕晓普的《酒精读本》中发现了赫尔曼·海斯关于肾上腺素的研究。

第三幕间 她就这样升起

本节中的许多令人不适的内容是从各个地方挑选出来的，但是一些最核心的内容出自艾丽斯·莫尔斯·厄尔（Alice Morse Earl）于1896年出版的《往日的奇异惩罚》（*Curious Punishments of Bygone Days*），安德鲁·史密斯（Andrew Smith）的《饮酒史：美国酿酒业的十五个转折》

（ *Drinking History: Fifteen Turning Points in the Making of American Beverages* ），以及让-查尔斯·苏尔尼亚（Jean-Charles Sournia）的《酗酒的历史》（ *A History of Alcoholism* ），最后这本书对我的整个研究过程都有帮助。

当然，把这部分内容汇集在一起的是一部古老又古怪的作品，作者是哥特人奥劳斯·马格努斯。最初是托佩尔的书第一次让我对这部马格努斯的哥特式大作产生了兴趣。和鲍斯与保尔森一样，本书原本有更多页面专门介绍奥劳斯·马格努斯以及他这部古怪又具有批判意义的巨著。你至少应该读一读这用九十九个单词组成的标题，和讲述一大群蜜蜂围着醉汉们的章节。

第四幕 "中土世界"的疯帽子

我住在英格兰德文郡的格莱斯布鲁克之家酒店（Glazebrook House Hotel），在炸脖龙主题的房间，房间里的免费迷你吧库存充足。我提起这里不仅是为了提供参考，也因为这是我住过的最酷的酒店之一。

博斯卡斯尔那家博物馆的官方名称为"巫术与魔法博物馆"（Museum of Witchcraft and Magic）。我从来没去过那里，后来也没用其他方式跟进查找，我也不知道那位好心回复我邮件的彼得姓什么。

悉尼·史密斯的引述出自他的散文《一点修养上的建议》（ *A Little Moral Advice* ）。《葡萄酒与奶酪》这部分则得益于蒂姆·斯佩克特的慷慨和帮助。他的新书《饮食神话》（ *The Diet Myth* ）的最终章全面讲述了肠道健康的内容，是本节的绝佳补充材料。

在这里我还要特别感谢加拿大航空的《旅途》（ *EnRoute* ）杂志和它的编辑们，感谢他们布置了如此有趣又合适的派遣任务，以及对本节和书中其他章节的实地研究内容提供的大力支持。

关于《当下与今后》中的两位塞缪尔：我觉得我最开始注意到他们是因为伊恩·盖特利，接着就掉进了火、硫黄与木版画的无底洞里，越陷越深。这些内容都能在参考文献中找到。关于但丁的细节出自苏尔尼亚。

要找到别人写了哪些关于纽顿和纽特的文章（或是他们写了哪些内容），最好的办法是在谷歌上简单搜索一下。归根结底，他们都是极其丰富的信息来源，我很高兴能在书中放下这么多的采访内容。

至于和纽顿医生谈话快结束时提及的解药，我在很多地方都找到了关于防毒气的桂冠和花冠的记载，不胜枚举。这种观念持续了几个世纪，然而，我还没有找到任何证据表明，仅在饮酒环境中出现某些植物就能防止宿醉。

然后，我承认，我对下述弗洛伊德和托佩尔提到的民俗疗法信以为真，并进行尝试。还有罗伯特·波义耳的铁杉袜子，它们似乎不值得仔细研究。至于英国伏都巫师和宿醉人偶的依据，确实相当不可靠，而且主要是作为进入被称为"噢上帝"的比利尔斯的一个过渡。当然，比利尔斯是真实存在的。在《伦敦之火》中，13世纪旅游者的精彩名言出自苏尔尼亚，"金酒热"和工业化对酒精消费影响的内容也是如此。

我列举的英国人对醉酒的说法，部分灵感来自2003年朱利安·巴吉尼（Julian Baggini）在《卫报》发表的文章《我喝故我在》（*We Drink Therefore We Are*），感谢这篇文章。

关于医院俱乐部，我在达娃·索贝尔（Dava Sobel）的《经度：一个孤独的天才解决他所处时代最大难题的真实故事》一书中，发现它与约翰·哈里森（John Harrison）有关。关于酒店老板以及电台司令乐队的工作室的信息，我是从一位伦敦摄影师处得知的，当时我们一同为一项杂志的邀稿工作。

第四幕间　伦敦狼人

　　威廉·詹姆斯关于"是！"功能的名言引自他的著作《宗教经验种种：人性的研究》。

　　就像本节提到的，事实证明，想找到老钱尼和小钱尼更深层可靠资料的来源十分困难。似乎每个和其中一人有关的真实故事都和另一人的故事相冲突，而且几乎没有任何有记录的信息能支持这些故事。值得一提的是，尽管小朗·钱尼对好莱坞、电影历史和我们的大众文化做出了不朽的贡献，但他确实从来没有一部成功又全面的传记——当然，这和这位出生时差点变成死产儿，死后还没有坟墓的男人的一生诡异地契合。我在参考文献部分列出了一些关于他和他父亲的书籍，但最后我发现，最有用的资料是HouseofHorrors.com网站上的一篇小钱尼的简短传记。

　　显而易见，这一节的全部潜力全靠听沃伦·泽冯的歌。

第五幕　十二家酒吧里的十二杯酒

　　在前面的注解中我已提到，理查德·史蒂芬斯医生给了我很多帮助。我很高兴能采访他，他经常被引用的著作可以在参考文献中找到。

　　如果没有下面两个团队的倾情慷慨与支持，书中这整章根本不会存在。一个是"世界尽头"，包括"大话制作公司"的每位工作人员（尤其是艾利克斯），还有NBC环球公司的版权部——尤其是罗尼·卢布里诺，是他帮助我渡过难关，授权我使用这样伟大的一部电影，且用了这么多内容。另一个团队则是达特和他儿子。如果没有我的好友兼同盟——乔纳森·达特与托马斯·达特，书中我最喜欢的这一章就不会存在。他们的学识、专长和勇气是无价的。

本章提及和引用的许多文章都可以在参考文献中通过查询作者名找到。但我之所以能找到其中的许多，以及书中其他章节的一些来源，都要感谢一部令人敬佩的文献：《砸了！醉酒的多重含义》（*Smashed! The Many Meanings of Intoxication and Drunkenness*），由彼得·凯利（Peter Kelly）、珍妮·艾德沃卡（Jenny Advocat）、琳恩·哈里森（Lyn Harrison）和克里斯托弗·希基（Christopher Hickey）合著。

安德鲁·安东尼的话出自他于2004年10月5日发表在《卫报》上的文章。

与巫术博物馆的彼得一样，我也没有找到坏巫师的姓氏。

第五幕间 长指甲奖：新闻发布

在"最佳宿醉对话"中，派拉蒙影业公司慷慨地提供了《王牌播音员》和《大地惊雷》的台词许可，在此还要特别感谢拉里·麦卡利斯特——出于这些引用的二度感谢。《金色年代》中的台词则由美国华纳兄弟娱乐公司获准，在此特别感谢香侬·菲弗。《虎胆龙威3》中的对话由20世纪福克斯公司提供，特别感谢安迪·班迪特。

第六幕 宿醉游戏

本部分摘录的精彩对白出自丹尼·博伊尔改编自欧文·威尔士的作品《猜火车》，由费格蒙电影公司（Figment Films）提供，还要感谢乔安妮·史密斯（Joanne Smith）。

关于斯坦·鲍尔斯在《超级巨星》中的灾难性一天，有许多资料，还有录像，但如果你想得到可靠的信息，鲍尔斯已于2009年5月20日以第一人称向《卫报》讲述了这一切。

我被闪恩·乔希对马克斯·麦吉的第一场超级碗上的宿醉壮举的描写深深吸引，我发现自己在本书结尾处写的一则逸事模仿了他的写作风格。看看你能不能认出来。

我在斯佩塞的大部分研究和对布赖恩·金斯曼的采访都要归功于《锐度男士之书》（*Sharp's Book for Men*），尤其是格雷格·赫德森；杰森公司（Jesson and Company），特别是特雷沃尔·沃尔什（Trevor Walsh）；加拿大格兰菲迪的贝丝·哈弗斯（Beth Havers）。除此之外，是麦芽酒大师金斯曼帮助我在苏格兰高地和其他地方找到我在寻找的东西。他在蒸馏方面的专业知识由毕晓普、罗杰斯、马克·艾德蒙·罗斯（Mark Edmund Rose）和谢里尔·J. 谢皮泰尔（Cheryl J. Cherpitel）合著的《酒精：其历史、药理学和治疗》（*Alcohol: Its History, Pharmacology and Treatment*），以及迈克·雅各布森（Michael Jacobson）和乔尔·安德森（Joel Anderson）合著的《酒里的化学添加剂》（*Chemical Additives in Booze*）做补充。

在伊恩·米德尔顿（Ian Middleton）自行出版的报纸《希尔富茨禁酒运动简史》（*A Short History of the Temperance Movement in the Hillfoots*）里，我找到了苏格兰卫生委员会的海报——或者至少是一张海报的清晰照片。我也在这份报纸里找到了经营法令，包括那条周日的"真实的旅行者"的法令。

我了解了大量18世纪和19世纪专为儿童设计的禁酒宣传，并浏览了克鲁克香克及其他人的原始出版物——感谢多伦多的莉莲·H. 史密斯图书馆的奥斯本收藏馆（Osborne Collection）的馆员们。

得益于奥斯兰·克兰普（Auslan Cramb）在2013年12月27日的《每日邮报》上发布的这类文章，巴基酒成了苏格兰的主流新闻。

《极其离谱的醒来方式》中的推荐内容是我通过社交媒体公开征集的。

第六幕间　综合疗法的渊源

作为一个综述，它综合了太多无法合理追溯源头的资料，但"需要一条鲱鱼"和亚里士多德关于卷心菜的押韵短诗都来自弗洛伊德。引用内容可以从吉莉恩·赖利（Gillian Riley）的著作《艺术中的食物：从史前到文艺复兴》（*Food in Art: From Prehistory to the Renaissance*）中找到，而"鲱鱼游戏"的内容则来自盖特利。"呐夫"的专利全文和它临床测试的结果都可以在网上查阅。

第七幕　未来可期

我在圣帕特里克日派对上的勇敢的测试对象们允许我引述他们的内容，但有一两个人要求在发表时改掉他们的名字。

数年来，通过和有机葡萄酒酿酒师和化学家的几十次对话，我那些关于葡萄酒、杀虫剂和偏头痛的非常规想法，即便不算被提炼完善，也算是得到了支持。但促成这一切的是我与新斯科舍省沃尔夫维尔镇的拉卡迪葡萄酒庄园的布鲁斯·尤尔特（Bruce Ewart）的一次交谈。

《欢迎来到猴子屋》是在下述及其他更多文章的基础上写作的——大部分是孜孜不倦的扬妮克·波特布瓦发现的：2010年4月19日的《卫报》，"男子因酒后驾驶玩具芭比汽车被吊销驾照"（Man loses license after drink-driving in toy Barbie car）；2016年2月24日的《回归》（*The*

Comeback），"男子将名字改为'培根·双层·芝士汉堡'：我一点都不后悔"（Man who legally changes his name to Bacon Double Cheeseburger: I've got no regrets at all）；2011年9月22日的NBC新闻，"酒精是罪魁祸首？研究表明并非如此"（Blame it on the alcohol? Maybe not, study suggests）；2014年4月23日的《每日邮报》，"十种宿醉噩梦：那些为前一晚后悔的人"（Ten hangover nightmares: those who lived to regret the night before）。

我在参考文献中精选了几部约里斯·范斯特的出版物，网上可以找到更多他的作品。

第七幕间 "杀人派对"

参考文献里的其他出版物中，本节主要归功于德博拉·布卢姆的《下毒者手册》，还有她2010年2月19日在《板岩》（*Slate*）杂志上发表的文章《化学家之战》（*The Chemist's War*）。

第八幕 屋顶上的老虎

本章大部分的权限和信息，以及照片的使用许可，都由著名的国际摄影师大卫·亚罗与卡森·索斯比慷慨提供。

底特律禁酒时期的信息有多处来源，其中最有用的便是香农·萨科斯瓦斯基（Shannon Saksewski）的《底特律地下历史：禁酒令和紫帮》（*Detroit Underground History: Prohibition and the Purples*）。

为了写《中间球》，我读了许多有关棒球的内容，包括罗伯特·克里默（Robert Creamer）的《贝比：传奇的诞生》（*Babe: The Legend Comes to Life*），艾伦·巴拉的《米奇和威利：曼托和梅斯，棒球黄金时代下的平行人生》（*Mickey and Willie: Mantle and Mays，The Parallel Lives of Baseball's Golden Age*），1994年4月18日《体育画报》（*Sports Illustrated*）中米奇·曼托的自白《时光宝瓶》（*Time in a bottle*），大卫·威尔斯的自传《我不完美》（*Perfect, I'm Not*），以及伯特·伦道夫·休格的《伟大的棒球手：从麦格劳到曼托》（*The Great Baseball Players: From McGraw to Mantle*）中的部分章节。

除了《自由之味》中涉及的来源和作者，本节和后续的部分章节也受惠于奥利维娅·莱恩。她的《回音泉之旅》是有史以来关于男性作家和饮酒的最佳作品之一，不过她在《卫报》上发表的关于伟大女性作家的文章《每小时一杯酒》（*Every Hour a Glass of Wine*）启发了我写作本节的思路。

第八幕间 今早醒来

这部分的第一段是贝西·史密斯、比尔·威瑟斯、詹尼斯·乔普林、拯救世界乐队（Saves the Day）、仙妮亚·唐恩、布鲁斯·斯普林斯汀、拿撒勒乐队、彼得·弗兰普顿、飞鸟乐队、后裔乐队（the Descendents）、菲尔·科林斯、鲁弗斯·温赖特（Rufus Wainwright）、斯汀、嚎叫野狼（Howlin' Wolf）、鲍勃·迪伦、约翰·列侬以及其他人的清晨混搭。大部分"精髓"短句以及其在流行音乐中的地位都要归功于B. B. 金。

书中收录的芝加哥歌曲《淋浴一小时——一个没有早餐的艰难早晨》的歌词获得了泰瑞·凯斯的女儿米歇尔·凯斯的慷慨许可。我会永远为此感到荣幸和感激。

第九幕 超越火山

尽管疼痛和痛苦似乎让我很不适，但我确实很享受在布鲁茂百水温泉酒店的时间。这是一个了不起的地方。我从布鲁茂百水温泉酒店的各种宣传册和招牌上看到的，并在这部分引用的信息，也通过采访这里的员工，以及迷人又乐于助人的当地导游兼经理露西·斯蒂尔莱姆（Lucy Seteram）得到补充。

我整个奥地利之旅的大部分行程，包括住宿和采访，都由尊敬的丽塔·吉莉（Rita Gily）小姐安排，她好像认识所有阿尔卑斯的人。她还为我的研究提供了帮助。

《红牛崛起》中的内容来自多篇文章，不过引用紫水饮料公司CEO特德·法恩斯沃思的内容可以从2008年2月8日市场观察（*MarketWatch*）的一篇报道"在拉斯维加斯纵饮狂欢"（Liquored up and Lively in Las Vegas）中找到。

"Kräuter-Heubad"即草药浴的经历和信息虽然有些模糊，但都来自我在阿姆多尔夫时光酒店的访问和采访，我在那儿的联系人是贝缇娜·韦尔特（Betina Welter）女士。

《全世界的宿醉说法》不仅要感谢丹尼斯·舒斯特的精彩画作和马丁·布鲁尔对广告界的远见，还要感谢托马普林和汉威士环球团队的其他工作人员，特别是约亨·施瓦茨（Jochen Schwarz）在安保方面的许可。

本章的最后几节还要感谢几家宿醉招待所、斯托克旅游公司，以及我的好友特蕾西·弗拉戴尔（Tracy Fladl）和她美好的家庭对我研究的帮助。

第九幕间 阿司匹林或悲伤

本节不仅是阅读了上百部有宿醉情节的小说的结果，也是读过几十个涉及阿司匹林的场景的结果。扬妮克·波特布瓦的贡献无法计量，和本书大部分内容一样，她对本节内容也做了很多相关阅读。本节出现的不过是冰山一角。

第十幕 当蜥蜴从你的眼睛里喝水

本章的叙述展现的是我的个人回忆。为了保护人们的隐私，细节已作删减，一些名字也有所改动。

《屋顶上的厄尔皮诺》中，奥德修斯和厄尔皮诺的故事取自荷马的《奥德赛》，不过我第一次接触到厄尔皮诺综合征的概念是在亚当·罗杰斯的《酒的科学》里。《你最糟糕的宿醉》中提到的糟糕事物的组合是我多年搜寻宿醉故事的结果。而急诊室病例研究是同为作家的朋友、敏锐的研究员大卫·莱特富特（David Lightfoot）特意推荐给我的——他同时还推荐了差不多一百个别的案例。

虽然我从未直接从电影《宿醉》中引用过内容（我觉得我要是这样做了，可能会停不下来），但它确实对本书有很大贡献。我看了好几遍这部电影，每次都很开心，还在许多网站上阅读相关的信息。同时，西沃恩·沃森婚礼当天的郁闷故事的细节也是扬妮克·波特布瓦帮我找到的——可以在参考文献中找到。

第十幕间 宿醉的作家

开篇引用尼采的内容来自《偶像的黄昏——或怎样用锤子从事哲学》，而贺拉斯的引用……好吧，是出自贺拉斯。罗尔德·达尔

（Roald Dahl）的引用出自《童年故事》（*Tales of Childhood*），亚瑟的台词的使用获得了华纳兄弟娱乐公司的慷慨许可，感谢香农·菲弗。马尔科姆·劳瑞的引用来自他未完成（或遗失）的小说《白海上的压舱物》（*Ballast to the White Sea*），其手稿近期才被发现，并于2014年出版。

扎卡里·利德也协助了一些研究问题，他的引言出自艾米斯的官方传记《金斯利·艾米斯的一生》。我为了写作本节，同时也是出于自身兴趣，阅读了艾米斯的其他传记，还有克莱门特·弗洛伊德和基斯·弗洛伊德的自传，它们都可以在参考文献中找到。

第十一幕 大洪水之后

我非常感谢可爱又神奇的安吉拉·麦克唐纳（Angela McDonald），是她建议以新奥尔良部分作为本书的结尾，她规划我们的旅行，协助研究，并帮助我活到写完本书。

吸血鬼精品店的玛丽塔·耶格给了我很大帮助。她现在叫玛丽塔·沃伊伍德·克兰德尔，最近开了一家"魔法地下酒吧"。这家店在波旁街上，有密码才能进入。

本节末尾的大部分历史研究都是从新奥尔良药房博物馆开始的。这是一个奇妙的地方，到处都是古董、怪物、药剂、毒药、可疑的广告和被掩盖的事实，你很难在别处找到这些东西。书中有关专利药、神经补剂、苦艾酒、蛇油和杜德利·J. 勒布朗的章节，都要感谢这幢破旧的大房子的某个角落。

数年来，许多勇敢的人让我在他们身上测试不同的宿醉解药，他们的名字可以在致谢中找到。这些测试和研究发生于家庭派对、扑克游戏、酒吧、酒吧大会、葡萄酒之旅和婚礼上，历时四年之久。

我与"治疗室"的米尼奥娜·玛丽医生的访谈，对我的研究的最终阶段以及改良我自己的"解药"至关重要。她的同事艾莉森·弗兰克尔也帮了很多忙。

美国鸡尾酒博物馆馆长莉兹·威廉姆斯的招待亲切体贴，给了我很大帮助。整个法国区和我一起喝酒聊天的许多酒保也是如此。

当然，还要谢谢纳特医生和曼波·玛丽女士。

出于对宿醉的爱：有些结尾之意

在这最后一节中，大部分总体构思不过是对正文提到的内容、这篇注解和参考文献的多年研究的综合。

我在这个总结中引用的故事的主要来源如下："这家公司为员工提供带薪'宿醉日'"，罗西·菲茨莫里斯，《英国商业内幕》，2017年8月25日；"宿醉顾客给艾伯塔省不景气的炸鱼薯条店招揽大批生意"，丹妮尔·内尔曼，CBC新闻，2016年8月26日；"扔下罐子，抛弃一切"，安德鲁·迈耶，加拿大广播公司网站，2017年4月（"Throwing it all away"）；"多伦多吊车女孩服罪：'我觉得这让我更有活着的感觉'"，贝齐·鲍威尔，《多伦多星报》，2018年1月10日；"被窃雕像重回肯辛顿市集教堂并附道歉"，米歇尔·勒帕吉，《多伦多星报》，2013年12月5日。

至于最后几页，当然要感谢那位银发女士。

许可

Quotations from *Everyday Drinking* on pages 15, 39–40, 86, 103, 162 and 317 © Kingsley Amis, 1983, *Everyday Drinking*, Bloomsbury Publishing Inc.

Quotations from the film *The World's End* throughout Part Five (pages 145–178) courtesy of Universal Studios Licensing LLC.

Graph on page 113 courtesy of Google Books Ngram Viewer, http://books.google.com/ngrams.

Illustration on page 129 is Plate 8 from *A Warning-piece to All Drunkards and Health-drinkers Faithfully Collected from the Works of English and Foreign Learned Authors of Good Esteem*, published in 1682 (engraving), English School (17th century)/British Library, London, UK/ ©British Library Board. All rights reserved/Bridgeman Images.

Dialogue from the film *Die Hard: With a Vengeance* on page 178 © 1995,written by Jonathan Hensleigh.Twentieth Century Fox.All rights reserved.

Illustration on page 119, *The Head Ache*, is a satirical cartoon by George Cruikshank (1792–1878)/Private Collection/Bridgeman Images.

Painting on page 254 by Henri de Toulouse–Lautrec, *The Hangover (Suzanne Valadon)*, 1887–1889, oil on canvas. Harvard Art Museums/Fogg Museum, bequest from the Collection of Maurice Wertheim, Class of 1906, 1951.63. Photo: Imaging Department © President and Fellows of Harvard College.

Photograph on page 255 © David Yarrow. Used with permission.

参考文献

Abel, Ernest L. *Intoxication in Mythology: A Worldwide Dictionary of Gods, Rites, Intoxicants and Places.* Jefferson, NC: McFarland, 2006.

ABMRF: The Foundation for Alcohol Research. *Moving Forward* (2014 Annual Report).

Abram, Christopher. *Myths of the Pagan North: The Gods of the Norsemen.* London: Continuum, 2011.

Amis, Kingsley. *Everyday Drinking.* New York: Bloomsbury, 2008.

———. *Lucky Jim.* New York: Doubleday, 1954.

Anthony, Andrew. "Will Bladdered Britain Ever Sober Up?" *Guardian (London),* October 5, 2004.

Arumugam, Nadia. "Wine Scams: The Ultimate Hall of Fame." *Forbes, January* 8, 2013.

Association against the Prohibition Amendment. *Canada Liquor Crossing the Border.* Washington, DC: Association against the Prohibition Amendment, 1929.

Ayto, John. *The Diner's Dictionary: Word Origins of Food and Drink,* 2nd ed. Oxford: Oxford University Press, 2012. Published online 2013. http://www.oxfordreference.com/view/10.1093/acref/9780199640249.001.0001/acref-9780199640249.

Barnard, Mary. "The God in the Flowerpot." *American Scholar,* Autumn 1963.

Barra, Allen. *Mickey and Willie: Mantle and Mays, The Parallel Lives of Baseball's Golden Age.* New York: Crown Archetype, 2013.

Baus, Herbert M. *How to Wine Your Way to Good Health.* New York: Mason and Lipscomb, 1973.

Bishop, George. *The Booze Reader: A Soggy Saga of Man in His Cups.* Los Angeles: Sherbourne Press, 1965.

Blake, Michael F. *Lon Chaney: The Man Behind the Thousand Faces.* New York: Vestal Press, 1993.

Blakemore, Colin, and Sheila Jennett. *The Oxford Companion to the Body.* Oxford: Oxford University Press, 2001.

Blocker, Jack S., David M. Fahey and Ian R. Tyrrell, eds. *Alcohol and Temperance in Modern History.* Santa Barbara, CA: ABC–CLIO, 2003.

Blum, Deborah. "The Chemist's War." *Slate,* February 19, 2010. http://www.slate.com/articles/health_and_science/medical_examiner/2010/02/the_chemists_war.html.

———. *The Poisoner's Handbook.* New York: Penguin, 2010.

Boyle, Robert. *Medicinal Experiments.* London: Samuel Smith and B. Walford, 1698.

Braun, Stephen. *Buzz: The Science and Lore of Alcohol and Caffeine.* New York: Oxford University Press, 1996.

Bukowski, Charles. "Everything" in *The Roominghouse Madrigals: Early Selected Poems, 1946–1966.* New York: Ecco, 2002.

———. *Factotum.* Santa Barbara, CA: Black Sparrow Press, 1982.

Burchill, Julie. "The Pleasure Principle." *Guardian* (London), December 1, 2001.

Burns, Eric. *The Spirits of America: A Social History of Alcohol.* Philadelphia: Temple University Press, 2004.

Burton, Kristen D. "Blurred Forms: An Unsteady History of Drunkenness." *Appendix* 2, no. 4 (October 2014). http://theappendix.net/issues/2014/10/blurred-forms-an-unsteady-history-of-drunkenness).

Carey, Sorcha. *Pliny's Catalogue of Culture: Art and Empire in the Natural History.* Oxford: Oxford University Press, 2003.

Cato, Marcus Porcius. *De Agricultura.* Cambridge, MA: Harvard University Press, 1934.

Chapman, Carolynn. "The Queen Mother Averaged More than 70 Drinks a Week." *Whiskey Goldmine,* February 9, 2011.

Clark, Lindsay D. "Confrontation with Death Illuminates Death's Mystery in the

Odyssey." *Inquiries Journal* 1, no. 11 (2009).

Creamer, Robert. *Babe: The Legend Comes to Life*. New York: Simon and
Schuster, 1974.

Crewe, Daniel. "'One of Nature's Liberals': A Biography of Clement Freud."
Journal of Liberal History 43 (Summer 2004): 15–18.

Crofton, Ian. *A Dictionary of Scottish Phrase and Fable*. Edinburgh: Birlinn, 2012.

Crosariol, Beppi. "Should You Be Worried about Pesticides in Wine?" *Globe and
Mail* (Toronto), August 31, 2011.

Crozier, Frank P. *A Brass Hat in No Man's Land*. New York: J. Cape and H.
Smith, 1930.

Dahl, Roald. *Tales of Childhood*. London: Penguin, 1984.

Dalby, Andrew. *Bacchus: A Biography*. London: British Museum Press, 2003.

Davidson, Alan. *The Oxford Companion to Food*. Oxford: Oxford University
Press, 2014.

Davidson, James. *The Greeks and Greek Love: A Bold New Exploration of the
Ancient World*. New York: Random House, 2007.

Davis, Kenneth C. *Don't Know Much About Mythology*. New York:
HarperCollins, 2005.

de Haan, Lydia, Hein de Haan, Job van der Palen and Joris C. Verster. "The Effects
of Consuming Alcohol Mixed with Energy Drinks (AMED) Versus Consuming
Alcohol Only on Overall Alcohol Consumption and Alcohol–Related Negative
Consequences." *International Journal of General Medicine* 5 (2012): 953–960.

Dent, Susie, ed. *Brewer's Dictionary of Phrase and Fable*, 19th ed. London:
Chambers Harrap, 2012. Published online 2013. http://www.oxfordreference.
com/view/10.1093/acref/9780199990009.001.0001/acref–9780199990009.

Devitt, Brian M., Joseph F. Baker, Motaz Ahmed, David Menzies and Keith A.
Synnott. "Saturday Night Palsy or Sunday Morning Hangover? A Case Report
of Hangover–Induced Crush Syndrome." *Archives of Orthopaedic and Trauma*

Surgery 131, no. 1 (January 2011): 39–43.

Dodd, C.E. "Lectures at the Incorporated Law Society—Notes of Lectures by C.E. Dodd, esq.—On the Constitution of Contracts.—Assent.— Construction [regarding contracts signed while drunk]." *Legal Observer, Or, Journal of Jurisprudence* 12 (July 1836).

Down, Alex. "Austrian Wine: From Ruin to Riches." *Drinks Business,* February 13, 2014, https://www.thedrinksbusiness.com/2014/02/austrian-wine-fromruin-to-riches/.

Earl, Alice Morse. *Curious Punishments of Bygone Days.* Chicago: H.S. Stone, 1896; Bedford, MA: Applewood Books, 1995.

Edwards, Griffth. *Alcohol: The World's Favourite Drug.* New York: Thomas Dunne, 2000.

Ekirch, Robert. *At Day's Close: Night in Times Past.* New York: Norton, 2005.

Elias, Megan J. *Food in the United States, 1890–1945.* Westport, CT: Greenwood, 2009.

Ernst, Edzard. "Detox: Flushing Out Poison or Absorbing Dangerous Claptrap?" *Guardian* (London), August 29, 2011.

Floyd, Keith. *Floyd on Hangovers.* London: Penguin, 1992.

———. *Stirred but Not Shaken: The Autobiography.* London: Sidgwick and Jackson, 2009.

Frankenberg, Frances R. "It' s Not Easy Being Emperor." *Current Psychiatry* 5, no. 5 (May 2006): 73–80.

Franks, General Tommy. *American Soldier.* New York: HarperCollins, 2003.

Freud, Clement. *Clement Freud's Book of Hangovers.* London: Sheldon Press, 1981.

———. *Freud Ego.* London: BBC Worldwide, 2001.

Fuller, Robert C. *Religion and Wine: A Cultural History of Wine Drinking in the United States.* Knoxville, TN: University of Tennessee Press, 1996.

Gagarin, Michael, ed. *The Oxford Encyclopedia of Ancient Greece and Rome.*

Oxford: Oxford University Press, 2012.

Gately, Iain. *Drink: A Cultural History of Alcohol.* New York: Gotham Books, 2008.

Gauquelin, Blaise. "Les buveurs de schnaps n' ont qu' à bien se tenir." *Libération,* September 5, 2014.

Glyde, Tania. "The Longest Hangover in My 23 Years as an Alcoholic." *Independent,* January 18, 2008.

Goodwin, Donald W. "Alcohol as Muse." *American Journal of Psychotherapy* 46, no. 3 (July 1992): 422–433.

Gopnik, Adam. "Writers and Rum." *New Yorker,* January 9, 2014.

Graber, Cynthia. "Snake Oil Salesmen Were On to Something." *Scientifc American,* November 1, 2007. https://www.scientifcamerican.com/article/ snake-oil-salesmen-knew-something/.

Green, Harriet. "Gruel to Be Kind: A Hardcore Detox Break in Austria." *Guardian* (London), January 12, 2013.

Green, Jonathon. *Green's Dictionary of Slang.* Chambers Harrap, 2010. Published online 2011. http://www.oxfordreference.com/view/10.1093/ acref/9780199829941.001.0001/acref-9780199829941.

Gutzke, David W. *Women Drinking Out in Britain Since the Early Twentieth Century.* Manchester: Manchester University Press, 2014.

Halberstadt, Hans. *War Stories of the Green Berets.* Saint Paul, MN: Zenith Press, 2004.

Hannaford, Alex. "Boozed and Battered." *Guardian* (London), January 20, 2004.

Harbeck, James. "Hangover." *Sesquiotic,* January 1, 2011. https://sesquiotic. wordpress.com/2011/01/01/hangover/.

Hatfeld, Gabrielle. *Encyclopedia of Folk Medicine: Old World and New World Traditions.* Santa Barbara, CA: ABC-CLIO, 2004.

Haucap, Justus, Annika Herr and Björn Frank. "In Vino Veritas: Theory and Evidence on Social Drinking" (DICE Discussion Paper No. 37). Düsseldorf,

Germany: Düsseldorf Institute for Competition Economics, 2011.

Hemingway, Ernest. *A Farewell to Arms.* New York: Scribner, 1929.

———. *A Moveable Feast.* New York: Scribner, 1964.

Henley, Jon. "Bonjour Binge Drinking." *Guardian* (London), August 27, 2008.

Holland, Barbara. *The Joy of Drinking.* New York: Bloomsbury, 2007.

Holmes, Richard, Charles Singleton and Spencer Jones, eds. *The Oxford Companion to Military History.* Oxford: Oxford University Press, 2001.

Hornblower, Simon, and Tony Spawforth, eds. *Who's Who in the Classical World.* Oxford : Oxford University Press, 2003.

Hough, Andrew. "Keith Floyd Dies: The Outspoken Television Chef Has Died after a Heart Attack." *Telegraph* (London), September 15, 2009.

Huzar, Eleanor. "The Literary Efforts of Mark Antony." In *Aufstieg und Niedergang der römischen Welt,* edited by Hildegard Temporini and Wolfgang Haase. Berlin: Walter de Gruyter, 1982, 639–57.

Irvine, Dean. "When Massages Go Bad." *CNN Project Life,* June 13, 2007. http://www.cnn.com/2007/HEALTH/05/22/pl.massagegobad/index.html.

Ísleifsson, Sumarliði R. and Daniel Chartier, eds. *Iceland and Images of the North.* Montreal: Presses de l' Université du Québec, 2011.

J.F., "A New Letter, to All Drunkards, Whoremongers, Thieves, Disobedience to Parents, Swearers, Lyers, &c.: Containing a Serious and Earnest Exhortation that They Would Forsake Their Evil Ways." London: F. Bradford, 1695.

Jacobson, Michael F., and Joel Anderson. *Chemical Additives in Booze.* Washington, DC: Center for Science in the Public Interest, 1972.

James, William. *The Varieties of Religious Experience: A Study in Human Nature.* New York: Longmans, Green, 1902; n.p.: Renaissance Classics Press, 2012.

Jivanda, Tomas. "A Bottle of Wine a Day Is Not Bad for You and Abstaining Is Worse than Drinking, Scientist Claims." *Independent* (London), April 19, 2014.

Jodorowsky, Alejandro. *Psychomagic: The Transformative Power of Shamanic*

Psychotherapy. New York: Simon and Schuster, 2010.

Jones, Stephen. *The Illustrated Werewolf Movie Guide.* London: Titan, 1996.

Joshi, Shaan. "Max McGee Goes Out Drinking: The Story of a Superbowl
Legend." *Prague Revue,* January 31, 2013.

Karibo, Holly M. *Sin City North: Sex, Drugs and Citizenship in the Detroit–
Windsor* Borderland. Chapel Hill, NC: University of North Carolina Press, 2015.

Kelly, Peter, Jenny Advocat, Lyn Harrison and Christopher Hickey. *Smashed! The
Many Meanings of Intoxication and Drunkenness.* Clayton, Australia: Monash
University Publishing, 2011.

Kennedy, William. *Ironweed.* New York: Viking, 1983.

Kerouac, Jack. *Big Sur.* New York: Farrar, Straus and Cudahy, 1962; New York:
Penguin, 1992.

Laing, Olivia. *The Trip to Echo Spring: On Writers and Drinking.* New York:
Picador, 2013.

———. "Every Hour a Glass of Wine: The Female Writers Who Drank." *Guardian*
(London), June 13, 2014.

"LeBlanc Medicine Co., Docket No. 6390," in Federal Trade Commission, *Annual
Report for the Fiscal Year Ended June* 30, 1955: 41–42.

Lecky, William Edward Hartpole. *A History of England in the 18th Century,* vol. 1.
London: Longman, Green, 1878.

Lesieur, O., V. Verrier, B. Lequeux, M. Lempereur and E. Picquenot. "Retained
Knife Blade: An Unusual Cause for Headache Following Massive Alcohol
Intake." *Emergency Medicine Journal* 23, no. 2 (February 2006).

Liberman, Sherri, ed. *American Food by the Decades.* Westport, CT: Greenwood, 2011.

Lindow, John. *Norse Mythology: A Guide to Gods, Heroes, Rituals and Beliefs.*
Oxford: Oxford University Press, 2002.

London, Jack. *John Barleycorn.* New York: Century, 1913; New York: Modern
Library, 2001.

Lowry, Malcolm. *Under the Volcano.* New York: Reynal and Hitchcock, 1947;
New York: Perennial Classics, 2000.

———. *In Ballast to the White Sea.* Ottawa: University of Ottawa Press, 2014.

Magnus, Olaus. *Description of the Northern Peoples.* [In Latin.] Translated by
Peter Fisher and Humphrey Higgens. Edited by Peter Foote. London: Hakluyt
Society, 1996.

Mankiller, Wilma, Gwendolyn Mink, Marysa Navarro, Barbara Smith and Gloria
Steinem, eds. *The Reader's Companion to U.S. Women's History.* Boston:
Houghton Mifflin, 1998. See esp. "Alcoholism" (p. 24) and "Prohibition"
(p. 479).

Mantle, Mickey. "Time in a Bottle." *Sports Illustrated,* April 18, 1994.

Marshall, Sarah. "Don't Even Brush Your Teeth: 91 Hangover Cures from 1961."

Martelle, Scott. *Detroit:* A Biography. Chicago: Chicago Review Press, 2012.
Awl, July 11, 2012. https://medium.com/the-awl/dont-even-brush-your-teeth-
91-hangover-cures-from-1961-88353fe97fcc.

Martinez-Carter, Karina. "Fernet: The Best Liquor You're (Still) Not Yet
Drinking." *Atlantic,* December 30, 2011.

Mason, Philip P. *Rum Running and the Roaring Twenties: Prohibition on the
Michigan–Ontario Waterway.* Detroit: Wayne State University Press, 1995.

Middleton, Ian. "A Short History of the Temperance Movement in the Hillfoots."
Ochils Landscape Partnership. http://ochils.org.uk/sites/default/fles/oral
histories/docs/temperance-essay.pdf.

Nash, Thomas. *Pierce Penilesse: His Supplication to the Devil. Describing the
Overspreading of Vice, and Suppression of Virtue. Pleasantly Interlaced with
Variable Delights, and Pathetically Intermixed with Conceited Reproofs.*
London: Richard Jones, 1592.

Nelson Evening Mail (Nelson, New Zealand). "Curing Drunkards by Bee-Stings."

July 11, 1914.

Nietzsche, Friedrich. *Twilights of the Idols, or How to Philosophize with a Hammer.* [In German.] Oxford: Oxford University Press, 1998.

Nordrum, Amy. "The Caffeine–Alcohol Effect." *Atlantic,* November 7, 2014.

Norrie, Philip. "Wine and Health through the Ages with Special Reference to Australia." PhD diss., University of Western Sydney School of Social Ecology and Lifelong Learning, 2005.

Nutt, David. "Alcohol Alternatives—A Goal for Psychopharmacology?" *Journal of Psychopharmacology* 20, no. 3 (2006): 318–320. And other applicable papers.

Nutton, Vivian. *Ancient Medicine.* New York: Routledge, 2004. And several applicable papers.

O' Brien, John. *Leaving Las Vegas.* New York : Grove Press, 1990.

Orchard, Andy. *Dictionary of Norse Myth and Legend.* London: Cassell, 1996.

Osborne, Lawrence. *The Wet and the Dry: A Drinker's Journey.* New York: Crown, 2013.

Ovid. *Metamorphoses.* Translated by Rolfe Humphries. Bloomington, IN: Indiana University Press, 1955.

Palmer, Brian. "Does Alcohol Improve Your Writing?" *Slate.* December 16, 2011. http://www.slate.com/articles/news_and_politics/explainer/2011/12/christoper_hitchens_claimed_drinking_helped_his_writing_is_that_true_.html.

Paulsen, Frank M. "A Hair of the Dog and Some other Hangover Cures from Popular Tradition." *Journal of American Folklore* 74, no. 292 (April–June 1961): 152–168.

Peck, Garrett. *The Prohibition Hangover: Alcohol in America from Demon Rum to Cult Cabernet.* New Brunswick, NJ: Rutgers University Press: 2009.

Perry, Lacy. "How Hangovers Work." HowStuffWorks.com, October 112. 2004. https://health.howstuffworks.com/wellness/drugs–alcohol/hangover.htm.

Pittler, Max H., Joris C. Verster, and Edzard Ernst. "Interventions for Preventing or

Treating Alcohol Hangover: Systematic Review of Randomized Control Trials."
British Medical Journal 331, no. 7531 (December 24–31, 2005): 1515–1517.

Plack, Noelle. "Drink and Rebelling: Wine, Taxes, and Popular Agency in
Revolutionary Paris, 1789–1791." *French Historical Studies* 39, no. 3 (August
2016): 599–622.

Pliny. *Natural History.* [In Latin.] Translated by H. Rackham (vols. 1–5, 9),
W.H.S. Jones (vols. 6–8) and E.E. Eichholz (vol. 10). Cambridge, MA: Harvard
University Press, 1938. Reprinted 1967.

Pratchett, Terry. *The Hogfather.* New York: HarperPrism, 1996.

Rae, Simon, ed. *The Faber Book of Drink, Drinkers,* and Drinking. London: Faber
and Faber, 1991.

Ramani, Sandra. "To 10 Booze–Infused Spa Treatments." *Fodor's Travel,* April 24,
2013. https://www.fodors.com/news/top–10–boozy–spa–treatments–6574.

Reid, Stuart J. *A Sketch of the Life and Times of the Rev. Sydney Smith.* London:
Sampson Low, Marston, Searle, and Rivington, 1884.

Rhosenow, Damaris J., et al. "The Acute Hangover Scale: A New Measure of
Immediate Hangover Symptoms." *Addictive Behaviors* 32, no. 6 (June 2007):
1314–1320.

Rich, Frank Kelly. *Modern Drunkard.* https://drunkard.com/.

Riley, Gillian. *Food in Art: From Prehistory to the Renaissance.* London: Reaktion
Books, 2015.

Robertson, Brandon.M., et al. "Validity of the Hangover Symptoms Scale: Evidence from
an Electronic Diary Study." *Alcoholism Clinical & Experimental Research* 36,
no. 1 (January 2012): 171–177.

Rogers, Adam. *Proof: The Science of Booze.* Boston: Houghton Mifflin Harcourt,
2015.

Rose, Mark Edmund, and Cheryl J. Cherpitel. *Alcohol: Its History, Pharmacology
and Treatment.* Center City, MN: Hazelden, 2011.

Saksewski, Shannon. "Detroit Underground History: Prohibition and the Purples." *Awesome Mitton,* February 25, 2014. https://www.awesomemitten.com/detroit-underground-history/.

Schneider, Stephen. Iced: *The Story of Organized Crime in Canada.* Mississauga, ON: Wiley, 2009.

Schoenstein, Ralph, ed. *The Booze Book; The Joy of Drink: Stories, Poems, Ballads.* Chicago: Playboy Press, 1974.

Scott, Kenneth. "Octavian's Propaganda and Antony's De Sua Ebrietate." *Classical Philology* 24, no. 2 (April 1929): 133–141.

Shakar, Alex. *Luminarium.* New York: Soho Press, 2011.

Shubin, Neil. *Your Inner Fish: A Journey into the 3.5-Billion-Year History of the Human Body.* New York: Vintage Books, 2009.

Sinclair, Andrew. *Prohibition: The Era of Excess.* Boston: Little, Brown, 1962.

Smith, Andrew. *Drinking History: Fifteen Turning Points in the Making of American Beverages.* New York, Columbia University Press, 2014.

Smith, William. *Dictionary of Greek and Roman Biography and Mythology.* London: Taylor, Walton, and Maberly, 1870.

Sobel, Dava. *Longitude: The True Story of a Lone Genius Who Solved the Greatest Scientifc Problem of His Time.* New York: Bloomsbury, 2007. First published in 1995 by Walker (New York).

Sournia, Jean-Charles. *A History of Alcoholism.* [In French.] Translated by Nick Hindley and Gareth Stanton. Oxford: Basil Blackwell, 1990.

Spector, Tim. *The Diet Myth: The Real Science behind What We Eat.* London: Weidenfeld & Nicolson, 2015.

———. "Why Is My Hangover So Bad?" *Guardian* (London), June 21, 2015. https://www.theguardian.com/lifeandstyle/2015/jun/21/why-is-my-hangover-so-bad.

Standage, Tom. *A History of the World in 6 Glasses.* New York: Walker, 2006.

Stephens, Richard. *Black Sheep: The Hidden Benefits of Being Bad.* London:
Hodder and Stoughton, 2015. Also many applicable papers.

Stevenson, Robert Louis. *The Strange Case of Dr. Jekyll and Mr Hyde and Other
Tales of Terror.* London: Penguin Classics, 2002.

Stöckl, Albert. "Australian Wine: Developments after the Wine Scandal of 1985
and Its Current Situation." Paper presented at the 3rd International Wine
Business Research Conference, Montpellier, France, July 6–8, 2006.

Stone, Jon. "Beer Day Britain: How the Magna Carta Created the Humble
Pint." *Independent* (London), June 15, 2015. https://www.independent.co.uk/
news/uk/home−news/the−magna−cartas−role−in−creating−the−humble−pint−of−
beer−10320844.html.

Sugar, Bert Randolph. *The Great Baseball Players: From McGraw to Mantle.*
Mineola, NY: Dover Publications, 1997.

Swift, Robert, and Dena Davidson. "Alcohol Hangover: Mechanisms and
Mediators." *Alcohol Health & Research World* 22, no. 1 (1998): 54–60.

Tagliabue, John. "Scandal over Poisoned Wine Embitters Village in Austria." *New
York Times,* August 2, 1985.

Thomas, Caitlin. *Double Drink Story: My Life with Dylan Thomas.* London: Virago Press,
1998.

———. *Leftover Life to Kill.* London: Putnam, 1957.

Thompson, Derek. "The Economic Cost of Hangovers." *Atlantic,* July 5, 2013.
https://www.theatlantic.com/business/archive/2013/07/the−economic−cost−of−
hangovers/277546/.

Toper, Andy. *The Wrath of Grapes, or The Hangover Companion.* London:
Souvenir Press, 1996.

United Kingdom. *Hansard Parliamentary Debates,* 3d series, vol. 353 (1891), cols.
1701–1707.

Vallely, Paul. "2,000 Years of Binge Drinking." *Independent* (London), November

19, 2005. https://www.independent.co.uk/news/uk/this-britain/2000-years-of-binge-drinking-516009.html.

Valliant, Melissa. "Do Juice Cleanses Work? 10 Truths about the Fad." *Huffington Post,* March 22, 2012. http://www.huffngtonpost.ca/2012/03/22/do-juice-cleanses-work_n_1372305.html.

Varriano, John L. *Wine: A Cultural History.* Chicago: University of Chicago Press, 2011.

Verster, Joris C. et al. "The 'Hair of the Dog' : A Useful Hangover Remedy or a Predictor of Future Problem Drinking?" *Current Drug Abuse Reviews* 2, no. 1 (2009): 1–4.

Watkins, Nikki. "So Hungover I Missed My Wedding . . ." *Sun* (London). July 4, 2011.

Wells, David. *Perfect, I'm Not: Boomer on Beer, Brawls, Backaches and Baseball.* New York: William Morrow, 2003.

Wodehouse, P.J. *Ring for Jeeves.* London: Arrow, 2008. First published by Herbert Jenkins in 1953.

Wolfe, Tom. *Bonfre of the Vanities.* New York: Picador, 2008. First published by Farrar, Straus, Giroux in 1987.

———. *The Right Stuff.* New York: Picador, 2008. First published by Farrar, Straus, Giroux in 1979.

Wurdz, Gideon. *The Foolish Dictionary: An Exhausting Work of Reference to Un-certain English Words, Their Origin, Meaning, Legitimate and Illegitimate Use, Confused by a Few Pictures.* Boston: Robinson, Luce, 1904.